TURING 图灵程序设计丛书

Learning JavaScript Data Structures
and Algorithms, Third Edition

学习JavaScript数据结构与算法

（第3版）

[巴西] 洛伊安妮·格罗纳 著

吴双 邓钢 孙晓博 等译

人民邮电出版社

北 京

图书在版编目（CIP）数据

学习JavaScript数据结构与算法：第3版 /（巴西）
洛伊安妮·格罗纳（Loiane Groner）著；吴双等译. --
北京：人民邮电出版社，2019.5
（图灵程序设计丛书）
ISBN 978-7-115-51017-4

Ⅰ. ①学… Ⅱ. ①洛… ②吴… Ⅲ. ①数据结构②
JAVA语言－程序设计 Ⅳ. ①TP311.12②TP312.8

中国版本图书馆CIP数据核字(2019)第054767号

内 容 提 要

本书首先介绍了 JavaScript 语言的基础知识（包括 ECMAScript 和 TypeScript），其次讨论了数组、栈、队列、双端队列和链表等重要的数据结构，随后分析了集合、字典和散列表的工作原理，接下来阐述了递归的原理、什么是树以及二叉堆和堆排序，然后介绍了图、DFS 和 BFS 算法、各种排序（冒泡排序、选择排序、插入排序、归并排序、快速排序、计数排序、桶排序和基数排序）和搜索（顺序搜索、二分搜索和内插搜索）算法以及随机算法，接着介绍了分而治之、动态规划、贪心算法和回溯算法等高级算法以及函数式编程，最后还介绍了如何计算算法的复杂度。

如果你是计算机科学专业的学生，或是刚刚开启职业生涯的技术人员，想探索 JavaScript 的最佳能力，这本书一定适合你。

◆ 著 [巴西] 洛伊安妮·格罗纳
译 吴 双 邓 钢 孙晓博 等
责任编辑 杨 琳
责任印制 周昇亮

◆ 人民邮电出版社出版发行 北京市丰台区成寿寺路11号
邮编 100164 电子邮件 315@ptpress.com.cn
网址 https://www.ptpress.com.cn
北京建宏印刷有限公司印刷

◆ 开本：800×1000 1/16
印张：19.25 2019年5月第1版
字数：466千字 2024年9月北京第21次印刷
著作权合同登记号 图字：01-2018-7611号

定价：69.00元
读者服务热线：(010)84084456-6009 印装质量热线：(010)81055316
反盗版热线：(010)81055315
广告经营许可证：京东市监广登字 20170147 号

版权声明

致我的父母，感谢他们的爱和支持，以及这些年对我的指引。

致我的丈夫，感谢他的支持，感恩他成为我生命旅程中的爱侣。

前　言

JavaScript 是当下最流行的编程语言之一。由于浏览器的原生支持（无须安装任何插件），JavaScript 也被称作"互联网语言"。JavaScript 的应用非常广泛，不仅用于前端开发，也被用到服务器（Node.js）环境、数据库（MongoDB）环境和移动设备中，同样还被用在嵌入式设备和**物联网**（IoT）设备中。

对任何专业技术人员来说，理解数据结构都非常重要。作为软件开发者，我们要能够借助编程语言来解决问题，而数据结构是这些问题的解决方案中不可或缺的一部分。如果选择了不恰当的数据结构，可能会影响所写程序的性能。因此，了解不同数据结构和它们的适用范围十分重要。

算法在计算机科学中扮演着非常重要的角色。解决一个问题有很多种方法，但有些方法会比其他方法更好。因此，了解一下最著名的算法也很重要。

本书为数据结构和算法初学者所写，也为熟悉数据结构和算法并想在 JavaScript 语言中使用它们的人所写。

快乐地编码吧!

读者对象

如果你是一名计算机专业的学生，或者正处于技术生涯的开端，想要探索 JavaScript 最强大的功能，那么本书正适合你。如果你已经对编程很熟悉，但是想要提升在算法和数据结构方面的技能，本书同样适合你。

你只需要懂得 JavaScript 的基础知识和编程逻辑，就可以开始享受算法的乐趣了。

本书结构

第 1 章"JavaScript 简介"，讲述了 JavaScript 的基础知识，可以帮助你更好地学习数据结构和算法，同时还介绍了如何搭建开发环境来运行书中的代码示例。

第 2 章 "ECMAScript 和 TypeScript 概述"，介绍了 2015 年后新增的一些 JavaScript 功能，以及 TypeScript 的基本功能。TypeScript 是 JavaScript 的一个超集。

第 3 章 "数组"，介绍了如何使用数组这种最基础且最常用的数据结构。这一章演示了如何对数组声明、初始化、添加和删除其中的元素，还讲述了如何使用 JavaScript 语言本身支持的数组方法。

第 4 章 "栈"，介绍了栈这种数据结构，演示了如何创建栈以及怎样添加和删除元素，还讨论了如何用栈解决计算机科学中的一些问题。

第 5 章 "队列和双端队列"，详述了队列这种数据结构，演示了如何创建队列，以及如何添加和删除队列中的元素。此外，这一章也介绍了一种特殊的队列——双端队列数据结构。这一章还讨论了如何用队列解决计算机科学中的一些问题，以及栈和队列的主要区别。

第 6 章 "链表"，讲解如何用对象和指针从头创建链表这种数据结构。这一章除了讨论如何声明、创建、添加和删除链表元素之外，还介绍了不同类型的链表，例如双向链表和循环链表。

第 7 章 "集合"，介绍了集合这种数据结构，讨论了如何用集合存储非重复性的元素。此外，还详述了对集合的各种操作以及相应代码的实现。

第 8 章 "字典和散列表"，深入讲解字典、散列表及它们之间的区别。这一章介绍了这两种数据结构是如何声明、创建和使用的，还探讨了如何解决散列冲突，以及如何创建更高效的散列函数。

第 9 章 "递归"，介绍了递归的概念，描述了声明式和递归式算法之间的区别。

第 10 章 "树"，讲解了树这种数据结构和它的相关术语，重点讨论了二叉搜索树，以及如何在树中搜索、遍历、添加和删除节点。这一章还介绍了自平衡树，包括 AVL 树和红黑树。

第 11 章 "二叉堆和堆排序"，介绍了最小堆和最大堆数据结构，以及怎样使用堆作为一个优先队列，还讨论了著名的堆排序算法。

第 12 章 "图"，介绍了图这种数据结构和它的适用范围。这一章讲述了图的常用术语和不同表示方式，探讨了如何使用深度优先搜索算法和广度优先搜索算法遍历图，以及它们的适用范围。

第 13 章 "排序和搜索算法"，探讨了常用的排序算法，如冒泡排序（包括改进版）、选择排序、插入排序、归并排序和快速排序。这一章还介绍了计数排序和基数排序这两种分布式排序算法，搜索算法中的顺序搜索和二分搜索，以及怎样随机排列一个数组。

第 14 章 "算法设计与技巧"，介绍了一些算法技巧和著名的算法，以及 JavaScript 函数式编程。

第 15 章 "算法复杂度"，介绍了大 O 表示法的概念，以及本书实现算法的复杂度列表。这一章还介绍了 NP 完全问题和启发式算法。最后，讲解了提升算法能力的诀窍。

阅读须知

尽管本书第 1 章对 JavaScript 进行了简单介绍，你仍然需要了解基本的 JavaScript 知识和编程逻辑。

要测试本书提供的代码示例，你需要一个代码编辑器（例如 Atom 或 Visual Studio Code）以便阅读代码，还需要一个浏览器（Chrome、Firefox 或 Edge）。

你也可以访问 https://javascript-ds-algorithms-book.firebaseapp.com/，在线测试代码。同样，记得打开浏览器中的开发者工具，这样你就可以看到控制台上的输出结果了。

下载示例代码

你可以用你的账户从 http://www.packtpub.com 下载所有已购买 Packt 图书的示例代码文件。如果你从其他地方购买了本书，可以访问 http://www.packtpub.com/support 并注册，我们将通过电子邮件把文件发送给你。

下载代码文件的步骤如下：

(1) 在 www.packtpub.com 登录或注册；
(2) 选择 SUPPORT 标签页；
(3) 点击 Code Downloads & Errata；
(4) 在 Search 框中输入书名并根据屏幕上的指示操作。

文件下载后，请使用以下软件的最新版本解压：

❑ Windows 系统请使用 WinRAR 或 7-Zip
❑ Mac 系统请使用 Zipeg、iZip 或 UnRarX
❑ Linux 系统请使用 7-Zip 或 PeaZip

本书的代码包在 GitHub 的托管地址是 https://github.com/PacktPublishing/Learning-JavaScript-Data-Structures-and-Algorithms-Third-Edition。只要代码有更新，它就会被更新到 GitHub 仓库中去。

其他图书或视频的代码包也可以到 https://github.com/PacktPublishing/查阅。别错过！

排版约定

在本书中，你会发现一些不同的文本样式。

正文中的代码这样表示："可能你在网上的一些例子里看到过 JavaScript 的 include 语句，

或者放在 head 标签中的 JavaScript 代码。"

代码段的格式如下：

```
class Stack {
  constructor() {
    this.items = []; // {1}
  }
}
```

如果我们想让你重点关注代码段中的某个部分，会加粗显示：

```
const stack = new Stack();
console.log(stack.isEmpty()); // outputs true
```

所有的命令行输入或输出的格式如下：

```
npm install http-server -g
```

新术语、重点词汇，以及你可以在屏幕上看到的词（例如，菜单或对话框里的词）以**黑体**标示。举个例子："从 Administration 面板中选择 System info。"

 此图标表示警告或需要特别注意的内容。

 此图标表示提示或者技巧。

联系我们

欢迎提出反馈。

一般反馈：请发送电子邮件至 feedback@packtpub.com，并在邮件主题中注明书名。如果你对本书任何方面有疑问，请发送邮件至 questions@packtpub.com。

勘误：尽管我们会尽力确保内容准确，错误还是在所难免。如果你发现了书中的错误，希望你能告知我们，我们不胜感激。请访问 www.packtpub.com/submit-errata，选择你的书，点击勘误提交表单的链接，并输入详情。①

反盗版：如果你在互联网上发现我们的作品被非法复制，我们会非常感激你将地址和网站名称提供给我们。请将盗版材料的链接发送到 copyright@packtpub.com。

如果你有兴趣成为作者：如果你有某个主题的专业知识，并且有兴趣写成或帮助促成一本书，

---

① 针对本书中文版的勘误，请到 http://www.ituring.com.cn/book/2653 查看和提交。——编者注

请参考我们的作者指南 www.packtpub.com/authors。

评论

请留下一条评论。当你阅读并使用本书后，何不在你购买本书的网站上留下一条评论呢？潜在的读者可通过你公正的评论来决定是否购买，Packt 的工作人员可以知道你对我们产品的看法，我们的作者能看到你对他们的反馈。谢谢！

要了解更多有关 Packt 的信息，请访问 packtpub.com。

电子书

扫描如下二维码，即可购买本书电子版。

目　　录

第1章

JavaScript 简介

1

JavaScript 是一门非常强大的编程语言。它是最流行的编程语言之一，也是互联网上最卓越的语言之一。在 GitHub（世界上最大的代码托管站点）上，托管了 400 000 多个 JavaScript 代码仓库（用 JavaScript 开发的项目数量也是最多的，参看 http://githut.info）。使用 JavaScript 的项目数量还在逐年增长。

JavaScript 不仅可用于前端开发，也适用于后端开发，而 Node.js 就是其背后的技术。**Node** 包的数量也呈指数级增长。JavaScript 同样可以用于移动开发领域，并且是 Apache Cordova 中最流行的语言之一。Apache Cordova 是一个能让开发者使用 HTML、CSS 和 JavaScript 等语言的混合式框架，你可以通过它来搭建应用，并且生成供 Android 系统使用的 APK 文件和供 iOS（苹果系统）使用的 IPA 文件。当然，也别忘了桌面端应用开发。我们可以使用一个名为 Electron 的 JavaScript 框架来编写同时兼容 Linux、Mac OS 和 Windows 的桌面端应用。JavaScript 还可以用于嵌入式设备以及**物联网**（IoT）设备。正如你所看到的，到处都有 JavaScript 的身影！

要成为一名 Web 开发工程师，掌握 JavaScript 必不可少。

本章，你会学到 JavaScript 的语法和一些必要的基础，这样就可以开始开发自己的数据结构和算法了。本章内容如下：

- ❑ 环境搭建和 JavaScript 基础
- ❑ 控制结构和函数
- ❑ JavaScript 面向对象编程
- ❑ 调试工具

1.1 JavaScript 数据结构与算法

在本书中，你将学习最常用的数据结构和算法。为什么用 JavaScript 来学习这些数据结构和算法呢？我们已经回答了这个问题。JavaScript 非常受欢迎，作为函数式编程语言，它非常适合用来学习数据结构和算法。通过它来学习数据结构比 C、Java 或 Python 这些标准语言更简单，学习新东西也会变得很有趣。谁说数据结构和算法只为 C、Java 这样的语言而生？在前端开发当中，你可能也需要实现这些语言。

学习数据结构和算法十分重要。首要原因是数据结构和算法可以很高效地解决常见问题，这对你今后所写代码的质量至关重要（也包括性能；要是用了不恰当的数据结构或算法，很可能会产生性能问题）。其次，对于计算机科学，算法是最基础的概念。最后，如果你想入职最好的 IT 公司（如谷歌、亚马逊、微软、eBay 等），数据结构和算法是面试问题的重头戏。

让我们开始学习吧！

1.2　环境搭建

相比其他语言，JavaScript 的优势之一在于不用安装或配置任何复杂的环境就可以开始学习。每台计算机上都已具备所需的环境，哪怕使用者从未写过一行代码。有浏览器足矣！

为了运行书中的示例代码，建议你做好如下准备：安装 Chrome 或 Firefox 浏览器（选择一个你最喜欢的即可），选择一个喜欢的编辑器（如 Visual Studio Code），以及一个 Web 服务器（XAMPP 或其他你喜欢的，这一步是可选的）。Chrome、Firefox、VS Code 和 XAMPP 在 Windows、Linux 和 Mac OS 上均可以使用。

1.2.1　最简单的环境搭建

浏览器是最简单的 JavaScript 开发环境。现代浏览器（Chrome、Firefox、Safari 和 Edge）都拥有一个叫作**开发者工具**的功能。如要使用 Chrome 中的开发者工具，可以点击右上角的菜单，选择 More Tools | Developer Tools，如下图所示。

打开开发者工具，里面有一个 Console 标签页，可以在其中编写你的 JavaScript 代码，如下图所示（需要按下 Enter 键来执行源代码）。

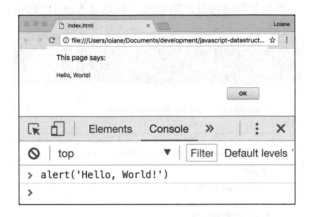

1.2.2 使用 Web 服务器

你可能想要安装的第二个环境也很简单，但是需要安装一个 Web 服务器。如果一个 HTML 文件只包含简单的、不向服务器发送任何请求的 JavaScript 代码（Ajax 调用），那么你可以右键点击它并选择在浏览器中直接打开。本书中需要编写的代码都很简单，可以通过这种方式执行。但是，安装一个 Web 服务器总是有好处的。

有很多开源和免费的 Web 服务器可供选择。如果你熟悉 PHP 的话，XAMPP 会是不错的选择，它可用于 Linux、Windows 和 Mac OS。

由于我们会专注于服务端和浏览器上的 JavaScript，可以在 Chrome 上安装一个简单的 Web 服务器，它是一个叫作 Web Server for Chrome 的扩展。安装好之后，可以在浏览器地址栏中输入 chrome://apps 来找到它。

　　打开 Web Server 扩展后，可以点击 CHOOSE FOLDER 来选择需要在哪个文件夹中开启服务器。你可以新建一个文件夹来执行要在本书中实现的代码，也可以下载本书的源代码并将其解压缩到你喜欢的目录下，然后就能通过设定的 URL（默认是 http://127.0.0.1:8887）来访问它了。

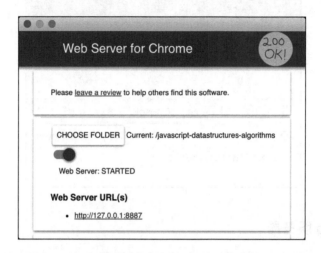

　　本书中的所有示例都可以通过访问 http://127.0.0.1:8887/examples 来执行。你会看到一个包含所有示例列表的 index.html 文件，如下图所示。

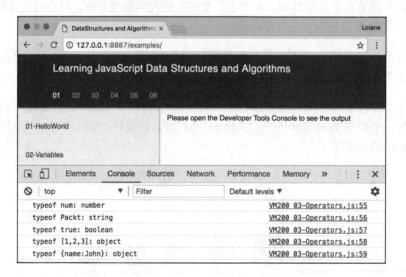

　　执行示例代码的时候，始终牢记打开**开发者工具**并切换到 **Console** 标签页来查看输出结果。Web Server for Chrome 扩展也是用 JavaScript 开发的。为了获得更好的开发体验，建议使用该扩展来执行本书的示例代码，或者安装下一节将学习到的 Node.js http-server。

1.2.3 Node.js `http-server`

第三种选择就是 100% 的 JavaScript！搭建这个环境需要安装 Node.js。首先要到 http://nodejs.org/下载和安装 Node.js。然后，打开终端应用（如果你用的是 Windows 操作系统，打开 Node.js 的命令行，它随 Node.js 一同安装了），输入如下命令。

```
npm install http-server -g
```

最好手动输入这些命令，复制粘贴可能会出错。我们也可以用管理员身份执行上述命令。对于 Linux 和 Mac OS，使用如下命令。

```
sudo npm install http-server -g
```

这条命令会在你的机器上安装一个 JavaScript 服务器：`http-server`。要启动服务器并在终端应用上运行本书中的示例代码，请将工作路径更改至示例代码文件夹，然后输入 `http-server`，如下图所示。

```
● ● ●    javascript-datastructures-algorithms — node /usr/local/bin/http-server — 94×8
[loiane:~ loiane$ cd /Users/loiane/Documents/development/javascript-datastructures-algorithms  ]
[loiane:javascript-datastructures-algorithms loiane$ http-server                               ]
Starting up http-server, serving ./
Available on:
  http://127.0.0.1:8080
  http://192.168.0.11:8080
Hit CTRL-C to stop the server
```

为执行示例，打开浏览器，通过 `http-server` 命令指定的端口访问。

> 下载代码文件的具体步骤已经在前言中介绍过了，请翻回去看一看。本书的代码包在 GitHub 上的托管地址是 https://github.com/PacktPublishing/Learning-Java-Script-Data-Structures-and-Algorithms-Third-Edition。其他图书或视频的代码包也可以到 https://github.com/PacktPublishing/查阅。别错过！

1.3 JavaScript 基础

在深入学习各种数据结构和算法前，让我们先大概了解一下 JavaScript。本节教大家一些相关的基础知识，有利于学习后面各章。

首先来看在 HTML 中编写 JavaScript 的两种方式。第一种方式如下面的代码所示。创建一个 HTML 文件（01-HelloWorld.html），把代码写进去。在这个例子里，我们在 HTML 文件中声明了 `script` 标签，然后把 JavaScript 代码都写进这个标签。

```
<!DOCTYPE html>
<html>
  <head>
```

```
    <meta charset="UTF-8">
  </head>
  <body>
    <script>
      alert('Hello, World!');
    </script>
  </body>
</html>
```

 尝试使用 Web Server for Chrome 扩展或 `http-server` 来执行上述代码，并在浏览器中查看输出结果。

第二种方式，我们需要创建一个 JavaScript 文件（比如 01-HelloWorld.js），在里面写入如下代码。

```
alert('Hello, World!');
```

然后，我们的 HTML 文件看起来如下所示。

```
<!DOCTYPE html>
<html>
  <head>
    <meta charset="UTF-8">
    <title></title>
  </head>
  <body>
    <script src="01-HelloWorld.js"></script>
  </body>
</html>
```

第二个例子展示了如何将一个 JavaScript 文件引入 HTML 文件。

无论执行这两个例子中的哪个，输出都是一样的。不过第二个例子是最佳实践。

 可能你在网上的一些例子里看到过 JavaScript 的 `include` 语句，或者放在 `head` 标签中的 JavaScript 代码。作为最佳实践，我们会在关闭 `body` 标签前引入 JavaScript 代码。这样浏览器就会在加载脚本之前解析和显示 HTML，有利于提升页面的性能。

1.3.1 变量

变量保存的数据可以在需要时设置、更新或提取。赋给变量的值都有对应的类型。JavaScript 的类型有**数**、**字符串**、**布尔值**、**函数**和**对象**，还有 **undefined** 和 **null**，以及**数组**、**日期**和**正则表达式**。

尽管 JavaScript 有多种变量类型，然而不同于 C/C++、C#或 Java，它并不是一种**强类型**语言。在强类型语言中，声明变量时需要指定变量的类型（例如，在 Java 中声明一个整型变量，要使用 int num = 1;)。在 JavaScript 中，我们只需要使用关键字 var，而不必指定变量类型。因此，JavaScript 不是强类型语言。然而，对于是否要将可选的静态类型（http://github.com/dslomov/typed-objects-es7）加入未来的 JavaScript 标准（**ECMAScript**），已经有了一些讨论以及一个处于草稿状态的标准。如果需要在写 JavaScript 时对变量设定类型，也可以使用 TypeScript。我们会在本章稍后学习有关 ECMAScript 和 TypeScript 的内容。

下面的例子介绍如何在 JavaScript 里使用变量。

```
var num = 1; // {1}
num = 3; // {2}
var price = 1.5; // {3}
var myName = 'Packt'; // {4}
var trueValue = true; // {5}
var nullVar = null; // {6}
var und; // {7}
```

❑ 在行{1}，我们展示了如何声明一个 JavaScript 变量（声明了一个数值类型）。虽然关键字 var 不是必需的，但最好每次声明一个新变量时都加上。

❑ 在行{2}，我们更新了已有变量。JavaScript 不是强类型语言。这意味着你可以声明一个变量并初始化成一个数值类型的值，然后把它更新成字符串或者其他类型的值，不过这并不是一个好做法。

❑ 在行{3}，我们又声明了一个数值类型的变量，不过这次是十进制浮点数。在行{4}，声明了一个字符串；在行{5}，声明了一个布尔值；在行{6}，声明了一个 null；在行{7}，声明了 undefined 变量。null 表示变量没有值，undefined 表示变量已被声明，但尚未赋值。

如果想看声明的每个变量的值，可以使用 console.log，如下所示。

```
console.log('num: ' + num);
console.log('myName: ' + myName);
console.log('trueValue: ' + trueValue);
console.log('price: ' + price);
console.log('nullVar: ' + nullVar);
console.log('und: ' + und);
```

console.log 方法不只是接收这样的参数。除了 console.log('num: ' + num)，我们还可以使用 console.log('num: ', num) 的形式。第一种写法会将结果合并为一个字符串，而第二种写法则允许我们为其添加一个描述，并在变量为对象时将其内容以可视化的方式输出。

书中的示例代码会使用三种方式输出 JavaScript 的值。第一种是 alert('My text here')，将输出到浏览器的警示窗口；第二种是 console.log('My text here')，将把文本输出到调试工具（谷歌开发者工具或是 Firebug，根据你使用的浏览器而定）的 **Console** 标签页；第三种是通过 document.write('My text here') 直接输出到 HTML 页面里并用浏览器呈现。可以选择你喜欢的方式来调试。

稍后会讨论函数和对象。

变量作用域

作用域是指，在编写的算法函数中，我们能访问变量（在使用函数作用域时，也可以是一个函数）的地方。有局部变量和全局变量两种。

让我们看一个例子。

```
var myVariable = 'global';
myOtherVariable = 'global';

function myFunction() {
  var myVariable = 'local';
  return myVariable;
}

function myOtherFunction() {
  myOtherVariable = 'local';
  return myOtherVariable;
}

console.log(myVariable); // {1}
console.log(myFunction()); // {2}

console.log(myOtherVariable); // {3}
console.log(myOtherFunction()); // {4}
console.log(myOtherVariable); // {5}
```

上面的代码可解释如下。

❑ 行{1}输出 global，因为它是一个全局变量。
❑ 行{2}输出 local，因为 myVariable 是在 myFunction 函数中声明的局部变量，所以作用域仅在 myFunction 内。
❑ 行{3}输出 global，因为我们引用了在第二行初始化了的全局变量 myOtherVariable。
❑ 行{4}输出 local。在 myOtherFunction 函数里，因为没有使用 var 关键字修饰，所以这里引用的是全局变量 myOtherVariable 并将它赋值为 local。
❑ 因此，行{5}会输出 local（因为在 myOtherFunction 里修改了 myOtherVariable 的值）。

你可能听其他人提过在 JavaScript 里应该尽量少用全局变量，这是对的。通常，代码质量可以用全局变量和函数的数量来考量（数量越多越糟）。因此，尽可能避免使用全局变量。

1.3.2　运算符

在编程语言里执行任何运算都需要运算符。在 JavaScript 里有算术运算符、赋值运算符、比较运算符、逻辑运算符、位运算符、一元运算符和其他运算符。我们来看一下这些运算符。

```
var num = 0; // {1}
num = num + 2;
num = num * 3;
num = num / 2;
num++;
num--;

num += 1; // {2}
num -= 2;
num *= 3;
num /= 2;
num %= 3;

console.log('num == 1 : ' + (num == 1)); // {3}
console.log('num === 1 : ' + (num === 1));
console.log('num != 1 : ' + (num != 1));
console.log('num > 1 : ' + (num > 1));
console.log('num < 1 : ' + (num < 1));
console.log('num >= 1 : ' + (num >= 1));
console.log('num <= 1 : ' + (num <= 1));

console.log('true && false : ' + (true && false)); // {4}
console.log('true || false : ' + (true || false));
console.log('!true : ' + (!true));
```

在行{1}，我们用了算术运算符。下表列出了这些运算符及其描述。

算术运算符	描　　述
+	加法
-	减法
*	乘法
/	除法
%	取余（除法的余数）
++	递增
--	递减

在行{2}，我们使用了赋值运算符。下表列出了赋值运算符及其描述。

赋值运算符	描　　述
=	赋值
+=	加赋值(x += y) == (x = x + y)
-=	减赋值(x -= y) == (x = x - y)
*=	乘赋值(x *= y) == (x = x * y)
/=	除赋值(x /= y) == (x = x / y)
%=	取余赋值(x %= y) == (x = x % y)

在行{3}，我们使用了比较运算符。下表列出了比较运算符及其描述。

比较运算符	描 述
==	相等
===	全等
!=	不等
>	大于
>=	大于等于
<	小于
<=	小于等于

在行{4}，我们使用了逻辑运算符。下表列出了逻辑运算符及其描述。

逻辑运算符	描 述
&&	与
||	或
!	非

JavaScript 也支持位运算符，如下所示。

```
console.log('5 & 1:', (5 & 1));
console.log('5 | 1:', (5 | 1));
console.log('~ 5:', (~5));
console.log('5 ^ 1:', (5 ^ 1));
console.log('5 << 1:', (5 << 1));
console.log('5 >> 1:', (5 >> 1));
```

下表对位运算符做了更详细的描述。

位运算符	描 述
&	与
|	或
~	非
^	异或
<<	左移
>>	右移

typeof 运算符可以返回变量或表达式的类型。我们看下面的代码。

```
console.log('typeof num:', typeof num);
console.log('typeof Packt:', typeof 'Packt');
console.log('typeof true:', typeof true);
console.log('typeof [1,2,3]:', typeof [1,2,3]);
console.log('typeof {name:John}:', typeof {name:'John'});
```

输出如下。

1

```
typeof num：number
typeof Packt：string
typeof true：boolean
typeof [1,2,3]：object
typeof {name:John}：object
```

根据标准，在 JavaScript 中有两种数据类型。

❑ **原始数据类型**：null、undefined、字符串、数、布尔值和 Symbol[①]。
❑ **派生数据类型/对象**：JavaScript 对象，包括函数、数组和正则表达式。

JavaScript 还支持 delete 运算符，可以删除对象里的属性。看看下面的代码。

```
var myObj = {name: 'John', age: 21};
delete myObj.age;
console.log(myObj); // 输出对象{name: "John"}
```

这些运算符在后面的算法学习中可能会用到。

1.3.3 真值和假值

在 JavaScript 中，true 和 false 有些复杂。在大多数编程语言中，布尔值 true 和 false 仅仅表示 true/false 结果。在 JavaScript 中，如 Packt 这样的字符串值，也可以看作 true。

下表能帮助我们更好地理解 true 和 false 在 JavaScript 中是如何转换的。

数值类型	转换成布尔值
undefined	false
null	false
布尔值	true 是 true，false 是 false
数	+0、-0 和 NaN 都是 false，其他都是 true
字符串	如果字符串是空的（长度是 0）就是 false，其他都是 true（长度大于等于 1）
对象	true

我们来看一些代码，用输出来验证上面的总结。

```
function testTruthy(val) {
  return val ? console.log('true') : console.log('false');
}

testTruthy(true); // true
testTruthy(false); // false
testTruthy(new Boolean(false)); // true (对象始终为 true)

testTruthy(''); // false
```

---

① Symbol 是 ES6 新引入的数据类型，表示独一无二的值，详见 4.4.2 节。——编者注

```
testTruthy('Packt'); // true
testTruthy(new String('')); // true (对象始终为 true)

testTruthy(1); // true
testTruthy(-1); // true
testTruthy(NaN); // false
testTruthy(new Number(NaN)); // true (对象始终为 true)

testTruthy({}); // true (对象始终为 true)

var obj = { name: 'John' };
testTruthy(obj); // true
testTruthy(obj.name); // true
testTruthy(obj.age); // false (属性不存在)
```

1.3.4   相等运算符（==和===）

这两个相等运算符的使用可能会引起一些困惑。

使用==时，不同类型的值也可以被看作相等。这样的结果可能会使那些资深的 JavaScript 开发者都感到困惑。我们用下面的表格给大家分析一下不同类型的值用相等运算符比较后的结果。

类型（x）	类型（y）	结 果
null	undefined	true
undefined	null	true
数	字符串	x == toNumber(y)
字符串	数	toNumber(x) == y
布尔值	任何类型	toNumber(x) == y
任何类型	布尔值	x == toNumber(y)
字符串或数	对象	x == toPrimitive(y)
对象	字符串或数	toPrimitive(x) == y

如果 x 和 y 的类型相同，JavaScript 会用 equals 方法比较这两个值或对象。没有列在这个表格中的其他情况都会返回 false。

toNumber 和 toPrimitive 方法是内部的，并根据以下表格对其进行估值。

toNumber 方法对不同类型返回的结果如下。

值 类 型	-	结 果
undefined		NaN
null		+0
布尔值		如果是 true，返回 1；如果是 false，返回+0
数		数对应的值

toPrimitive 方法对不同类型返回的结果如下。

值 类 型	结　　果
对象	如果对象的 valueOf 方法的结果是原始值，返回原始值；如果对象的 toString 方法返回原始值，就返回这个值；其他情况都返回一个错误

用例子来验证一下表格中的结果。首先，我们知道下面的代码输出 true（字符串长度大于 1）。

```
console.log('packt' ? true : false);
```

那么下面这行代码的结果呢？

```
console.log('packt' == true);
```

输出是 false，为什么会这样呢？

❑ 首先，布尔值会被 toNumber 方法转成数，因此得到 packt == 1。
❑ 其次，用 toNumber 转换字符串值。因为字符串包含字母，所以会被转成 NaN，表达式就变成了 NaN == 1，结果就是 false。

那么下面这行代码的结果呢？

```
console.log('packt' == false);
```

输出也是 false，为什么呢？

❑ 首先，布尔值会被 toNumber 方法转成数，因此得到 packt == 0。
❑ 其次，用 toNumber 转换字符串值。因为字符串包含字母，所以会被转成 NaN，表达式就变成了 NaN == 0，结果就是 false。

那么===运算符呢？简单多了。如果比较的两个值类型不同，比较的结果就是 false。如果比较的两个值类型相同，结果会根据下表判断。

类型（x）	值	结　　果
数	x 和 y 的值相同（但不是 NaN）	true
字符串	x 和 y 是相同的字符	true
布尔值	x 和 y 都是 true 或 false	true
对象	x 和 y 引用同一个对象	true

如果 x 和 y 类型不同，结果就是 false。我们来看一些例子。

```
console.log('packt' === true); // false
console.log('packt' === 'packt'); // true
var person1 = {name:'John'};
var person2 = {name:'John'};
console.log(person1 === person2); // false, 不同的对象
```

1.4　控制结构

JavaScript 的控制结构与 C 和 Java 里的类似。条件语句支持 `if...else` 和 `switch`。循环支持 `while`、`do...while` 和 `for`。

1.4.1　条件语句

首先看一下如何构造 `if...else` 条件语句。有几种方式。

如果想让一个脚本在仅当条件（表达式）是 `true` 时执行，可以使用 `if` 语句，如下所示。

```
var num = 1;
if (num === 1) {
  console.log('num 等于 1');
}
```

如果想在条件为 `true` 的时候执行脚本 A，在条件为 `false`（`else`）的时候执行脚本 B，可以使用 `if...else` 语句，如下所示。

```
var num = 0;
if (num === 1) {
  console.log('num 等于 1');
} else {
  console.log('num 不等于 1, num 的值是 ' + num);
}
```

`if...else` 语句也可以用三元运算符替换，例如下面的 `if...else` 语句。

```
if (num === 1) {
  num--;
} else {
  num++;
}
```

可以用三元运算符替换为：

```
(num === 1) ? num-- : num++;
```

如果我们有多个脚本，可以多次使用 `if...else`，根据不同的条件执行不同的语句。

```
var month = 5;
if (month === 1) {
  console.log('一月');
} else if (month === 2) {
  console.log('二月');
} else if (month === 3) {
  console.log('三月');
} else {
  console.log('月份不是一月、二月或三月');
}
```

最后，还有 switch 语句。如果要判断的条件和上面的一样（但要和不同的值进行比较），可以使用 swtich 语句。

```
var month = 5;
switch (month) {
  case 1:
    console.log('January');
    break;
  case 2:
    console.log('February');
    break;
  case 3:
    console.log('March');
    break;
  default:
    console.log('Month is not January, February or March');
}
```

对于 switch 语句来说，case 和 break 关键字的用法很重要。case 判断当前 switch 的值是否和 case 分支语句的值相等。break 会中止 switch 语句的执行。没有 break 会导致执行完当前的 case 后，继续执行下一个 case，直到遇到 break 或 switch 执行结束。最后，还有 default 关键字，在表达式不匹配前面任何一种情形的时候，就执行 default 中的代码（如果有对应的，就不会执行）。

1.4.2　循环

在处理数组元素时会经常用到循环（数组是第 3 章的主要内容）。在我们的算法中也会经常用到 for 循环。

JavaScript 中的 for 循环与 C 和 Java 中的一样。循环的计数值通常是一个数，然后和另一个值比较（如果条件成立就会执行 for 循环中的代码），之后这个数值会递增或递减。

在下面的代码里，我们用了一个 for 循环。当 i 小于 10 时，会在控制台中输出其值。i 的初始值是 0，因此这段代码会输出 0 到 9。

```
for (var i = 0; i < 10; i++) {
  console.log(i);
}
```

我们要关注的下一种循环是 while 循环。当 while 的条件判断成立时，会执行循环内的代码。下面的代码里，有一个初始值为 0 的变量 i，我们希望在 i 小于 10（即小于等于 9）时输出它的值。输出会是 0 到 9。

```
var i = 0;
while (i < 10) {
  console.log(i);
```

```
    i++;
  }
```

　　do...while 循环和 while 循环很相似。区别是：在 while 循环里，先进行条件判断再执行循环体中的代码，而在 do...while 循环里，是先执行循环体中的代码再判断循环条件。do...while 循环至少会让循环体中的代码执行一次。下面的代码同样会输出 0 到 9。

```
var i = 0;
do {
  console.log(i);
  i++;
} while (i < 10);
```

1.5　函数

　　在用 JavaScript 编程时，函数很重要。我们的例子里也用到了函数。

　　下面的代码展示了函数的基本语法。它没有用到参数或 return 语句。

```
function sayHello() {
  console.log('Hello!');
}
```

　　要执行这段代码，只需要使用下面的语句。

```
sayHello();
```

　　我们也可以传递参数给函数。参数是会被函数使用的变量。下面的代码展示了如何在函数中使用参数。

```
function output(text) {
  console.log(text);
}
```

　　我们可以通过以下代码使用该函数。

```
output('Hello!');
```

　　你可以传递任意数量的参数，如下所示。

```
output('Hello!', 'Other text');
```

　　在这个例子中，函数只使用了传入的第一个参数，第二个参数被忽略。

　　函数也可以返回一个值，例如：

```
function sum(num1, num2) {
  return num1 + num2;
}
```

这个函数计算了给定两个数之和，并返回结果。我们可以这样使用：

```
var result = sum(1, 2);
output(result); // 输出 3
```

1.6　JavaScript 面向对象编程

JavaScript 里的对象就是普通名值对的集合。创建一个普通对象有两种方式。第一种方式是：

```
var obj = new Object();
```

第二种方式是：

```
var obj = {};
```

我们也可以这样创建一个完整的对象：

```
obj = {
  name: {
    first: 'Gandalf',
    last: 'the Grey'
  },
  address: 'Middle Earth'
};
```

可以看到，声明 JavaScript 对象时，**键值对**中的键就是对象的属性，值就是对应属性的值。在本书中，我们创建的所有的类，如 Stack、Set、LinkedList、Dictionary、Tree、Graph 等，都是 JavaScript 对象。

在**面向对象编程**（OOP）中，对象是类的实例。一个类定义了对象的特征。我们会创建很多类来表示算法和数据结构。例如我们如下声明一个类（构造函数）来表示书。

```
function Book(title, pages, isbn) {
  this.title = title;
  this.pages = pages;
  this.isbn = isbn;
}
```

用下面的代码实例化这个类。

```
var book = new Book('title', 'pages', 'isbn');
```

然后，我们可以访问和修改对象的属性。

```
console.log(book.title); // 输出书名
book.title = 'new title'; // 修改书名
console.log(book.title); // 输出新的书名
```

类可以包含函数（通常也称为**方法**）。可以声明和使用函数/方法，如下所示。

```
Book.prototype.printTitle = function() {
  console.log(this.title);
};

book.printTitle();
```

我们也可以直接在类的定义里声明函数。

```
function Book(title, pages, isbn) {
  this.title = title;
  this.pages = pages;
  this.isbn = isbn;
  this.printIsbn = function() {
    console.log(this.isbn);
  };
}
book.printIsbn();
```

> 在 prototype 的例子里，printTitle 函数只会创建一次，在所有实例中共享。如果在类的定义里声明，就像前面的例子一样，则每个实例都会创建自己的函数副本。使用 prototype 方法可以节约内存和降低实例化的开销。不过 prototype 方法只能声明 public 函数和属性，而类定义可以声明只在类的内部访问的 private 函数和属性。ECMAScript 2015（ES6）引入了一套既像类定义又基于原型的简化语法。稍后我们会进一步讨论。

1.7　调试工具

除了学会如何用 JavaScript 编程外，还需要了解如何调试代码。调试对于找到代码中的错误十分有帮助，也能让你低速执行代码，从而看到所有发生的事情（方法被调用的栈、变量赋值等）。极力推荐你花一些时间学习一下如何调试书中的源代码，查看算法的每一步（这样也会让你对算法有深刻的理解）。

Firefox、Safari、Edge 和 Chrome 都支持调试。有一个了解谷歌开发者工具的好教程，地址是 https://developer.chrome.com/devtools/docs/javascript-debugging。

除了你喜好的编辑器外，这里推荐其他几个工具，可以提升编写 JavaScript 的效率。

❑ WebStorm：这是一个很强大的 IDE，支持最新的 Web 技术和框架。它不是免费的，但你可以下载一个 30 天试用版本体验一下。

❑ Sublime Text：这是一个轻量级的文本编辑器，可以自定义插件。你可以购买它的许可证来支持这个工具的开发，也可以免费使用（试用版不会过期）。

❑ Atom：这也是一个轻量级的文本编辑器，由 GitHub 创建。它为 JavaScript 提供了很好的支持，也可以自定义插件。

> ❑ **Visual Studio Code**：这是一个免费、开源的代码编辑器，由微软使用 TypeScript 开发。
> 它使用 IntelliSense 提供 JavaScript 代码自动补全功能，并在编辑器内直接提供了内置的
> 调试功能。同样可以自定义其插件。

上述所有编辑器都同时支持 Windows、Linux 和 Mac OS。

使用 VSCode 进行调试

要直接在 VSCode 中调试 JavaScript 或 ECMAScript 代码，首先需要安装 Debugger for Chrome
扩展。

然后，启动 Web Server for Chrome 扩展，并在浏览器中打开链接来查看本书的示例代码（默
认的 URL 是 http://127.0.0.1:8887/examples）。

下图展示了如何直接在编辑器中进行调试。

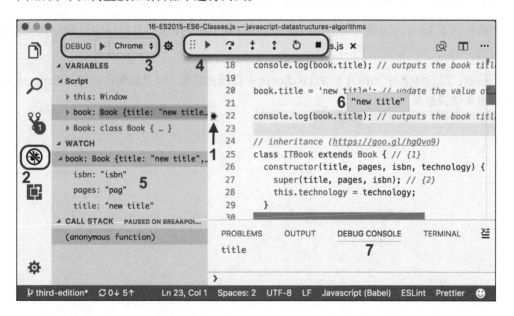

(1) 在编辑器中，打开想要调试的 JavaScript 文件，将鼠标指针移至行号附近，点击添加一个
断点（如图中的 1 所示）。调试器将在这里停止，然后可以对代码进行分析。

(2) 当 Web Server 启动并运行之后，点击 Debug 界面（如图中的 2 所示），选择 Chrome（如
图中的 3 所示），并点击运行图标来初始化调试进程。

(3) Chrome 将自动启动。导航至我们需要调试代码的示例。一旦调试器搜索到添加了断点的
那行代码，进程将停止，编辑器将获取焦点。

(4) 我们可以使用顶部工具栏来控制代码的调试方式（如图中的 4 所示）。可以选择继续执行，

进入方法的调用，跳至下一行代码，以及重新执行或停止执行。这和在 Chrome 等浏览器中使用调试工具是一样的。

(5) 使用内置调试功能的好处是，我们可以在编辑器中做所有的事情（编写代码、调试和测试）。我们也可以在其中查看声明的变量和调用栈，可以监听变量和表达式（如图中的 5 所示），可以将鼠标指针悬停在变量上以查看它当前的值（如图中的 6 所示），还可以查看控制台的输出（如图中的 7 所示）。

本书的源代码是使用 Visual Studio Code 开发的，也包含了启动项的配置，所以你可以直接在 VSCode 中调试和测试代码（所有的细节都包含在.vscode/launch.json 文件中）。运行本书源代码时推荐使用的扩展也列在了.vscode/extensions.json 文件中。

1.8　小结

本章主要讲述了如何搭建开发环境，有了这个环境就可以编写和运行书中的示例代码。

本章也讲了 JavaScript 语言的基础知识，这些知识会在接下来的数据结构和算法学习过程中用到。

下一章，我们将学习 2015 年以来 JavaScript 中新增的功能，以及如何借助 TypeScript 来利用静态类型和错误检查。

第 2 章
ECMAScript 和 TypeScript 概述

JavaScript 语言每年都在进化。从 2015 年起，每年都有一个新版本发布，我们称其为 ECMAScript。JavaScript 是一门非常强大的语言，也用于企业级开发。在这类开发中（以及其他类型的应用中），类型变量是一个非常有用的功能。作为 JavaScript 的一个超集，TypeScript 给我们提供了这样的功能。

本章，你将学习到自 2015 年起加入 JavaScript 的一些功能以及在项目中使用有类型版本的 JavaScript 的好处。本章内容涵盖如下几个方面：

- ❏ 介绍 ECMAScript
- ❏ 浏览器与服务器中的 JavaScript
- ❏ 介绍 TypeScript

2.1　ECMAScript 还是 JavaScript

当我们使用 JavaScript 时，常会在图书、博客和视频课程中看到 ECMAScript 这个术语。那么 ECMAScript 和 JavaScript 有什么关系，又有什么区别呢？

ECMA 是一个将信息标准化的组织。长话短说：很久以前，JavaScript 被提交到 ECMA 进行标准化，由此诞生了一个新的语言标准，也就是我们所知道的 ECMAScript。JavaScript 是该标准（最流行）的一个实现。

2.1.1　ES6、ES2015、ES7、ES2016、ES8、ES2017 和 ES.Next

我们知道，JavaScript 是一种主要在浏览器中运行的语言（也可以运行于 NodeJS 服务端、桌面端和移动端设备中），每个浏览器都可以实现自己版本的 JavaScript 功能（稍后你将在本书中学习）。这个具体的实现是基于 ECMAScript 的，因此浏览器提供的功能大都相同（我们的

JavaScript 代码可以在所有浏览器中运行）。然而，不同的浏览器之间，每个功能的行为也会存在细微的差别。

目前为止，本章给出的所有代码都是基于 2009 年 12 月发布的 ECMAScript 5（即 ES5，其中的 ES 是 ECMAScript 的简称）。ECMAScript 2015（ES2015）在 2015 年 6 月标准化，距离它的上个版本过去了近 6 年。在 ES2015 发布前，**ES6** 的名字已经变得流行了。

负责起草 ECMAScript 规范的委员会决定把定义新标准的模式改为每年更新一次，新的特性一旦通过就加入标准。因此，ECMAScript 第六版更名为 ECMAScript 2015（ES6）。

2016 年 6 月，ECMAScript 第七版被标准化，称为 **ECMAScript 2016** 或 **ES2016**（**ES7**）。

2017 年 6 月，ECMAScript 第八版被标准化。我们称它为 **ECMAScript 2017** 或 **ES2017**（**ES8**）。在写作本书时，这是最新的 ES 版本。

你可能在某些地方见过 **ES.Next**。这种说法用来指代下一个版本的 ECMAScript。

本节，我们会学习 ES2015 及之后版本中引入的一些新功能，它们对开发数据结构和算法都会有帮助。

兼容性列表

一定要明白，即便 ES2015 到 ES2017 已经发布，也不是所有的浏览器都支持新特性。为了获得更好的体验，最好使用你选择的浏览器的最新版本。

通过以下链接，你可以检查在各个浏览器中哪些特性可用。

❑ ES2015（ES6）：http://kangax.github.io/compat-table/es6/
❑ ES2016+：http://kangax.github.io/compat-table/es2016plus/

在 ES5 之后，最大的 ES 发布版本是 ES2015。根据上面链接中的兼容性表格来看，它的大部分功能在现代浏览器中都可以使用。即使有些 ES2016+的特性尚未支持，我们也可以现在就开始用新语法和新功能。

对于开发团队交付的 ES 功能实现，Firefox 默认开启支持。

在谷歌 Chrome 浏览器中，你可以访问 chrome://flags/#enable-javascript-harmony，开启 **Experimental JavaScript** 标志，启用新功能，如下图所示。

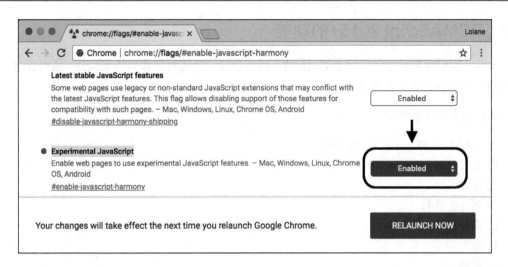

在微软 Edge 浏览器中，你可以导航至 about:flags 页面并选择 Enable experimental JavaScript features 标志（和 Chrome 中的方法相似）。

 即使开启了 Chrome 或 Edge 浏览器的**实验性** JavaScript **功能**标志，ES2016+的部分特性也可能不受支持，Firefox 同样如此。要了解各个浏览器所支持的特性，请查看兼容性列表。

2.1.2 使用 Babel.js

Babel 是一个 JavaScript 转译器，也称为源代码编译器。它将使用了 ECMAScript 语言特性的 JavaScript 代码转换成只使用广泛支持的 ES5 特性的等价代码。

使用 Babel.js 的方式多种多样。一种是根据设置文档（https://babeljs.io/docs/setup/）进行安装。另一种方式是直接在浏览器中试用（https://babeljs.io/repl/），如下图所示。

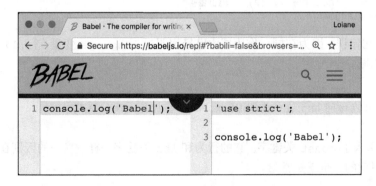

针对后续章节中出现的所有例子，我们都将提供一个在 Babel 中运行和测试的链接。

2.2   ECMAScript 2015+的功能

本节，我们将演示如何使用 ES2015 的一些新功能。这既对日常的 JavaScript 编码有用，也可以简化本书后面章节中的例子。

我们将介绍以下功能。

- 使用 let 和 const 声明变量
- 模板字面量
- 解构
- 展开运算符
- 箭头函数：=>
- 类
- 模块

2.2.1   用 let 替代 var 声明变量

到 ES5 为止，我们可以在代码中任意位置声明变量，甚至重写已声明的变量，代码如下。

```
var framework = 'Angular';
var framework = 'React';
console.log(framework);
```

上面代码的输出是 React，该值被赋给最后声明的 framework 变量。这段代码中有两个同名的变量，这是非常危险的，可能会导致错误的输出。

C、Java、C#等其他语言不允许这种行为。ES2015 引入了一个 let 关键字，它是新的 var，这意味着我们可以直接把 var 关键字都替换成 let。以下代码就是一个例子。

```
let language = 'JavaScript!'; // {1}
let language = 'Ruby!'; // {2} - 抛出错误
console.log(language);
```

行{2}会抛出错误，因为在同一作用域中已经声明过 language 变量（行{1}）。后面会讨论 let 和变量作用域。

 你可以访问 http://t.cn/EGbEFux，测试和执行上面的代码。

ES2015 还引入了 const 关键字。它的行为和 let 关键字一样，唯一的区别在于，用 const 定义的变量是只读的，也就是常量。

举例来说，考虑如下代码：

```
const PI = 3.141593;
PI = 3.0; // 抛出错误
console.log(PI);
```

当我们试图把一个新的值赋给 PI，甚至只是用 var PI 或 let PI 重新声明时，代码就会抛出错误，告诉我们 PI 是只读的。

下面来看 const 的另一个例子。我们将使用 const 来声明一个对象。

```
const jsFramework = {
  name: 'Angular'
};
```

尝试改变 jsFramework 变量的 name 属性。

```
jsFramework.name = 'React';
```

如果试着执行这段代码，它会正常工作。但是 const 声明的变量是只读的！为什么这里可以执行上面的代码呢？对于非对象类型的变量，比如数、布尔值甚至字符串，我们不可以改变变量的值。当遇到对象时，只读的 const 允许我们修改或重新赋值对象的属性，但变量本身的引用（内存中的引用地址）不可以修改，也就是不能对这个变量重新赋值。

如果像下面这样尝试给 jsFramework 变量重新赋值，编译器会抛出异常（"jsFramework" is read-only）。

```
// 错误，不能重新指定对象的引用
jsFramework = {
  name: 'Vue'
};
```

 你可以访问 http://t.cn/EGbnYXG 执行上面的例子。

let 和 const 的变量作用域

我们通过下面这个例子（http://sina.lt/fQNW）来理解 let 或 const 关键字声明的变量如何工作。

```
let movie = 'Lord of the Rings'; // {1}
//var movie = 'Batman v Superman'; // 抛出错误，movie 变量已声明

function starWarsFan() {
  const movie = 'Star Wars'; // {2}
  return movie;
}

function marvelFan() {
  movie = 'The Avengers'; // {3}
  return movie;
}
```

```
function blizzardFan() {
  const isFan = true;
  let phrase = 'Warcraft'; // {4}
  console.log('Before if: ' + phrase);
  if (isFan) {
    let phrase = 'initial text'; // {5}
    phrase = 'For the Horde!'; // {6}
    console.log('Inside if: ' + phrase);
  }
  phrase = 'For the Alliance!'; // {7}
  console.log('After if: ' + phrase);
}

console.log(movie); // {8}
console.log(starWarsFan()); // {9}
console.log(marvelFan()); // {10}
console.log(movie); // {11}
blizzardFan(); // {12}
```

以上代码的输出如下。

Lord of the Rings
Star Wars
The Avengers
The Avengers
Before if: Warcraft
Inside if: For the Horde!
After if: For the Alliance!

现在，我们来讨论得到这些输出的原因。

❑ 我们在行{1}声明了一个 movie 变量并赋值为 Lord of the Rings，然后在行{8}输出它的值。你在本章已经学过，这个变量拥有全局作用域。

❑ 我们在行{9}执行了 starWarsFan 函数。在这个函数里，我们也声明了一个 movie 变量（行{2}）。这个函数的输出是 Star Wars，因为行{2}的变量拥有局部作用域，也就是说它只在函数内部可见。

❑ 我们在行{10}执行了 marvelFan 函数。在这个函数里，我们改变了 movie 变量的值（行{3}）。这个变量是行{1}声明的全局变量。因此，行{11}的全局变量输出和行{10}的输出相同，都是 The Avengers。

❑ 最后，我们在行{12}执行了 blizzardFan 函数。在这个函数里，我们声明了一个拥有函数内作用域的 phrase 变量（行{4}）。然后，又声明了一个 phrase 变量（行{5}），但这个变量的作用域只在 if 语句内。

❑ 我们在行{6}改变了 phrase 的值。由于还在 if 语句内，值发生改变的是在行{5}声明的变量。

❑ 然后，我们在行{7}再次改变了 phrase 的值，但由于不是在 if 语句内，行{4}声明的变量的值改变了。

作用域的行为与在 Java 或 C 等其他编程语言中一样。然而，这是 ES2015（ES6）才引入到 JavaScript 的。

注意，在本节展示的代码中，我们混用了 let 和 const。应该使用哪一个呢？有些开发者（和一些检查工具）倾向于在变量的引用不会改变时使用 const。但是，这是个人喜好问题，没有哪个是错的！

2.2.2 模板字面量

模板字面量真的很棒，因为我们创建字符串的时候不必再拼接值。

举例来说，考虑如下 ES5 代码。

```
const book = {
  name: '学习 JavaScript 数据结构与算法'
};
console.log('你正在阅读' + book.name + '.,\n 这是新的一行\n 这也是');
```

我们可以用如下代码改进上面这个 console.log 输出的语法。

```
console.log(`你正在阅读${book.name}。
  这是新的一行
  这也是。`);
```

模板字面量用一对\`包裹。要插入变量的值，只要把变量放在${}里就可以了，就像例子中的 book.name。

模板字面量也可以用于多行的字符串，再也不需要用\n 了。只要按下键盘上的 Enter 就可以换一行，就像上面例子里的**这是新的一行**。

这个功能对简化我们例子的输出非常有用！

你可以访问 http://t.cn/EGb17Xt 执行上面的例子。

2.2.3 箭头函数

ES2015 的箭头函数极大地简化了函数的语法。考虑如下例子。

```
var circleAreaES5 = function circleArea(r) {
  var PI = 3.14;
  var area = PI * r * r;
  return area;
};
console.log(circleAreaES5(2));
```

上面这段代码的语法可以简化为如下代码。

```
const circleArea = r => { // {1}
  const PI = 3.14;
  const area = PI * r * r;
  return area;
};
console.log(circleArea(2));
```

这个例子最大的区别在于行{1}，我们可以省去 function 关键字，只用=>。

如果函数只有一条语句，还可以变得更简单，连 return 关键字都可以省去。看看下面的代码。

```
const circleArea2 = r => 3.14 * r * r;
console.log(circleArea2(2));
```

如果函数不接收任何参数，我们就使用一对空的圆括号，这在 ES5 中经常出现。

```
const hello = () => console.log('hello!');
hello();
```

你可以访问 http://t.cn/EGb1fte 执行上面的例子。

2.2.4　函数的参数默认值

在 ES2015 里，函数的参数还可以定义默认值。下面是一个例子。

```
function sum(x = 1, y = 2, z = 3) {
  return x + y + z;
}
console.log(sum(4, 2)); // 输出 9
```

由于我们没有传入参数 z，它的值默认为 3。因此，4 + 2 + 3 == 9。

在 ES2015 之前，上面的函数只能写成下面这样。

```
function sum(x, y, z) {
  if (x === undefined) x = 1;
  if (y === undefined) y = 2;
  if (z === undefined) z = 3;
  return x + y + z;
}
```

也可以写成下面这样。

```
function sum() {
  var x = arguments.length > 0 && arguments[0] !== undefined ? arguments[0]
: 1;
```

```
    var y = arguments.length > 1 && arguments[1] !== undefined ? arguments[1]
: 2;
    var z = arguments.length > 2 && arguments[2] !== undefined ? arguments[2]
: 3;
    return x + y + z;
}
```

JavaScript 函数中有一个内置的对象，叫作 arguments 对象。它类似于数组，包含函数被调用时传入的参数。即使不知道参数的名称，我们也可以动态获取并使用这些参数。

有了 ES2015 的参数默认值，代码可以少写好几行。

你可以访问 http://t.cn/EGb1QHS 执行上面的例子。

2.2.5 声明展开和剩余参数

在 ES5 中，我们可以用 apply() 函数把数组转化为参数。为此，ES2015 有了展开运算符（...）。举例来说，考虑我们上一节声明的 sum 函数。可以执行如下代码来传入参数 x、y 和 z。

```
let params = [3, 4, 5];
console.log(sum(...params));
```

以上代码和下面的 ES5 代码的效果是相同的。

```
console.log(sum.apply(undefined, params));
```

在函数中，展开运算符（...）也可以代替 arguments，当作剩余参数使用。考虑如下这个例子。

```
function restParamaterFunction (x, y, ...a) {
  return (x + y) * a.length;
}
console.log(restParamaterFunction(1, 2, "hello", true, 7));
```

以上代码和下面代码的效果是相同的（同样输出 9）。

```
function restParamaterFunction (x, y) {
  var a = Array.prototype.slice.call(arguments, 2);
  return (x + y) * a.length;
}
console.log(restParamaterFunction(1, 2, 'hello', true, 7));
```

你可以访问 http://t.cn/EGbBP4e 执行展开运算符的例子，访问 http://t.cn/EGbBqXf 执行剩余参数的例子。

2.2.6　增强的对象属性

ES2015 引入了**数组解构**的概念，可以用来一次初始化多个变量。考虑如下例子。

```
let [x, y] = ['a', 'b'];
```

以上代码和下面代码的效果是相同的。

```
let x = 'a';
let y = 'b';
```

数组解构也可以用来进行值的互换，而不需要创建临时变量，如下所示。

```
[x, y] = [y, x];
```

以上代码和下面代码的效果是相同的。

```
var temp = x;
x = y;
y = temp;
```

这对你学习排序算法会很有用，因为互换值的情况很常见。

还有一个称为**属性简写**的功能，它是对象解构的另一种方式。考虑如下例子。

```
let [x, y] = ['a', 'b'];
let obj = { x, y };
console.log(obj); // { x: "a", y: "b" }
```

以上代码和下面代码的效果是相同的。

```
var x = 'a';
var y = 'b';
var obj2 = { x: x, y: y };
console.log(obj2); // { x: "a", y: "b" }
```

本节要讨论的最后一个功能是**简写方法名**（shorthand method name）。这使得开发者可以在对象中像属性一样声明函数。下面是一个例子。

```
const hello = {
  name: 'abcdef',
  printHello() {
    console.log('Hello');
  }
};
console.log(hello.printHello());
```

以上代码也可以写成下面这样。

```
var hello = {
  name: 'abcdef',
  printHello: function printHello() {
```

```
      console.log('Hello');
  }
};
console.log(hello.printHello());
```

你可以访问以下 URL 执行上面三个例子。

❏ 数组解构：http://t.cn/EGbBYYT

❏ 变量互换：http://t.cn/EGbBswS

❏ 属性简写：http://t.cn/EGbrUJi

2.2.7 使用类进行面向对象编程

ES2015 还引入了一种更简洁的声明类的方式。你已经在 1.6 节学习了像下面这样声明一个 Book 类的方式。

```
function Book(title, pages, isbn) { // {1}
  this.title = title;
  this.pages = pages;
  this.isbn = isbn;
}
Book.prototype.printTitle = function() {
  console.log(this.title);
};
```

我们可以用 ES2015 把语法简化，如下所示。

```
class Book { // {2}
  constructor(title, pages, isbn) {
    this.title = title;
    this.pages = pages;
    this.isbn = isbn;
  }
  printIsbn() {
    console.log(this.isbn);
  }
}
```

只需要使用 class 关键字，声明一个有 constructor 函数和诸如 printIsbn 等其他函数的类。ES2015 的类是基于原型语法的语法糖。行{1}声明 Book 类的代码与行{2}声明的代码具有相同的效果和输出。

```
let book = new Book('title', 'pag', 'isbn');
console.log(book.title); // 输出图书标题
book.title = 'new title'; // 更新图书标题
console.log(book.title); // 输出图书标题
```

你可以访问 http://t.cn/EGbroRC 执行上面的例子。

1. 继承

ES2015 中，类的继承也有简化的语法。我们看一个例子。

```
class ITBook extends Book { // {1}
  constructor (title, pages, isbn, technology) {
    super(title, pages, isbn); // {2}
    this.technology = technology;
  }

  printTechnology() {
    console.log(this.technology);
  }
}
let jsBook = new ITBook('学习 JS 算法', '200', '1234567890', 'JavaScript');
console.log(jsBook.title);
console.log(jsBook.printTechnology());
```

我们可以用 extends 关键字扩展一个类并继承它的行为（行{1}）。在构造函数中，我们也可以通过 super 关键字引用父类的构造函数（行{2}）。

尽管在 JavaScript 中声明类的新方式所用的语法与 Java、C、C++等其他编程语言很类似，但 JavaScript 面向对象编程还是基于原型实现的。

 你可以访问 http://sina.lt/fQPa 执行上面的例子。

2. 使用属性存取器

ES2015 也可以为类属性创建存取器函数。虽然不像其他面向对象语言（封装概念），类的属性不是私有的，但最好还是遵循一种命名模式。

下面的例子是一个声明了 get 和 set 函数的类。

```
class Person {
  constructor (name) {
    this._name = name; // {1}
  }
  get name() { // {2}
    return this._name;
  }
  set name(value) { // {3}
    this._name = value;
  }
}

let lotrChar = new Person('Frodo');
console.log(lotrChar.name); // {4}
lotrChar.name = 'Gandalf'; // {5}
console.log(lotrChar.name);
lotrChar._name = 'Sam'; // {6}
console.log(lotrChar.name);
```

要声明 get 和 set 函数，只需要在我们要暴露和使用的函数名前面加上 get 或 set 关键字（行{2}和行{3}）。我们可以用相同的名字声明类属性，或者在属性名前面加下划线（行{1}），让这个属性看起来像是私有的。

然后，只要像普通的属性一样，引用它们的名字（行{4}和行{5}），就可以执行 get 和 set 函数了。

_name 并非真正的私有属性，我们仍然可以引用它（行{6}）。本书后面的章节还会谈到这一点。

 你可以访问 http://t.cn/EGbd6GL 执行上面的例子。

2.2.8 乘方运算符

乘方运算符在进行数学计算时非常有用。作为示例，我们使用公式计算一个圆的面积。

```
const area = 3.14 * r * r;
```

也可以使用 Math.pow 函数来写出具有相同功能的代码。

```
const area = 3.14 * Math.pow(r, 2);
```

ES2016 中引入了**运算符，用来进行指数运算。我们可以像下面这样使用指数运算符计算一个圆的面积。

```
const area = 3.14 * (r ** 2);
```

 你可以访问 http://t.cn/EGbdT0r 执行上面的例子。

ES2015+还提供了一些其他功能，包括列表迭代器、类型数组、Set、Map、WeakSet、WeakMap、尾调用、for..of、Symbol、Array.prototype.includes、尾逗号、字符串补全、静态对象方法，等等。我们在后续章节会学习到其中的一些功能。

 你可以在 https://developer.mozilla.org/zh-CN/docs/Web/JavaScript 查阅 JavaScript 和 ECMAScript 的完整功能列表。

2.2.9 模块

Node.js 开发者已经很熟悉用 require 语句（CommonJS 模块）进行模块化开发了。同样，还有一个流行的 JavaScript 模块化标准，叫作**异步模块定义**（AMD）。RequireJS 是 AMD 最流行的实现。ES2015 在 JavaScript 标准中引入了一种官方的模块功能。让我们来创建并使用模块吧。

要创建的第一个模块包含两个用来计算几何图形面积的函数。在一个文件（17-CalcArea.js）中添加如下代码。

```
const circleArea = r => 3.14 * (r ** 2);

const squareArea = s => s * s;

export { circleArea, squareArea }; // {1}
```

这表示我们暴露出了这两个函数，以便其他文件使用（行{1}）。只有被导出的成员才对其他模块或文件可见。

在本示例的主文件（17-ES2015-ES6-Modules.js）中，我们会用到在 17-CalcArea.js 文件中声明的函数。下面的代码片段展示了如何使用这两个函数。

```
import { circleArea, squareArea } from './17-CalcArea'; // {2}

console.log(circleArea(2));
console.log(squareArea(2));
```

首先，需要在文件中导入要使用的函数（行{2}），之后就可以调用它们了。

如果需要使用 circleArea 函数，也可以只导入这个函数。

```
import { circleArea } from './17-CalcArea';
```

基本上，模块就是在单个文件中声明的 JavaScript 代码。我们可以用 JavaScript 代码直接从其他文件中导入函数、变量和类（不需要像几年前 JavsScript 还不够流行的时候那样，事先在HTML 中按顺序引入若干文件）。模块功能让我们在创建代码库或开发大型项目时能够更好地组织代码。

我们可以像下面这样，在导入成员后对其重命名。

```
import { circleArea as circle } from './17-CalcArea';
```
也可以在导出函数时就对其重命名。

```
export { circleArea as circle, squareArea as square };
```

这种情况下，在导入被导出的成员时，需要使用导出时重新命名的名字，而不是原来内部使用的名字。

```
import { circle, square } from './17-CalcArea';
```

同样，我们也可以使用其他方式在另一个模块中导入函数。

```
import * as area from './17-CalcArea';

console.log(area.circle(2));
console.log(area.square(2));
```

这种情况下，可以把整个模块当作一个变量来导入，然后像使用类的属性和方法那样调用被导出的成员。

还可以在需要被导出的函数或变量前添加 export 关键字。这样就不需要在文件末尾写导出声明了。

```
export const circleArea = r => 3.14 * (r ** 2);
export const squareArea = s => s * s;
```

假设模块中只有一个成员，而且需要将其导出。可以像下面这样使用 export default 关键字。

```
export default class Book {
  constructor(title) {
    this.title = title;
  }
  printTitle() {
    console.log(this.title);
  }
}
```

可以使用如下代码在另一个模块中导入上面的类。

```
import Book from './17-Book';

const myBook = new Book('some title');
myBook.printTitle();
```

注意，在这种情况下，我们不需要将类名包含在花括号（{}）中。只在模块有多个成员被导出时使用花括号。

在后面的章节中，我们需要使用模块来创建数据结构和算法库。

 要了解更多有关 ES2015 模块的信息，请查阅 http://exploringjs.com/es6/ch_modules. html。你也可以下载本书的源代码包来查看本示例的完整代码。

1. 在 Node.js 中运行 ES2015 模块

我们尝试像下面这样直接执行 node 指令来运行 17-ES2015-ES6-Modules.js 文件。

```
cd path-source-bundle/examples/chapter01
node 17-ES2015-ES6-Modules
```

我们会得到错误信息 SyntaxError: Unexpected token import。这是因为在写作本书

的时候，Node.js 还不支持原生的 ES2015 模块。Node.js 使用的是 **CommonJS** 模块的 `require` 语法。这表示我们需要转译 ES2015 代码，使得 Node 可以理解。有不同的工具可以完成这项任务。简单起见，我们将使用 Babel 命令行工具。

 完整的 Babel 安装和使用细节可以在 https://babeljs.io/docs/setup 和 https://babeljs.io/docs/usage/cli/查阅。

最好的方式是创建一个本地项目，并在其中进行 Babel 的配置。遗憾的是，这些细节不在本书的讨论范围之内（这应该是 Babel 相关图书的主题）。为了使本例保持简单，我们将用 npm 安装在全局使用的 Babel 命令行工具。

```
npm install -g babel-cli
```

如果你使用的是 Linux 或 Mac OS，可能需要在命令前加上 `sudo` 指令来获取管理员权限（`sudo npm install -g babel-cli`）。

在 chapter01 目录中，我们需要用 Babel 将之前创建的 3 个 JavaScript 模块文件转译成 CommonJS 代码，使得 Node.js 可以执行它们。我们会用以下命令将转译后的代码放在 chapter01/lib 目录中。

```
babel 17-CalcArea.js --out-dir lib
babel 17-Book.js --out-dir lib
babel 17-ES2015-ES6-Modules.js --out-dir lib
```

接下来，创建一个叫作 17-ES2015-ES6-Modules-node.js 的 JavaScript 文件，这样就可以在其中使用 `area` 函数和 `Book` 类了。

```
const area = require('./lib/17-CalcArea');
const Book = require('./lib/17-Book');

console.log(area.circle(2));
console.log(area.square(2));

const myBook = new Book('some title');
myBook.printTitle();
```

代码基本是一样的，区别在于 Node.js（目前）不支持 `import` 语法，需要使用 `require` 关键字。

可以使用下面的命令来执行代码。

```
node 17-ES2015-ES6-Modules-node
```

在下图中能看到使用的命令和输出结果，这样就可以确认代码能够用 Node.js 运行。

```
● ● ●                      chapter01 — -bash — 79×12
[loiane:javascript-datastructures-algorithms loiane$ cd examples/chapter01
[loiane:chapter01 loiane$ babel 17-CalcArea.js --out-dir lib
17-CalcArea.js -> lib/17-CalcArea.js
[loiane:chapter01 loiane$ babel 17-Book.js --out-dir lib
17-Book.js -> lib/17-Book.js
[loiane:chapter01 loiane$ babel 17-ES2015-ES6-Modules.js --out-dir lib
17-ES2015-ES6-Modules.js -> lib/17-ES2015-ES6-Modules.js
[loiane:chapter01 loiane$ node 17-ES2015-ES6-Modules-node
12.56
4
some title
loiane:chapter01 loiane$
```

● **在 Node.js 中使用原生的 ES2015 导入功能**

如果能在 Node.js 中使用原生的 ES2015 导入功能，而不用转译的话就更好了。从 Node 8.5 版本开始，我们可以以将 ES2015 导入作为实验功能来开启。

要演示这个示例，我们将在 chapter01 中创建一个新的目录，叫作 17-ES2015-Modules-node。将 17-CalcArea.js、17-Book.js 和 17-ES2015- ES6-Modules.js 文件复制到此目录中，然后将文件的扩展名由 js 修改为 mjs（.mjs 是本例成功运行的必要条件）。在 17-ES2015-ES6-Modules.mjs 文件中更新导入语句，像下面这样添加.mjs 扩展名。

```
import * as area from './17-CalcArea.mjs';
import Book from './17-Book.mjs';
```

我们将在 node 命令后添加 `--experimental-modules` 来执行代码，如下所示。

```
cd 17-ES2015-Modules-node
node --experimental-modules 17-ES2015-ES6-Modules.mjs
```

在下图中，我们可以看到命令和输入结果。

```
● ● ●              17-ES2015-Modules-node — -bash — 72×10
loiane:chapter01 loiane$ node --version
[v8.5.0
[loiane:chapter01 loiane$ cd 17-ES2015-Modules-node
loiane:17-ES2015-Modules-node loiane$ node --experimental-modules 17-ES2
015-Modules.mjs
(node:27319) ExperimentalWarning: The ESM module loader is experimental.
12.56
4
some title
loiane:17-ES2015-Modules-node loiane$ ▮
```

在写作本书的时候，可支持 ES2015 导入功能的 Node.js 版本是 Node 10 LTS。

更多有关 Node.js 支持原生 ES2015 导入功能的信息可以在 https://github.com/ nodejs/node-eps/blob/master/002-es-modules.md 查阅。

2. 在浏览器中运行 ES2015 模块

要在浏览器中运行 ES2015 的代码，有几种不同的方式。第一种是生成传统的代码包（即转译成 ES5 代码的 JavaScript 文件）。我们可以使用流行的代码打包工具，如 Browserify 或 Webpack。通过这种方法，我们会创建可直接发布的文件（包），并且可以在 HTML 文件中像引入其他 JavaScript 代码一样引入它。

```
<script src="./lib/17-ES2015-ES6-Modules-bundle.js"></script>
```

浏览器对 ES2015 模块的支持最终于 2017 年初实现了。在写作本书的时候，它还是实验性的功能，并没有得到所有现代浏览器的支持。目前对该功能的支持情况（以及在实验性模式下开启它的方法）可以在 http://caniuse.com/#feat=es6-module 查阅，如下图所示。

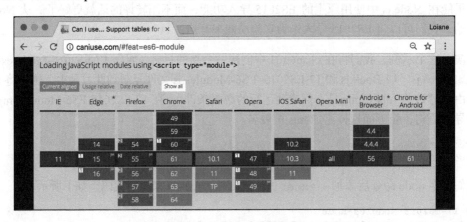

要在浏览器中使用 import 关键字，首先需要在代码的 import 语句后加上 .js 文件扩展名，如下所示。

```
import * as area from './17-CalcArea.js';
import Book from './17-Book.js';
```

其次，只需要在 script 标签中增加 type="module" 就可以导入我们创建的模块了。

```
<script type="module" src="17-ES2015-ES6-Modules.js"></script>
```

如果执行代码并打开 Developer Tools | Network 标签页，就会看到我们创建的所有文件都被加载了。

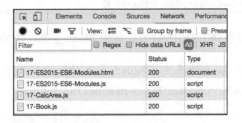

如果要保证不支持该功能的浏览器向后兼容，可以使用 `nomodule`。

```
<script nomodule src="./lib/17-ES2015-ES6-Modules-bundle.js"></script>
```

在大多数现代浏览器都支持该功能之前，我们仍然需要使用打包工具将代码转译至 ES5。

 要了解更多有关在浏览器中运行 ES2015 模块的信息，请阅读 https://medium.com/dev-channel/es6-modules-in-chrome-canary-m60-ba588dfb8ab7 和 https://jakearchibald.com/2017/es-modules-in-browsers/。

3. ES2015+的向后兼容性

需要把现有的 JavaScript 代码更新到 ES2015 吗？答案是：只要你愿意就行！ES2015+是 JavaScript 语言的超集，所有符合 ES5 规范的特性都可以继续使用。不过，你可以开始使用 ES2015+ 的新语法，让代码变得更加简单易读。

在本书接下来的章节中，我们会尽可能地使用 ES2015+。假设我们想根据本书内容创建一个数据结构和算法库。这通常需要支持想在浏览器（ES5）和 Node.js 环境下使用该代码库的开发者。目前可以采取的方法是，将我们的代码转译成**通用模块定义**（UMD）。要了解更多有关 UMD 的信息，请访问 https://github.com/umdjs/umd。我们会在第 4 章学习使用 Babel 将 ES2015 代码转译成 UMD 的更多方法。

对于所有使用模块的示例，源代码包除了 ES2015+语法之外还提供了转译后的版本，因此你可以在任意浏览器中运行源代码。

2.3 介绍 TypeScript

TypeScript 是一个开源的、**渐进式包含类型**的 JavaScript 超集，由微软创建并维护。创建它的目的是让开发者增强 JavaScript 的能力并使应用的规模扩展变得更容易。它的主要功能之一是为 JavaScript 变量提供类型支持。在 JavaScript 中提供类型支持可以实现静态检查，从而更容易地重构代码和寻找 bug。最后，TypeScript 会被编译为简单的 JavaScript 代码。

考虑到本书的范围，有了 TypeScript，就可以使用一些 JavaScript 中没有提供的面向对象的概念了，例如接口和私有属性（这在开发数据结构和排序算法时非常有用）。当然，我们也可以利用在一些数据结构中非常重要的类型功能。

所有这些功能在**编译时**都是可用的。只要我们在写代码，就将其编译成普通的 JavaScript 代码（ES5、ES2015+和 CommonJS 等）。

要开始使用 TypeScript，我们需要用 `npm` 来安装它。

```
npm install -g typescript
```

接下来，需要创建一个以.ts 为扩展名的文件，比如 hello-world.ts。

```
let myName = 'Packt';
myName = 10;
```

以上是简单的 ES2015 代码。现在，我们用 `tsc` 命令来编译它。

```
tsc hello-world
```

在终端输出中，我们会看到下面的警告。

```
hello-world.ts(2,1): error TS2322: Type '10' is not assignable to type
'string'.
```

这表示类型 10 不可赋值给字符串类型。但是如果检查创建文件的目录，我们会发现一个包含如下内容的 hello-world.js 文件。

```
var myName = 'Packt';
myName = 10;
```

上面生成的是 ES5 代码。即使在终端输出了错误信息（实际上是警告，而不是错误），TypeScript 编译器还是会生成 ES5 代码。这表明尽管 TypeScript 在编译时进行了类型和错误检测，但并不会阻止编译器生成 JavaScript 代码。这意味着开发者在写代码时可以利用这些验证结果写出具有较少错误和 bug 的 JavaScript 代码。

2.3.1　类型推断

在使用 TypeScript 的时候，我们会经常看到下面这样的代码。

```
let age: number = 20;
let existsFlag: boolean = true;
let language: string = 'JavaScript';
```

TypeScript 允许我们给变量设置一个类型，不过上面的写法太啰唆了。TypeScript 有一个类型推断机制，也就是说 TypeScript 会根据为变量赋的值自动给该变量设置一个类型。我们用更简洁的语法改写上面的代码。

```
let age = 20; // 数
let existsFlag = true; // 布尔值
let language = 'JavaScript'; // 字符串
```

在上面的代码中，TypeScript 仍然知道 age 是一个数、existsFlag 是一个布尔值，以及 language 是一个字符串。因此不需要显式地给这些变量设置类型。

那么，什么时候需要给变量设置类型呢？如果声明了一个变量但没有设置其初始值，推荐为其设置一个类型，如下所示。

```
let favoriteLanguage: string;
let langs = ['JavaScript', 'Ruby', 'Python'];
favoriteLanguage = langs[0];
```

如果没有为变量设置类型，它的类型会被自动设置为 any，意思是可以接收任何值，就像在普通 JavaScript 中一样。

2.3.2　接口

在 TypeScript 中，有两种接口的概念。第一种就像给变量设置一个类型，如下所示。

```
interface Person {
  name: string;
  age: number;
}

function printName(person: Person) {
  console.log(person.name);
}
```

第一种 TypeScript 接口的概念是把接口看作一个实际的东西。它是对一个对象必须包含的属性和方法的描述。

这使得 VSCode 这样的编辑器能通过 IntelliSense 实现自动补全，如下图所示。

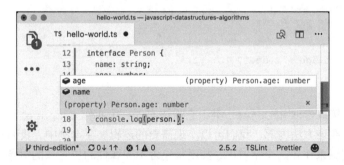

现在，试着使用 printName 函数。

```
const john = { name: 'John', age: 21 };
const mary = { name: 'Mary', age: 21, phone: '123-45678' };
printName(john);
printName(mary);
```

上面的代码没有任何编译错误。像 printName 函数希望的那样，变量 john 有一个 name 和 age。变量 mary 除了 name 和 age 之外，还有一个 phone 的信息。

为什么这样的代码可以工作呢？TypeScript 有一个名为**鸭子类型**的概念：如果它看起来像鸭子，像鸭子一样游泳，像鸭子一样叫，那么它一定是一只鸭子！在本例中，变量 mary 的行为和

Person 接口定义的一样，那么它就是一个 Person。这是 TypeScript 的一个强大功能。

再次运行 tsc 命令之后，我们会在 hello-world.js 文件中得到下面的结果。

```
function printName(person) {
    console.log(person.name);
}
var john = { name: 'John', age: 21 };
var mary = { name: 'Mary', age: 21, phone: '123-45678' };
```

上面的代码只是普通的 JavaScript。代码补全以及类型和错误检查只在编译时是可用的。

第二种 TypeScript 接口的概念和面向对象编程相关，与其他面向对象语言（如 Java、C#和 Ruby 等）中的概念是一样的。接口就是一份合约。在这份合约里，我们可以定义实现这份合约的类或接口的行为。试想 ECMAScript 标准，ECMAScript 就是 JavaScript 语言的一个接口。它告诉 JavaScript 语言需要有怎样的功能，但不同的浏览器可以有不同的实现方式。

考虑下面的代码：

```
interface Comparable {
  compareTo(b): number;
}

class MyObject implements Comparable {
  age: number;
  compareTo(b): number {
    if (this.age === b.age) {
      return 0;
    }
    return this.age > b.age ? 1 : -1;
  }
}
```

Comparable 接口告诉 MyObject 类，它需要实现一个叫作 compareTo 的方法，并且该方法接收一个参数。在该方法内部，我们可以实现需要的逻辑。在本例中，我们比较了两个数，但也可以用不同的逻辑来比较两个字符串，甚至是包含不同属性的更复杂的对象。该接口的行为在 JavaScript 中并不存在，但它在进行一些工作（如开发排序算法）时非常有用。

泛型

另一个对数据结构和算法有用的强大 TypeScript 特性是泛型这一概念。我们修改一下 Comparable 接口，以便定义 compareTo 方法作为参数接收的对象是什么类型。

```
interface Comparable<T> {
  compareTo(b: T): number;
}
```

用尖括号向 Comparable 接口动态地传入 T 类型，可以指定 compareTo 函数的参数类型。

```
class MyObject implements Comparable<MyObject> {
  age: number;

  compareTo(b: MyObject): number {
    if (this.age === b.age) {
      return 0;
    }
    return this.age > b.age ? 1 : -1;
  }
}
```

这是个很有用的功能，可以确保我们在比较相同类型的对象。利用这个功能，我们还可以使用编辑器的代码补全。

2.3.3　其他 TypeScript 功能

以上是对 TypeScript 的简单介绍。TypeScript 文档是学习所有其他功能以及了解本章话题相关细节的好地方，可以在 https://www.typescriptlang.org/docs/home.html 找到。

TypeScript 也有一个在线体验功能（和 Babel 类似），可以在里面运行一些代码示例，地址是 https://www.typescriptlang.org/play/index.html。

 本书的源代码包中有一个额外的资源，那就是我们会在本书中开发完成的 JavaScript 数据结构和算法库的 TypeScript 版本！

2.3.4　TypeScript 中对 JavaScript 文件的编译时检查

一些开发者还是更习惯使用普通的 JavaScript 语言，而不是 TypeScript 来进行开发。但是在 JavaScript 中使用一些类型和错误检测功能也是很不错的！

好消息是 TypeScript 提供了一个特殊的功能，允许我们在编译时对代码进行错误检测和类型检测！要使用它的话，需要在计算机上全局安装 TypeScript。使用时，只需要在 JavaScript 文件的第一行添加一句 `// @ts-check`，如下图所示。

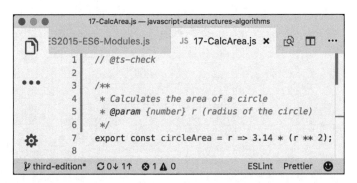

向代码中添加 JSDoc（JavaScript 文档）之后，类型检测将被启用。如果试着向 `circle`（或 `circleArea`）方法中传入一个字符串，会得到一个编译错误。

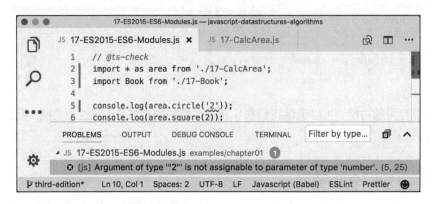

2.4　小结

本章，我们学习了 ECMAScript 2015+的一些新功能，会让后续例子的语法变得更加简练。本章还介绍了 TypeScript 以帮助我们利用静态类型和错误检测。

下一章，我们要学习第一种数据结构：数组。许多语言都对数组有原生的支持，包括 JavaScript。

第 3 章

数　　组

几乎所有的编程语言都原生支持数组类型，因为**数组**是最简单的内存数据结构。JavaScript 里也有数组类型，尽管它的第一个版本并没有支持数组。本章，我们将深入学习数组数据结构和它的能力。

数组存储一系列同一种数据类型的值。虽然在 JavaScript 里，也可以在数组中保存不同类型的值，但我们还是遵守最佳实践，避免这么做（大多数语言都没这个能力）。

3.1　为什么用数组

假如有这样一个需求：保存所在城市每个月的平均温度。可以这么做：

```
const averageTempJan = 31.9;
const averageTempFeb = 35.3;
const averageTempMar = 42.4;
const averageTempApr = 52;
const averageTempMay = 60.8;
```

当然，这肯定不是最好的方案。按照这种方式，如果只存一年的数据，我们能管理 12 个变量。若要多存几年的平均温度呢？幸运的是，我们可以用数组来解决，更加简洁地呈现同样的信息。

```
const averageTemp = [];
averageTemp[0] = 31.9;
averageTemp[1] = 35.3;
averageTemp[2] = 42.4;
averageTemp[3] = 52;
averageTemp[4] = 60.8;
```

数组 averageTemp 里的内容如下图所示。

3.2　创建和初始化数组

用 JavaScript 声明、创建和初始化数组很简单，就像下面这样。

```
let daysOfWeek = new Array(); // {1}
daysOfWeek = new Array(7); // {2}
daysOfWeek = new Array('Sunday', 'Monday', 'Tuesday', 'Wednesday',
'Thursday', 'Friday', 'Saturday'); // {3}
```

使用 new 关键字，就能简单地声明并初始化一个数组（行{1}）。用这种方式，还可以创建一个指定长度的数组（行{2}）。另外，我们也可以直接将数组元素作为参数传递给它的构造器（行{3}）。

然而，用 new 创建数组并不是最好的方式。如果你想在 JavaScript 中创建一个数组，只用中括号（[]）的形式就行了，如下所示。

```
let daysOfWeek = [];
```

也可使用一些元素初始化数组，如下所示。

```
let daysOfWeek = ['Sunday', 'Monday', 'Tuesday', 'Wednesday', 'Thursday',
'Friday', 'Saturday'];
```

如果想知道数组里已经存了多少个元素（它的大小），可以使用数组的 length 属性。以下代码的输出是 7。

```
console.log(daysOfWeek.length);
```

访问元素和迭代数组

要访问数组里特定位置的元素，可以用中括号传递数值位置，得到想知道的值或者赋新的值。假如我们想输出数组 daysOfWeek 里的所有元素，可以通过循环迭代数组、打印元素，如下所示。

```
for (let i = 0; i < daysOfWeek.length; i++) {
  console.log(daysOfWeek[i]);
}
```

我们来看另一个例子：求斐波那契数列的前 20 个数。已知斐波那契数列中的前两项是 1，从第三项开始，每一项都等于前两项之和。

```
const fibonacci = []; // {1}
fibonacci[1] = 1; // {2}
fibonacci[2] = 1; // {3}

for (let i = 3; i < 20; i++) {
  fibonacci[i] = fibonacci[i - 1] + fibonacci[i - 2]; // {4}
}
```

```
for (let i = 1; i < fibonacci.length; i++) { // {5}
  console.log(fibonacci[i]); // {6}
}
```

下面是上述代码的解释。

- ❏ 在行{1}处，我们声明并创建了一个数组。
- ❏ 在行{2}和行{3}，把斐波那契数列中的前两个数分别赋给了数组的第二和第三个位置。（在 JavaScript 中，数组第一位的索引始终是 0。因为斐波那契数列中不存在 0，所以这里直接略过，从第二位开始分别保存斐波那契数列中对应位置的元素。）
- ❏ 然后，我们需要做的就是想办法得到斐波那契数列中第三到第二十个位置上的数（前两个值我们已经初始化过了）。我们可以用循环来处理，把数组中前两位上的元素相加，结果赋给当前位置上的元素（行{4}——从数组中的索引 3 到索引 19）。
- ❏ 最后，看看输出（行{6}），我们只需要循环迭代数组的各个元素（行{5}）。

示例代码里，我们用 console.log 来输出数组中对应索引位置的值（行{5}和行{6}），也可以直接用 console.log（fibonacci）输出数组。大多数浏览器都可以用这种方式，清晰地输出数组。

现在如果想知道斐波那契数列其他位置上的值是多少，要怎么办呢？很简单，把之前循环条件中的终止变量从 20 改成你希望的值就可以了。

3.3　添加元素

在数组中添加和删除元素也很容易，但有时也会很棘手。假如我们有一个数组 numbers，初始化成了 0 到 9。

```
let numbers = [0, 1, 2, 3, 4, 5, 6, 7, 8, 9];
```

3.3.1　在数组末尾插入元素

如果想要给数组添加一个元素（比如 10），只要把值赋给数组中最后一个空位上的元素即可。

```
numbers[numbers.length] = 10;
```

在 JavaScript 中，数组是一个可以修改的对象。如果添加元素，它就会动态增长。在 C 和 Java 等其他语言里，我们要决定数组的大小，想添加元素就要创建一个全新的数组，不能简单地往其中添加所需的元素。

使用 push 方法

另外，还有一个 push 方法，能把元素添加到数组的末尾。通过 push 方法，我们能添加任意个元素。

```
numbers.push(11);
numbers.push(12, 13);
```

如果输出 numbers 的话，就会看到从 0 到 13 的值。

3.3.2　在数组开头插入元素

现在，我们希望在数组中插入一个新元素（数-1），不像之前那样插入到最后，而是放到数组的开头。为了实现这个需求，首先要腾出数组里第一个元素的位置，把所有的元素向右移动一位。我们可以循环数组中的元素，从最后一位（长度值就是数组的末尾位置）开始，将对应的前一个元素（i-1）的值赋给它（i），依次处理，最后把我们想要的值赋给第一个位置（索引 0）上。我们可以将这段逻辑写成一个函数，甚至将该方法直接添加在 Array 的原型上，使所有数组的实例都可以访问到该方法。下面的代码表现了这段逻辑。

```
Array.prototype.insertFirstPosition = function(value) {
  for (let i = this.length; i > 0; i--) {
    this[i] = this[i - 1];
  }
  this[0] = value;
};
numbers.insertFirstPosition(-1);
```

下图描述了我们刚才的操作过程。

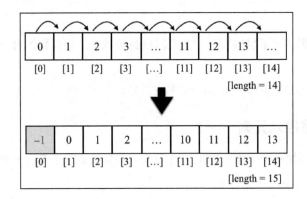

使用 unshift 方法

在 JavaScript 里，数组有一个方法叫 unshift，可以直接把数值插入数组的开头（此方法背后的逻辑和 insertFirstPosition 方法的行为是一样的）。

```
numbers.unshift(-2);
numbers.unshift(-4, -3);
```

那么，用 unshift 方法，我们就可以在数组的开始处添加值-2，然后添加-3、-4等。这样数组就会输出数-4到13。

3.4 删除元素

目前为止，我们已经学习了如何给数组的开始和结尾位置添加元素。下面来看一下怎样从数组中删除元素。

3.4.1 从数组末尾删除元素

要删除数组里最靠后的元素，可以用 pop 方法。

```
numbers.pop();
```

 通过 push 和 pop 方法，就能用数组来模拟栈，你将在下一章看到这部分内容。

现在，数组输出的数是-4到12，数组的长度是17。

3.4.2 从数组开头删除元素

如果要移除数组里的第一个元素，可以用下面的代码。

```
for (let i = 0; i < numbers.length; i++) {
  numbers[i] = numbers[i + 1];
}
```

下图呈现了这段代码的执行过程。

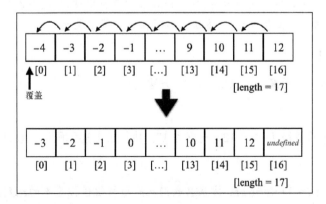

我们把数组里所有的元素都左移了一位，但数组的长度依然是 17，这意味着数组中有额外

的一个元素（值是 undefined）。在最后一次循环里，i+1 引用了数组里还未初始化的一个位置。在 Java、C/C+或 C#等一些语言里，这样写可能会抛出异常，因此不得不在 numbers.length- 1 处停止循环。

可以看到，我们只是把数组第一位的值用第二位覆盖了，并没有删除元素（因为数组的长度和之前还是一样的，并且多了一个未定义元素）。

要从数组中移除这个值，还可以创建一个包含刚才所讨论逻辑的方法，叫作 removeFirst-Position。但是，要真正从数组中移除这个元素，我们需要创建一个新的数组，将所有不是 undefined 的值从原来的数组复制到新的数组中，并且将这个新的数组赋值给我们的数组。要完成这项工作，也可以像下面这样创建一个 reIndex 方法。

```javascript
Array.prototype.reIndex = function(myArray) {
  const newArray = [];
  for(let i = 0; i < myArray.length; i++ ) {
    if (myArray[i] !== undefined) {
      // console.log(myArray[i]);
      newArray.push(myArray[i]);
    }
  }
  return newArray;
}

// 手动移除第一个元素并重新排序
Array.prototype.removeFirstPosition = function() {
  for (let i = 0; i < this.length; i++) {
    this[i] = this[i + 1];
  }
  return this.reIndex(this);
};

numbers = numbers.removeFirstPosition();
```

上面的代码只应该用作示范，不应该在真实项目中使用。要从数组开头删除元素，我们应该始终使用 shift 方法，这将在下一节中展示。

使用 shift 方法

要删除数组的第一个元素，可以用 shift 方法实现。

```javascript
numbers.shift();
```

假如本来数组中的值是从–4 到 12，长度为 17。执行了上述代码后，数组就只有–3 到 12 了，长度也会减小到 16。

通过 shift 和 unshift 方法，我们就能用数组模拟基本的队列数据结构，第 5 章会讲到。

3.5　在任意位置添加或删除元素

目前为止，我们已经学习了如何添加元素到数组的开头或末尾，以及怎样删除数组开头和结尾位置上的元素。那么如何在数组中的任意位置上删除或添加元素呢？

我们可以使用 `splice` 方法，简单地通过指定位置/索引，就可以删除相应位置上指定数量的元素。

```
numbers.splice(5,3);
```

这行代码删除了从数组索引 5 开始的 3 个元素。这就意味着 `numbers[5]`、`numbers[6]` 和 `numbers[7]` 从数组中删除了。现在数组里的值变成了–3、–2、–1、0、1、5、6、7、8、9、10、11 和 12（2、3、4 已经被移除）。

对于 JavaScript 数组和对象，我们还可以用 `delete` 运算符删除数组中的元素，例如 `delete numbers[0]`。然而，数组位置 0 的值会变成 `undefined`，也就是说，以上操作等同于 `numbers[0] = undefined`。因此，我们应该始终使用 `splice`、`pop` 或 `shift`（马上就会学到）方法来删除数组元素。

现在，我们想把数 2、3、4 插入数组里，放到之前删除元素的位置上，可以再次使用 `splice` 方法。

```
numbers.splice(5, 0, 2, 3, 4);
```

`splice` 方法接收的第一个参数，表示想要删除或插入的元素的索引值。第二个参数是删除元素的个数（这个例子里，我们的目的不是删除元素，所以传入 `0`）。第三个参数往后，就是要添加到数组里的值（元素 2、3、4）。输出会发现值又变成了从–3 到 12。

最后，执行以下这行代码。

```
numbers.splice(5, 3, 2, 3, 4);
```

输出的值是从–3 到 12。原因在于，我们从索引 5 开始删除了 3 个元素，但也从索引 5 开始添加了元素 2、3、4。

3.6　二维和多维数组

还记得本章开头平均气温测量的例子吗？现在我打算再用一下这个例子，不过把记录的数据改成数天内每小时的气温。现在我们已经知道可以用数组来保存这些数据，那么要保存两天内每小时的气温数据就可以这样做。

```
let averageTempDay1 = [72, 75, 79, 79, 81, 81];
let averageTempDay2 = [81, 79, 75, 75, 73, 72];
```

然而，这不是最好的方法，还可以做得更好。我们可以使用**矩阵**（二维数组，或**数组的数组**）来存储这些信息。矩阵的行保存每天的数据，列对应小时级别的数据。

```
let averageTemp = [];
averageTemp[0] = [72, 75, 79, 79, 81, 81];
averageTemp[1] = [81, 79, 75, 75, 73, 73];
```

JavaScript 只支持一维数组，并不支持矩阵。但是，我们可以像上面的代码一样，用数组套数组，实现矩阵或任一多维数组。代码也可以写成如下这样。

```
// day 1
averageTemp[0] = [];
averageTemp[0][0] = 72;
averageTemp[0][1] = 75;
averageTemp[0][2] = 79;
averageTemp[0][3] = 79;
averageTemp[0][4] = 81;
averageTemp[0][5] = 81;
// day 2
averageTemp[1] = [];
averageTemp[1][0] = 81;
averageTemp[1][1] = 79;
averageTemp[1][2] = 75;
averageTemp[1][3] = 75;
averageTemp[1][4] = 73;
averageTemp[1][5] = 73;
```

上面的代码里，我们分别指定了每天和每小时的数据。数组中的内容如下图所示。

	[0]	[1]	[2]	[3]	[4]	[5]
[0]	72	75	79	79	81	81
[1]	81	79	75	75	73	73

每行就是每天的数据，每列是当天不同时段的气温。

3.6.1   迭代二维数组的元素

如果想看这个矩阵的输出，可以创建一个通用函数，专门输出其中的值。

```
function printMatrix(myMatrix) {
  for (let i = 0; i < myMatrix.length; i++) {
    for (let j = 0; j < myMatrix[i].length; j++) {
      console.log(myMatrix[i][j]);
    }
  }
}
```

我们需要迭代所有的行和列。因此，使用一个嵌套的 for 循环来处理，其中变量 i 为行，变量 j 为列。在这种情况下，每个 myMatrix[i] 同样代表一个数组，因此需要在嵌套的 for 循环中迭代 myMatrix[i] 的每个位置。

可以使用以下代码来输出矩阵 averageTemp 的内容。

```
printMatrix(averageTemp);
```

 要在浏览器控制台中打印二维数组，还可以使用 console.table(averageTemp) 语句。它会显示一个更加友好的输出结果。

3.6.2　多维数组

我们也可以用这种方式来处理多维数组。假设我们要创建一个 3×3×3 的矩阵，每一格里包含矩阵的 i（行）、j（列）及 z（深度）之和。

```
const matrix3x3x3 = [];
for (let i = 0; i < 3; i++) {
  matrix3x3x3[i] = []; // 我们需要初始化每个数组
  for (let j = 0; j < 3; j++) {
    matrix3x3x3[i][j] = [];
    for (let z = 0; z < 3; z++) {
      matrix3x3x3[i][j][z] = i + j + z;
    }
  }
}
```

数据结构中有几个维度都没关系，我们可以用循环迭代每个维度来访问所有格子。3×3×3 的矩阵立体图如下所示。

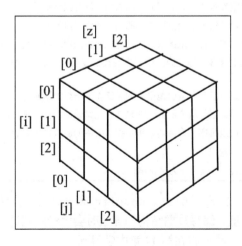

用以下代码输出这个矩阵的内容。

```
for (let i = 0; i < matrix3x3x3.length; i++) {
  for (let j = 0; j < matrix3x3x3[i].length; j++) {
    for (let z = 0; z < matrix3x3x3[i][j].length; z++) {
      console.log(matrix3x3x3[i][j][z]);
    }
  }
}
```

如果是一个 $3 \times 3 \times 3 \times 3$ 的矩阵，代码中就会用四层嵌套的 for 语句，以此类推。开发过程中很少会用到四维数组，二维数组是最常见的。

3.7 JavaScript 的数组方法参考

在 JavaScript 里，数组是经过改进的对象，这意味着创建的每个数组都有一些可用的方法。数组很有趣，因为它十分强大，并且相比其他语言中的数组，JavaScript 中的数组有许多很好用的方法。这样就不用再为它开发一些基本功能了，例如在数据结构的中间添加或删除元素。

下表详述了数组的一些核心方法，其中的一些我们已经学习过了。

方　　法	描　　述
concat	连接 2 个或更多数组，并返回结果
every	对数组中的每个元素运行给定函数，如果该函数对每个元素都返回 true，则返回 true
filter	对数组中的每个元素运行给定函数，返回该函数会返回 true 的元素组成的数组
forEach	对数组中的每个元素运行给定函数。这个方法没有返回值
join	将所有的数组元素连接成一个字符串
indexOf	返回第一个与给定参数相等的数组元素的索引，没有找到则返回-1
lastIndexOf	返回在数组中搜索到的与给定参数相等的元素的索引里最大的值
map	对数组中的每个元素运行给定函数，返回每次函数调用的结果组成的数组
reverse	颠倒数组中元素的顺序，原先第一个元素现在变成最后一个，同样原先的最后一个元素变成了现在的第一个
slice	传入索引值，将数组里对应索引范围内的元素作为新数组返回
some	对数组中的每个元素运行给定函数，如果任一元素返回 true，则返回 true
sort	按照字母顺序对数组排序，支持传入指定排序方法的函数作为参数
toString	将数组作为字符串返回
valueOf	和 toString 类似，将数组作为字符串返回

我们已经学过了 push、pop、shift、unshift 和 splice 方法。下面来看表格中提到的方法。在本书接下来的章节里，编写数据结构和算法时会大量用到这些方法。这其中的一些方法在**函数式编程**中是很有用的，我们将在第 14 章中学习到。

3.7.1 数组合并

考虑如下场景：有多个数组，需要合并起来成为一个数组。我们可以迭代各个数组，然后把每个元素加入最终的数组。幸运的是，JavaScript 已经给我们提供了解决方法，叫作 concat 方法。

```
const zero = 0;
const positiveNumbers = [1, 2, 3];
const negativeNumbers = [-3, -2, -1];
let numbers = negativeNumbers.concat(zero, positiveNumbers);
```

concat 方法可以向一个数组传递数组、对象或是元素。数组会按照该方法传入的参数顺序连接指定数组。在这个例子里，zero 将被合并到 nagativeNumbers 中，然后 positiveNumbers 继续被合并。最后输出的结果是 -3、-2、-1、0、1、2 和 3。

3.7.2 迭代器函数

有时，我们需要迭代数组中的元素。前面已经学过，可以用循环语句来处理，例如 for 语句。

JavaScript 内置了许多数组可用的迭代方法。对于本节的例子，我们需要一个数组和一个函数：假设数组中的值是从 1 到 15；如果数组里的元素可以被 2 整除（偶数），函数就返回 true，否则返回 false。

```
function isEven(x) {
  // 如果 x 是 2 的倍数，就返回 true
  console.log(x);
  return x % 2 === 0 ? true : false;
}
let numbers = [1, 2, 3, 4, 5, 6, 7, 8, 9, 10, 11, 12, 13, 14, 15];
```

 return (x % 2 === 0) ? true : false 也可以写成 return (x % 2 === 0)。

为了简化代码，我们不使用 ES5 语法的函数声明，而是使用第 2 章中的 ES2015（ES6）语法。我们可以使用**箭头函数**来改写 isEven 函数。

```
const isEven = x => x % 2 === 0;
```

1. 用 every 方法迭代

我们要尝试的第一个方法是 every。every 方法会迭代数组中的每个元素，直到返回 false。

```
numbers.every(isEven);
```

在这个例子里，数组 numbers 的第一个元素是 1，它不是 2 的倍数（1 是奇数），因此 isEven 函数返回 false，然后 every 执行结束。

2. 用 some 方法迭代

下一步，我们来看 some 方法。它和 every 的行为相反，会迭代数组的每个元素，直到函数返回 true。

```
numbers.some(isEven);
```

在我们的例子里，numbers 数组中第一个偶数是 2（第二个元素）。第一个被迭代的元素是 1，isEven 会返回 false。第二个被迭代的元素是 2，isEven 返回 true——迭代结束。

3. 用 forEach 方法迭代

如果要迭代整个数组，可以用 forEach 方法。它和使用 for 循环的结果相同。

```
numbers.forEach(x => console.log(x % 2 === 0));
```

4. 使用 map 和 filter 方法

JavaScript 还有两个会返回新数组的迭代方法。第一个是 map。

```
const myMap = numbers.map(isEven);
```

数组 myMap 里的值是：[false, true, false, true, false, true, false, true, false, true, false, true, false, true, false]。它保存了传入 map 方法的 isEven 函数的运行结果。这样就很容易知道一个元素是否是偶数。比如，myMap[0] 是 false，因为 1 不是偶数；而 myMap[1] 是 true，因为 2 是偶数。

还有一个 filter 方法，它返回的新数组由使函数返回 true 的元素组成。

```
const evenNumbers = numbers.filter(isEven);
```

在我们的例子里，evenNumbers 数组中的元素都是偶数：[2, 4, 6, 8, 10, 12, 14]。

5. 使用 reduce 方法

最后是 reduce 方法。reduce 方法接收一个有如下四个参数的函数：previousValue、currentValue、index 和 array。因为 index 和 array 是可选的参数，所以如果用不到它们的话，可以不传。这个函数会返回一个将被叠加到累加器的值，reduce 方法停止执行后会返回这个累加器。如果要对一个数组中的所有元素求和，这就很有用。下面是一个例子。

```
numbers.reduce((previous, current) => previous + current);
```

输出将是 120。

 这三个方法（map、filter 和 reduce）是 JavaScript 函数式编程的基础，我们将在第 14 章了解到。

3.7.3 ECMAScript 6 和数组的新功能

第 1 章提到过，ECMAScript 2015（ES6 或 ES2015）和更新的规范（2015+）给 JavaScript 语言带来了新的功能。

下表列出了 ES2015 和 ES2016 新增的数组方法。

方法	描述
@@iterator	返回一个包含数组键值对的迭代器对象，可以通过同步调用得到数组元素的键值对
copyWithin	复制数组中一系列元素到同一数组指定的起始位置
entries	返回包含数组所有键值对的 @@iterator
includes	如果数组中存在某个元素则返回 true，否则返回 false。ES2016 新增
find	根据回调函数给定的条件从数组中查找元素，如果找到则返回该元素
findIndex	根据回调函数给定的条件从数组中查找元素，如果找到则返回该元素在数组中的索引
fill	用静态值填充数组
from	根据已有数组创建一个新数组
keys	返回包含数组所有索引的 @@iterator
of	根据传入的参数创建一个新数组
values	返回包含数组中所有值的 @@iterator

除了这些新的方法，还有一种用 for...of 循环来迭代数组的新做法，以及可以从数组实例得到的迭代器对象。

1. 使用 for...of 循环迭代

你已经学过用 for 循环和 forEach 方法迭代数组。ES2015 还引入了迭代数组值的 for...of 循环，下面来看看它的用法。

```
for (const n of numbers) {
  console.log(n % 2 === 0 ? 'even' : 'odd');
}
```

2. 使用 @@iterator 对象

ES2015 还为 Array 类增加了一个 @@iterator 属性，需要通过 Symbol.iterator 来访问。代码如下。

```
let iterator = numbers[Symbol.iterator]();
console.log(iterator.next().value); // 1
console.log(iterator.next().value); // 2
console.log(iterator.next().value); // 3
console.log(iterator.next().value); // 4
console.log(iterator.next().value); // 5
```

然后，不断调用迭代器的 next 方法，就能依次得到数组中的值。numbers 数组中有 15 个值，因此需要调用 15 次 iterator.next().value。

我们可以用下面的代码来输出 numbers 数组中的 15 个值。

```
iterator = numbers[Symbol.iterator]();
for (const n of iterator) {
  console.log(n);
}
```

数组中的所有值都迭代完之后，iterator.next().value 会返回 undefined。

3. 数组的 entries、keys 和 values 方法

ES2015 还增加了三种从数组中得到迭代器的方法。我们首先要学习的是 entries 方法。

entries 方法返回包含键值对的@@iterator，下面是使用该方法的代码示例。

```
let aEntries = numbers.entries(); // 得到键值对的迭代器
console.log(aEntries.next().value); // [0, 1] - 位置 0 的值为 1
console.log(aEntries.next().value); // [1, 2] - 位置 1 的值为 2
console.log(aEntries.next().value); // [2, 3] - 位置 2 的值为 3
```

numbers 数组中都是数，key 是数组中的位置，value 是保存在数组索引的值。

我们也可以使用下面的代码。

```
aEntries = numbers.entries();
for (const n of aEntries) {
  console.log(n);
}
```

使用集合、字典、散列表等数据结构时，能够取出键值对是很有用的。这个功能会在本书后面的章节中大显身手。

keys 方法返回包含数组索引的@@iterator，下面是使用该方法的代码示例。

```
const aKeys = numbers.keys(); // 得到数组索引的迭代器
console.log(aKeys.next()); // {value: 0, done: false }
console.log(aKeys.next()); // {value: 1, done: false }
console.log(aKeys.next()); // {value: 2, done: false }
```

keys 方法会返回 numbers 数组的索引。一旦没有可迭代的值，aKeys.next() 就会返回一个 value 属性为 undefined、done 属性为 true 的对象。如果 done 属性的值为 false，就意味着还有可迭代的值。

values 方法返回的@@iterator 则包含数组的值。使用这个方法的代码示例如下。

```
const aValues = numbers.values();
console.log(aValues.next()); // {value: 1, done: false }
console.log(aValues.next()); // {value: 2, done: false }
console.log(aValues.next()); // {value: 3, done: false }
```

记住，当前的浏览器还没有完全支持 ES2015 的新功能。因此，测试这些代码最好的办法是使用 **Babel**。访问 http://t.cn/EGE4fTB 查看和运行示例。

4. 使用 `from` 方法

`Array.from` 方法根据已有的数组创建一个新数组。比如，要复制 numbers 数组，可以如下这样做。

```
let numbers2 = Array.from(numbers);
```

还可以传入一个用来过滤值的函数，例子如下。

```
let evens = Array.from(numbers, x => (x % 2 == 0));
```

上面的代码会创建一个 evens 数组，以及值 true（如果在原数组中为偶数）或 false（如果在原数组中为奇数）。

5. 使用 `Array.of` 方法

`Array.of` 方法根据传入的参数创建一个新数组。以下面的代码为例。

```
let numbers3 = Array.of(1);
let numbers4 = Array.of(1, 2, 3, 4, 5, 6);
```

它和下面这段代码的效果一样。

```
let numbers3 = [1];
let numbers4 = [1, 2, 3, 4, 5, 6];
```

我们也可以用该方法复制已有的数组，如下所示。

```
let numbersCopy = Array.of(...numbers4);
```

上面的代码和 `Array.from(numbers4)` 的效果是一样的，区别只是用到了第 1 章讲过的展开运算符。展开运算符（...）会把 numbers4 数组里的值都展开成参数。

6. 使用 `fill` 方法

`fill` 方法用静态值填充数组。以下面的代码为例。

```
let numbersCopy = Array.of(1, 2, 3, 4, 5, 6);
```

numbersCopy 数组的 length 是 6，也就是有 6 个位置。再看下面的代码。

```
numbersCopy.fill(0);
```

numbersCopy 数组所有位置上的值都会变成 0（[0, 0, 0, 0, 0, 0]）。我们还可以指定开始填充的索引，如下所示。

```
numbersCopy.fill(2, 1);
```

上面的例子里，数组中从 1 开始的所有位置上的值都是 2（`[0, 2, 2, 2, 2, 2]`）。

同样，我们也可以指定结束填充的索引。

```
numbersCopy.fill(1, 3, 5);
```

在上面的例子里，我们会把 1 填充到数组索引 3 到 5 的位置（不包括 5），得到的数组为 `[0, 2, 2, 1, 1, 2]`。

创建数组并初始化值的时候，`fill` 方法非常好用，就像下面这样。

```
let ones = Array(6).fill(1);
```

上面的代码创建了一个长度为 6、所有值都是 1 的数组（`[1, 1, 1, 1, 1, 1]`）。

7. 使用 `copyWithin` 方法

`copyWithin` 方法复制数组中的一系列元素到同一数组指定的起始位置。看看下面这个例子。

```
let copyArray = [1, 2, 3, 4, 5, 6];
```

假如我们想把 4、5、6 三个值复制到数组前三个位置，得到 `[4, 5, 6, 4, 5, 6]` 这个数组，可以用下面的代码达到目的。

```
copyArray.copyWithin(0, 3);
```

假如我们想把 4、5 两个值（在位置 3 和 4 上）复制到位置 1 和 2，可以这样做：

```
copyArray = [1, 2, 3, 4, 5, 6];
copyArray.copyWithin(1, 3, 5);
```

这种情况下，会把从位置 3 开始到位置 5 结束（不包括 3 和 5）的元素复制到位置 1，结果是得到数组 `[1, 4, 5, 4, 5, 6]`。

3.7.4　排序元素

通过本书，我们能学到如何编写最常用的搜索和排序算法。其实，JavaScript 里也提供了一个排序方法和一组搜索方法。让我们来看看。

首先，我们想反序输出数组 numbers（它本来的排序是 1, 2, 3, 4, ..., 15）。要实现这样的功能，可以用 reverse 方法，然后数组内元素就会反序。

```
numbers.reverse();
```

现在，输出 numbers 的话就会看到 `[15, 14, 13, 12, 11, 10, 9, 8, 7, 6, 5, 4, 3, 2, 1]`。然后，我们使用 sort 方法。

```
numbers.sort();
```

然而，如果输出数组，结果会是[1, 10, 11, 12, 13, 14, 15, 2, 3, 4, 5, 6, 7, 8, 9]。看起来不大对，是吧？这是因为 sort 方法在对数组做排序时，把元素默认成字符串进行相互比较。

我们可以传入自己写的比较函数。因为数组里都是数，所以可以像下面这样写。

```
numbers.sort((a, b) => a - b);
```

在 b 大于 a 时，这段代码会返回负数，反之则返回正数。如果相等的话，就会返回 0。也就是说返回的是负数，就说明 a 比 b 小，这样 sort 就能根据返回值的情况对数组进行排序。

之前的代码也可以表示成如下这样，会更清晰一些。

```
function compare(a, b) {
  if (a < b) {
    return -1;
  }
  if (a > b) {
    return 1;
  }
  // a 必须等于 b
  return 0;
}
numbers.sort(compare);
```

这是因为 JavaScript 的 sort 方法接收 compareFunction 作为参数，然后 sort 会用它排序数组。在这个例子里，我们声明了一个用来比较数组元素的函数，使数组按升序排序。

1. 自定义排序

我们可以对任何对象类型的数组排序，也可以创建 compareFunction 来比较元素。例如，对象 Person 有名字和年龄属性，我们希望根据年龄排序，就可以这么写。

```
const friends = [
  { name: 'John', age: 30 },
  { name: 'Ana', age: 20 },
  { name: 'Chris', age: 25 }, // ES2017 允许存在尾逗号
];
function comparePerson(a, b) {
  if (a.age < b.age) {
    return -1;
  }
  if (a.age > b.age) {
    return 1;
  }
  return 0;
}
console.log(friends.sort(comparePerson));
```

在这个例子里，最后会输出 Ana(20)，Chris(25)，John(30)。

2. 字符串排序

假如有这样一个数组。

```
let names = ['Ana', 'ana', 'john', 'John'];
console.log(names.sort());
```

你猜会输出什么？答案如下所示。

```
["Ana", "John", "ana", "john"]
```

既然 a 在字母表里排第一位，为何 ana 却排在了 John 之后呢？这是因为 JavaScript 在做字符比较的时候，是根据字符对应的 ASCII 值来比较的。例如，A、J、a、j 对应的 ASCII 值分别是 65、74、97、106。

虽然 a 在字母表里是最靠前的，但 J 的 ASCII 值比 a 的小，所以排在了 a 前面。

 想了解更多关于 ASCII 表的信息，请访问 http://www.asciitable.com/。

现在，如果给 sort 传入一个忽略大小写的比较函数，将输出 ["Ana", "ana", "John", "john"]。

```
names = ['Ana', 'ana', 'john', 'John']; // 重置数组的初始状态
console.log(names.sort((a, b) => {
  if (a.toLowerCase() < b.toLowerCase()) {
    return -1;
  }
  if (a.toLowerCase() > b.toLowerCase()) {
    return 1;
  }
  return 0;
}));
```

在这种情况下，sort 函数不会有任何作用。它会按照现在的大小写字母顺序排序。

如果希望小写字母排在前面，那么需要使用 localeCompare 方法。

```
names.sort((a, b) => a.localeCompare(b));
```

输出结果将是 ["ana", "Ana", "john", "John"]。

假如对带有重音符号的字符做排序的话，也可以用 localeCompare 来实现。

```
const names2 = ['Maève', 'Maeve'];
console.log(names2.sort((a, b) => a.localeCompare(b)));
```

最后输出的结果将是 ["Maeve", "Maève"]。

3.7.5　搜索

搜索有两个方法：indexOf 方法返回与参数匹配的第一个元素的索引；lastIndexOf 返回与参数匹配的最后一个元素的索引。我们来看看之前用过的 numbers 数组。

```
console.log(numbers.indexOf(10));
console.log(numbers.indexOf(100));
```

在这个示例中，第一行的输出是 9，第二行的输出是-1（因为 100 不在数组里）。下面的代码会返回同样的结果。

```
numbers.push(10);
console.log(numbers.lastIndexOf(10));
console.log(numbers.lastIndexOf(100));
```

我们往数组里加入了一个新的元素 10，因此第二行会输出 15（数组中的元素是 1 到 15，还有 10），第三行会输出-1（因为 100 不在数组里）。

1. ECMAScript 2015——find 和 findIndex 方法

看看下面这个例子。

```
let numbers = [1,2,3,4,5,6,7,8,9,10,11,12,13,14,15];
function multipleOf13(element, index, array) {
    return (element % 13 == 0);
}
console.log(numbers.find(multipleOf13));
console.log(numbers.findIndex(multipleOf13));
```

find 和 findIndex 方法接收一个回调函数，搜索一个满足回调函数条件的值。上面的例子里，我们要从数组里找一个 13 的倍数。

find 和 findIndex 的不同之处在于，find 方法返回第一个满足条件的值，findIndex 方法则返回这个值在数组里的索引。如果没有满足条件的值，find 会返回 undefined，而 findIndex 返回-1。

2. ECMAScript 7——使用 includes 方法

如果数组里存在某个元素，includes 方法会返回 true，否则返回 false。使用 includes 方法的例子如下。

```
console.log(numbers.includes(15));
console.log(numbers.includes(20));
```

例子里的 includes(15)返回 true，includes(20)返回 false，因为 numbers 数组里没有 20。

如果给 includes 方法传入一个起始索引，搜索会从索引指定的位置开始。

```
let numbers2 = [7,6,5,4,3,2,1];
console.log(numbers2.includes(4,5));
```

上面的例子输出为 false，因为数组索引 5 之后的元素不包含 4。

3.7.6　输出数组为字符串

现在，我们学习最后两个方法：toString 和 join。

如果想把数组里所有元素输出为一个字符串，可以用 toString 方法。

```
console.log(numbers.toString());
```

1、2、3、4、5、6、7、8、9、10、11、12、13、14、15 和 10 这些值都会在控制台中输出。

如果想用一个不同的分隔符（比如-）把元素隔开，可以用 join 方法。

```
const numbersString = numbers.join('-');
console.log(numbersString);
```

输出将如下所示。

```
1-2-3-4-5-6-7-8-9-10-11-12-13-14-15-10
```

如果要把数组内容发送到服务器，或进行编码（知道了分隔符，解码也很容易），这会很有用。

 有一些很棒的资源可以帮助你更深入地了解数组及其方法。Mozilla 关于数组及其方法的页面非常棒，还有不错的例子：https://developer.mozilla.org/zh-CN/docs/Web/JavaScript/Reference/Global_Objects/Array。**Lo-Dash** 也是一个在处理数组方面非常有用的库。

3.8　类型数组

与 C 和 Java 等其他语言不同，JavaScript 数组不是强类型的，因此它可以存储任意类型的数据。

类型数组则用于存储单一类型的数据。它的语法是 let myArray = new TypedArray (length)，其中 TypedArray 需替换为下表所列之一。

类型数组	数据类型
Int8Array	8 位二进制补码整数
Uint8Array	8 位无符号整数
Uint8ClampedArray	8 位无符号整数
Int16Array	16 位二进制补码整数
Uint16Array	16 位无符号整数
Int32Array	32 位二进制补码整数
Uint32Array	32 位无符号整数
Float32Array	32 位 IEEE 浮点数
Float64Array	64 位 IEEE 浮点数

代码示例如下。

```
let length = 5;
let int16 = new Int16Array(length);

let array16 = [];
array16.length = length;

for (let i=0; i<length; i++){
int16[i] = i+1;
}
console.log(int16);
```

　　使用 WebGL API、进行位操作、处理文件和图像时，类型数组都可以大展拳脚。它用起来和普通数组毫无二致，本章所学的数组方法和功能都可以用于类型数组。

　　https://www.html5rocks.com/en/tutorials/webgl/typed_arrays/ 是一个很好的教程，讲解了如何使用类型数组处理二进制数据，以及它在实际项目中的应用。

3.9　TypeScript 中的数组

　　本章的所有源代码都是合法的 TypeScript 代码。区别在于 TypeScript 会在编译时进行类型检测，来确保只对所有值都属于相同数据类型的数组进行操作。

　　如果检查下面这段代码，会发现它和本章前几节声明的 numbers 数组是一样的。

```
const numbers = [1, 2, 3, 4, 5, 6, 7, 8, 9, 10];
```

　　根据类型推断，TypeScript 能够理解 numbers 数组的声明和 const numbers: number[] 是一样的。出于这个原因，如果我们在声明时给变量赋了初始值，就不需要每次都显式声明变量的类型了。

　　回到对 friends 数组的排序示例，我们可以用 TypeScript 将代码重构成如下这样。

```
interface Person {
  name: string;
  age: number;
}

// const friends: {name: string, age: number}[];
const friends = [
  { name: 'John', age: 30 },
  { name: 'Ana', age: 20 },
  { name: 'Chris', age: 25 }
];

function comparePerson(a: Person, b: Person) {
  // comparePerson 函数的内容
}
```

通过声明 Person 接口，我们确保了 comparePerson 函数只接收包含 name 和 age 属性的对象。friends 数组没有显式的类型，因此可以在本例中通过 const friends: Person[] 显式声明它的类型。

总之，如果想用 TypeScript 给 JavaScript 变量设置类型，我们只需要使用 const 或 let variableName: <type>[]，抑或像我们在第 1 章中学习到的，在使用 .js 扩展名的文件时，在第一行添加注释 // @ts-check。

在运行时，输出结果和使用纯 JavaScript 时是一样的。

3.10 小结

本章，我们学习了最常用的数据结构：数组。不仅学习了如何声明和初始化数组、给数组赋值，以及添加和删除数组元素，还学习了二维、多维数组以及数组的主要方法。这对我们在后面章节中编写自己的算法很有用。

我们还学习了 ES2015 和 ES2016 规范新增的 Array 方法和功能。

最后，我们学习了怎样使用 TypeScript 或 TypeScript 的编译时检测功能来确保 JavaScript 文件中的数组只包含具有相同类型的值。

下一章，我们将学习栈，可以把它当作一种具有特殊行为的数组。

第 4 章　栈

上一章，我们学习了如何创建和使用计算机科学中最常用的数据结构——数组。我们知道，可以在数组的任意位置上删除或添加元素。然而，有时候还需要一种能在添加或删除元素时进行更多控制的数据结构。有两种类似于数组的数据结构在添加和删除元素时更为可控，它们就是**栈**和**队列**。

本章内容包括：

- 创建我们自己的 JavaScript 数据结构库
- 栈数据结构
- 向栈添加元素
- 从栈移除元素
- 如何使用 `Stack` 类
- 十进制转二进制

4.1　创建一个 JavaScript 数据结构和算法库

从本章开始，我们将要创建自己的 JavaScript 数据结构和算法库。本书的源代码包为本任务做好了准备。

下载完源代码，并按照第 1 章的介绍安装好 Node.js 后，将当前目录切换至本项目的目录并运行命令 `npm install`，如下图所示。

```
● ● ●              📁 javascript-datastructures-algorithms — -bash — 69×7
[loiane:development loiane$ cd javascript-datastructures-algorithms     ]
[loiane:javascript-datastructures-algorithms loiane$ npm install        ]

> fsevents@1.1.2 install /Users/loiane/Documents/development/javascri
pt-datastructures-algorithms/node_modules/fsevents
> node install
```

所有依赖都安装好后（`node_modules`），你就可以使用脚本来进行测试，生成测试覆盖率报告，以及生成一个叫作 PacktDataStructuresAlgorithms.min.js 的文件，它包含我们从本章开始创建的所有源代码。下图展示了我们的库中已有的文件和本章将要创建的一些文件。

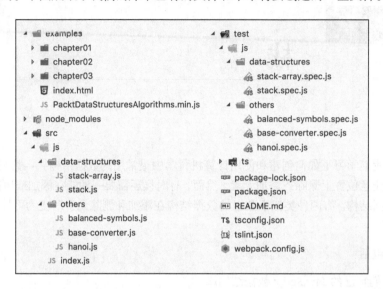

本章将要创建的文件可以在 src/js 目录中找到，它们已经被分类了。在另一个 test 目录中，你能找到和 src 目录中原始文件对应的 spec.js 文件。这些文件包含使用了名为 Mocha 的 JavaScript 测试框架的测试代码。另外，对于每个 JavaScript 文件，你都可以在 ts 目录中找到对应的 TypeScript 文件。要执行测试，只需要执行 npm run test 命令；要执行测试并查看测试覆盖率报告（源代码被测试代码覆盖的百分比），你可以执行 npm run dev 命令。如果你使用的编辑器是 Visual Studio Code 的话，也能找到用来调试测试代码的脚本。你只需在需要的位置添加好断点并执行 Mocha TS 或 Mocha JS 调试任务。在 package.json 文件中，你可以找到一条 npm run webpack 命令，它用来生成 PacktDataStructuresAlgorithms.min.js 文件，该文件可以用在我们的 HTML 示例中。这条脚本用到了 Webpack，它是一个可用于解析所有 ECMAScript 2015+模块依赖、使用 Babel 转译源代码、将所有 JavaScript 文件打包到一个单独的文件中，并能兼容于浏览器和 Node.js 环境的工具。我们在第 2 章中学习过它。关于其他可以使用的脚本命令，更多信息可以在 README.md 文件中找到。

 下载代码包的详细步骤在前言中提到过，你可以看一看。本书的代码包同样可以在 GitHub 地址 https://github.com/loiane/javascript-datastructures-algorithms 下载。

4.2　栈数据结构

栈是一种遵从后进先出（LIFO）原则的有序集合。新添加或待删除的元素都保存在栈的同一端，称作栈顶，另一端就叫栈底。在栈里，新元素都靠近栈顶，旧元素都接近栈底。

在现实生活中也能发现很多栈的例子。例如，下图里的一摞书或者餐厅里叠放的盘子。

栈也被用在编程语言的编译器和内存中保存变量、方法调用等，也被用于浏览器历史记录（浏览器的返回按钮）。

4.2.1　创建一个基于数组的栈

我们将创建一个类来表示栈。简单地从创建一个 stack-array.js 文件并声明 `Stack` 类开始。

```
class Stack {
  constructor() {
    this.items = []; // {1}
  }
}
```

我们需要一种数据结构来保存栈里的元素。可以选择数组（行{1}）。数组允许我们在任何位置添加或删除元素。由于栈遵循 LIFO 原则，需要对元素的插入和删除功能进行限制。接下来，要为栈声明一些方法。

- ❏ `push(element(s))`：添加一个（或几个）新元素到栈顶。
- ❏ `pop()`：移除栈顶的元素，同时返回被移除的元素。
- ❏ `peek()`：返回栈顶的元素，不对栈做任何修改（该方法不会移除栈顶的元素，仅仅返回它）。
- ❏ `isEmpty()`：如果栈里没有任何元素就返回 `true`，否则返回 `false`。
- ❏ `clear()`：移除栈里的所有元素。
- ❏ `size()`：返回栈里的元素个数。该方法和数组的 `length` 属性很类似。

4.2.2　向栈添加元素

我们要实现的第一个方法是 `push`。该方法负责往栈里添加新元素，有一点很重要：该方法只添加元素到栈顶，也就是栈的末尾。push 方法可以如下这样写。

```
push(element) {
  this.items.push(element);
}
```

因为我们使用了数组来保存栈里的元素，所以可以用上一章学到的数组的 push 方法来实现。

4.2.3　从栈移除元素

接着，我们来实现 pop 方法。该方法主要用来移除栈里的元素。栈遵从 LIFO 原则，因此移出的是最后添加进去的元素。因此，我们可以用上一章讲数组时介绍的 pop 方法。栈的 pop 方法可以这样写：

```
pop() {
  return this.items.pop();
}
```

只能用 push 和 pop 方法添加和删除栈中元素，这样一来，我们的栈自然就遵从了 LIFO 原则。

4.2.4　查看栈顶元素

现在，为我们的类实现一些额外的辅助方法。如果想知道栈里最后添加的元素是什么，可以用 peek 方法。该方法将返回栈顶的元素。

```
peek() {
  return this.items[this.items.length - 1];
}
```

因为类内部是用数组保存元素的，所以访问数组的最后一个元素可以用 length - 1。

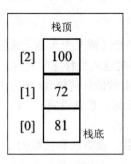

在上图中，有一个包含三个元素的栈，因此内部数组的长度就是 3。数组中最后一项的位置是 2，而 length - 1（3 - 1）正好是 2。

4.2.5　检查栈是否为空

下一个要实现的方法是 isEmpty，如果栈为空的话将返回 true，否则就返回 false。

```
isEmpty() {
  return this.items.length === 0;
}
```

使用 isEmpty 方法，我们能简单地判断内部数组的长度是否为 0。

类似于数组的 length 属性，我们也能实现栈的 length。对于集合，最好用 size 代替 length。因为栈的内部使用数组保存元素，所以能简单地返回栈的长度。

```
size() {
  return this.items.length;
}
```

4.2.6　清空栈元素

最后，我们来实现 clear 方法。clear 方法用来移除栈里所有的元素，把栈清空。实现该方法最简单的方式如下。

```
clear() {
  this.items = [];
}
```

也可以多次调用 pop 方法，把数组中的元素全部移除。

完成了！栈已经实现。

4.2.7　使用 Stack 类

在深入了解栈的应用前，我们先来学习如何使用 Stack 类。首先需要初始化 Stack 类，然后验证一下栈是否为空（输出是 true，因为还没有往栈里添加元素）。

```
const stack = new Stack();
console.log(stack.isEmpty()); // 输出为 true
```

接下来，往栈里添加一些元素（这里我们添加数字 5 和 8；你可以添加任意类型的元素）。

```
stack.push(5);
stack.push(8);
```

如果调用 peek 方法，将输出 8，因为它是往栈里添加的最后一个元素。

```
console.log(stack.peek()); // 输出 8
```

再添加一个元素。

```
stack.push(11);
console.log(stack.size()); // 输出 3
console.log(stack.isEmpty()); // 输出 false
```

我们往栈里添加了 11。如果调用 size 方法，输出为 3，因为栈里有三个元素（5、8 和 11）。如果我们调用 isEmpty 方法，会看到输出了 false（因为栈里有三个元素，不是空栈）。最后，我们再添加一个元素。

```
stack.push(15);
```

下图描绘了目前为止我们对栈的操作，以及栈的当前状态。

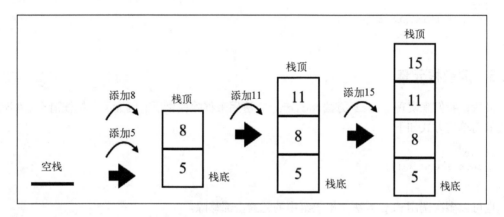

然后，调用两次 pop 方法从栈里移除两个元素。

```
stack.pop();
stack.pop();
console.log(stack.size()); // 输出 2
```

在两次调用 pop 方法前，我们的栈里有四个元素。调用两次后，现在栈里仅剩下 5 和 8 了。下图描绘了这个执行过程。

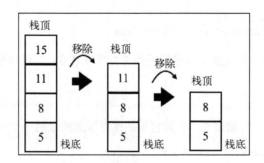

4.3 创建一个基于 JavaScript 对象的 `Stack` 类

创建一个 `Stack` 类最简单的方式是使用一个数组来存储其元素。在处理大量数据的时候（这在现实生活中的项目里很常见），我们同样需要评估如何操作数据是最高效的。在使用数组时，大部分方法的时间复杂度是 $O(n)$。第 15 章我们将学习到更多有关算法复杂度的知识。$O(n)$ 的意思是，我们需要迭代整个数组直到找到要找的那个元素，在最坏的情况下需要迭代数组的所有位置，其中的 n 代表数组的长度。如果数组有更多元素的话，所需的时间会更长。另外，数组是元素的一个有序集合，为了保证元素排列有序，它会占用更多的内存空间。

如果我们能直接获取元素，占用较少的内存空间，并且仍然保证所有元素按照我们的需要排列，那不是更好吗？对于使用 JavaScript 语言实现栈数据结构的场景，我们也可以使用一个 JavaScript 对象来存储所有的栈元素，保证它们的顺序并且遵循 LIFO 原则。我们来看看如何实现这样的行为。

首先像下面这样声明一个 `Stack` 类（stack.js 文件）。

```
class Stack {
  constructor() {
    this.count = 0;
    this.items = {};
  }
  // 方法
}
```

在这个版本的 `Stack` 类中，我们将使用一个 count 属性来帮助我们记录栈的大小（也能帮助我们从数据结构中添加和删除元素）。

4.3.1 向栈中插入元素

在基于数组的版本中，我们可以同时向 `Stack` 类中添加多个元素。由于现在使用了一个对象，这个版本的 push 方法只允许我们一次插入一个元素。下面是 push 方法的代码。

```
push(element) {
  this.items[this.count] = element;
  this.count++;
}
```

在 JavaScript 中，对象是一系列**键值对**的集合。要向栈中添加元素，我们将使用 count 变量作为 items 对象的键名，插入的元素则是它的值。在向栈插入元素后，我们递增 count 变量。

可以延用之前的示例来使用 `Stack` 类，并向其中插入元素 5 和 8。

```
const stack = new Stack();
stack.push(5);
stack.push(8);
```

在内部，items 包含的值和 count 属性如下所示。

```
items = {
  0: 5,
  1: 8
};
count = 2;
```

4.3.2   验证一个栈是否为空和它的大小

count 属性也表示栈的大小。因此，我们可以简单地返回 count 属性的值来实现 size 方法。

```
size() {
  return this.count;
}
```

要验证栈是否为空，可以像下面这样判断 count 的值是否为 0。

```
isEmpty() {
  return this.count === 0;
}
```

4.3.3   从栈中弹出元素

由于我们没有使用数组来存储元素，需要手动实现移除元素的逻辑。pop 方法同样返回了从栈中移除的元素，它的实现如下。

```
pop() {
  if (this.isEmpty()) { // {1}
    return undefined;
  }
  this.count--; // {2}
  const result = this.items[this.count]; // {3}
  delete this.items[this.count]; // {4}
  return result; // {5}
}
```

首先，我们需要检验栈是否为空（行{1}）。如果为空，就返回 undefined。如果栈不为空的话，我们会将 count 属性减 1（行{2}），并保存栈顶的值（行{3}），以便在删除它（行{4}）之后将它返回（行{5}）。

由于我们使用的是 JavaScript 对象，可以用 JavaScript 的 delete 运算符从对象中删除一个特定的值。

我们使用如下内部的值来模拟 pop 操作。

```
items = {
  0: 5,
```

```
  1: 8
};
count = 2;
```

要访问到栈顶的元素（即最后添加的元素 8），我们需要访问键值为 1 的位置。因此我们将 count 变量从 2 减为 1。这样就可以访问 items[1]，删除它，并将它的值返回了。

4.3.4 查看栈顶的值并将栈清空

上一节我们学习了，要访问栈顶元素，需要将 count 属性减 1。那么我们来看看 peek 方法的代码。

```
peek() {
  if (this.isEmpty()) {
    return undefined;
  }
  return this.items[this.count - 1];
}
```

要清空该栈，只需要将它的值复原为构造函数中使用的值即可。

```
clear() {
  this.items = {};
  this.count = 0;
}
```

我们也可以遵循 LIFO 原则，使用下面的逻辑来移除栈中所有的元素。

```
while (!this.isEmpty()) {
  this.pop();
}
```

4.3.5 创建 toString 方法

在数组版本中，我们不需要关心 toString 方法的实现，因为数据结构可以直接使用数组已经提供的 toString 方法。对于使用对象的版本，我们将创建一个 toString 方法来像数组一样打印出栈的内容。

```
toString() {
  if (this.isEmpty()) {
    return '';
  }
  let objString = `${this.items[0]}`; // {1}
  for (let i = 1; i < this.count; i++) { // {2}
    objString = `${objString},${this.items[i]}`; // {3}
  }
  return objString;
}
```

如果栈是空的，我们只需返回一个空字符串即可。如果它不是空的，就需要用它底部的第一个元素作为字符串的初始值（行{1}），然后迭代整个栈的键（行{2}），一直到栈顶，添加一个逗号（,）以及下一个元素（行{3}）。如果栈只包含一个元素，行{2}和行{3}的代码将不会执行。

实现了 toString 方法后，我们就完成了这个版本的 Stack 类。这也是一个用不同方式写代码的例子。对于使用 Stack 类的开发者，选择使用基于数组或是基于对象的版本并不重要，两者都提供了相同的功能，只是内部实现很不一样。

除了 toString 方法，我们创建的其他方法的复杂度均为 O(1)，代表我们可以直接找到目标元素并对其进行操作（push、pop 或 peek）。

4.4　保护数据结构内部元素

在创建别的开发者也可以使用的数据结构或对象时，我们希望保护内部的元素，只有我们暴露出的方法才能修改内部结构。对于 Stack 类来说，要确保元素只会被添加到栈顶，而不是栈底或其他任意位置（比如栈的中间）。不幸的是，我们在 Stack 类中声明的 items 和 count 属性并没有得到保护，因为 JavaScript 的类就是这样工作的。

试着执行下面的代码。

```
const stack = new Stack();
console.log(Object.getOwnPropertyNames(stack)); // {1}
console.log(Object.keys(stack)); // {2}
console.log(stack.items); // {3}
```

行{1}和行{2}的输出结果是["count", "items"]。这表示 count 和 items 属性是公开的，我们可以像行{3}那样直接访问它们。根据这种行为，我们可以对这两个属性赋新的值。

本章使用 ES2015（ES6）语法创建了 Stack 类。ES2015 类是基于原型的。尽管基于原型的类能节省内存空间并在扩展方面优于基于函数的类，但这种方式不能声明私有属性（变量）或方法。另外，在本例中，我们希望 Stack 类的用户只能访问我们在类中暴露的方法。下面来看看其他使用 JavaScript 来实现私有属性的方法。

4.4.1　下划线命名约定

一部分开发者喜欢在 JavaScript 中使用下划线命名约定来标记一个属性为私有属性。

```
class Stack {
  constructor() {
    this._count = 0;
    this._items = {};
  }
}
```

下划线命名约定就是在属性名称之前加上一个下划线（_）。不过这种方式只是一种约定，并不能保护数据，而且只能依赖于使用我们代码的开发者所具备的常识。

4.4.2 用 ES2015 的限定作用域 Symbol 实现类

ES2015 新增了一种叫作 Symbol 的基本类型，它是不可变的，可以用作对象的属性。看看怎么用它在 Stack 类中声明 items 属性（我们将使用数组来存储元素以简化代码）。

```
const _items = Symbol('stackItems'); // {1}
class Stack {
  constructor () {
    this[_items] = []; // {2}
  }
  // 栈的方法
}
```

在上面的代码中，我们声明了 Symbol 类型的变量_items（行{1}），在类的 constructor 函数中初始化它的值（行{2}）。要访问_items，只需要把所有的 this.items 都换成 this[_items]。

这种方法创建了一个假的私有属性，因为 ES2015 新增的 Object.getOwnProperty-Symbols 方法能够取到类里面声明的所有 Symbols 属性。下面是一个破坏 Stack 类的例子。

```
const stack = new Stack();
stack.push(5);
stack.push(8);
let objectSymbols = Object.getOwnPropertySymbols(stack);
console.log(objectSymbols.length); // 输出 1
console.log(objectSymbols); // [Symbol()]
console.log(objectSymbols[0]); // Symbol()
stack[objectSymbols[0]].push(1);
stack.print(); // 输出 5, 8, 1
```

从以上代码可以看到，访问 stack[objectSymbols[0]]是可以得到_items 的。并且，_items 属性是一个数组，可以进行任意的数组操作，比如从中间删除或添加元素（使用对象进行存储也是一样的）。但我们操作的是栈，不应该出现这种行为。

还有第三个方案。

4.4.3 用 ES2015 的 WeakMap 实现类

有一种数据类型可以确保属性是私有的，这就是 WeakMap。我们会在第 8 章深入探讨 Map 这种数据结构，现在只需要知道 WeakMap 可以存储键值对，其中键是对象，值可以是任意数据类型。

如果用 WeakMap 来存储 items 属性（数组版本），Stack 类就是这样的：

```
const items = new WeakMap(); // {1}

class Stack {
  constructor () {
    items.set(this, []); // {2}
  }
  push(element){
    const s = items.get(this); // {3}
    s.push(element);
  }
  pop(){
    const s = items.get(this);
    const r = s.pop();
    return r;
  }
  // 其他方法
}
```

上面的代码片段解释如下。

❑ 行{1}，声明一个 WeakMap 类型的变量 items。
❑ 行{2}，在 constructor 中，以 this（Stack 类自己的引用）为键，把代表栈的数组存入 items。
❑ 行{3}，从 WeakMap 中取出值，即以 this 为键（行{2}设置的）从 items 中取值。

现在我们知道了，items 在 Stack 类里是真正的私有属性。采用这种方法，代码的可读性不强，而且在扩展该类时无法继承私有属性。鱼和熊掌不可兼得！

4.4.4   ECMAScript 类属性提案

TypeScript 提供了一个给类属性和方法使用的 private 修饰符。然而，该修饰符只在编译时有用（包括我们在前几章讨论的 TypeScript 类型和错误检测）。在代码被转移完成后，属性同样是公开的。

事实上，我们不能像在其他编程语言中一样声明私有属性和方法。虽然有很多种方法都可以达到相同的效果，但无论是在语法还是性能层面，这些方法都有各自的优点和缺点。

哪种方法更好呢？这取决于你在实际项目中如何使用本书展示的算法，也取决于你需要处理的数据量、需要构造的实例数量，以及其他约束条件。最终，还是取决于你的选择。

在写作本书的时候，有一个关于在 JavaScript 类中增加私有属性的提案。通过这个提案，我们能够直接在类中声明 JavaScript 类属性并进行初始化。下面是一个例子。

```
class Stack {
  #count = 0;
  #items = 0;

  // 栈的方法
}
```

我们可以通过在属性前添加井号（#）作为前缀来声明私有属性。这种行为和 WeakMap 中的私有属性很相似。所以在不远的未来，我们有希望不使用特殊技巧或牺牲代码可读性，就能使用私有类属性。

 要了解更多有关类属性提案的信息，请访问：https://github.com/tc39/proposal-class-fields。

4.5　用栈解决问题

栈的实际应用非常广泛。在回溯问题中，它可以存储访问过的任务或路径、撤销的操作（后面的章节讨论图和回溯问题时，我们会学习如何应用这个例子）。Java 和 C# 用栈来存储变量和方法调用，特别是处理递归算法时，有可能抛出一个栈溢出异常（后面的章节也会介绍）。

既然我们已经了解了 Stack 类的用法，不妨用它来解决一些计算机科学问题。本节，我们将介绍如何解决十进制转二进制问题，以及任意进制转换的算法。

从十进制到二进制

现实生活中，我们主要使用十进制。但在计算科学中，二进制非常重要，因为计算机里的所有内容都是用二进制数字表示的（0 和 1）。没有十进制和二进制相互转化的能力，与计算机交流就很困难。

要把十进制转化成二进制，我们可以将该十进制数除以 2（二进制是满二进一）并对商取整，直到结果是 0 为止。举个例子，把十进制的数 10 转化成二进制的数字，过程大概是如下这样。

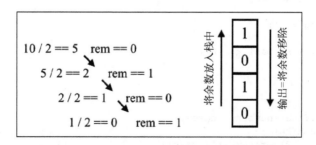

大学的计算机课一般都会先教这个进制转换。下面是对应的算法描述。

```
function decimalToBinary(decNumber) {
  const remStack = new Stack();
  let number = decNumber;
  let rem;
  let binaryString = '';

  while (number > 0) { // {1}
    rem = Math.floor(number % 2); // {2}
    remStack.push(rem); // {3}
    number = Math.floor(number / 2); // {4}
  }

  while (!remStack.isEmpty()) { // {5}
    binaryString += remStack.pop().toString();
  }

  return binaryString;
}
```

在这段代码里，当除法的结果不为 0 时（行{1}），我们会获得一个余数，并放到栈里（行{2}、行{3}）。然后让结果继续除以 2（行{4}）。另外请注意：JavaScript 有数值类型，但是它不会区分整数和浮点数。因此，要使用 Math.floor 函数仅返回除法运算结果的整数部分。最后，用 pop 方法把栈中的元素都移除，把出栈的元素连接成字符串（行{5}）。

用刚才写的算法做一些测试，使用以下代码把结果输出到控制台里。

```
console.log(decimalToBinary(233)); // 11101001
console.log(decimalToBinary(10)); // 1010
console.log(decimalToBinary(1000)); // 1111101000
```

进制转换算法

我们可以修改之前的算法，使之能把十进制转换成基数为 2 ~ 36 的任意进制。除了把十进制数除以 2 转成二进制数，还可以传入其他任意进制的基数为参数，就像下面的算法这样。

```
function baseConverter(decNumber, base) {
  const remStack = new Stack();
  const digits = '0123456789ABCDEFGHIJKLMNOPQRSTUVWXYZ'; // {6}
  let number = decNumber;
  let rem;
  let baseString = '';

  if (!(base >= 2 && base <= 36)) {
    return '';
  }

  while (number > 0) {
    rem = Math.floor(number % base);
    remStack.push(rem);
    number = Math.floor(number / base);
  }
```

```
  while (!remStack.isEmpty()) {
    baseString += digits[remStack.pop()]; // {7}
  }

  return baseString;
}
```

我们只需要改变一个地方。在将十进制转成二进制时，余数是 0 或 1；在将十进制转成八进制时，余数是 0 ~ 7；但是将十进制转成十六进制时，余数是 0 ~ 9 加上 A、B、C、D、E 和 F（对应 10、11、12、13、14 和 15）。因此，我们需要对栈中的数字做个转化才可以（行{6}和行{7}）。因此，从十一进制开始，字母表中的每个字母将表示相应的基数。字母 A 代表基数 11，B 代表基数 12，以此类推。

可以使用之前的算法，输出结果如下。

```
console.log(baseConverter(100345, 2)); // 11000011111111001
console.log(baseConverter(100345, 8)); // 303771
console.log(baseConverter(100345, 16)); // 187F9
console.log(baseConverter(100345, 35)); // 2BW0
```

 请在网上下载本书的代码，里面还有一些栈的应用实例，如平衡圆括号和汉诺塔。

4.6　小结

本章，我们学习了栈这一数据结构的相关知识。我们使用数组和一个 JavaScript 对象自己实现了栈，还讲解了如何用 push 和 pop 往栈里添加和移除元素。

我们比较了创建 Stack 类的不同方法，并分别列举了优点和缺点。我们还学习了用栈来解决计算机科学中最著名的问题之一。

下一章将要学习队列。它和栈有很多相似之处，但有个重要区别：队列里的元素不遵循后进先出原则。

第 5 章

队列和双端队列

我们已经学习了栈。队列和栈非常类似，但是使用了与后进先出不同的原则。你将在本章学习这些内容。我们同样要学习双端队列的工作原理。双端队列是一种将栈的原则和队列的原则混合在一起的数据结构。

本章内容包括：

☐ 队列数据结构
☐ 双端队列数据结构
☐ 向队列和双端队列增加元素
☐ 从队列和双端队列中删除元素
☐ 用击鼓传花游戏模拟循环队列
☐ 用双端队列检查一个词组是否构成回文

5.1　队列数据结构

队列是遵循**先进先出**（FIFO，也称为先来先服务）原则的一组有序的项。队列在尾部添加新元素，并从顶部移除元素。最新添加的元素必须排在队列的末尾。

在现实中，最常见的队列的例子就是排队。

在电影院、自助餐厅、杂货店收银台，我们都会排队。排在第一位的人会先接受服务。

在计算机科学中，一个常见的例子就是打印队列。比如说我们需要打印五份文档。我们会打开每个文档，然后点击打印按钮。每个文档都会被发送至打印队列。第一个发送到打印队列的文档会首先被打印，以此类推，直到打印完所有文档。

5.1.1 创建队列

我们需要创建自己的类来表示一个队列。先从最基本的声明类开始。

```
class Queue {
  constructor() {
    this.count = 0; // {1}
    this.lowestCount = 0; // {2}
    this.items = {}; // {3}
  }
}
```

首先需要一个用于存储队列中元素的数据结构。我们可以使用数组，就像上一章的 Stack 类那样。但是，为了写出一个在获取元素时更高效的数据结构，我们将使用一个对象来存储我们的元素（行{3}）。你会发现 Queue 类和 Stack 类非常类似，只是添加和移除元素的原则不同。

也可以声明一个 count 属性来帮助我们控制队列的大小（行{1}）。此外，由于我们将要从队列前端移除元素，同样需要一个变量来帮助我们追踪第一个元素。因此，声明一个 lowestCount 变量（行{2}）。

接下来需要声明一些队列可用的方法。

❑ enqueue(element(s))：向队列尾部添加一个（或多个）新的项。
❑ dequeue()：移除队列的第一项（即排在队列最前面的项）并返回被移除的元素。
❑ peek()：返回队列中第一个元素——最先被添加，也将是最先被移除的元素。队列不做任何变动（不移除元素，只返回元素信息——与 Stack 类的 peek 方法非常类似）。该方法在其他语言中也可以叫作 front 方法。
❑ isEmpty()：如果队列中不包含任何元素，返回 true，否则返回 false。
❑ size()：返回队列包含的元素个数，与数组的 length 属性类似。

1. 向队列添加元素

首先要实现的是 enqueue 方法。该方法负责向队列添加新元素。此处一个非常重要的细节是新的项只能添加到队列末尾。

```
enqueue(element) {
  this.items[this.count] = element;
  this.count++;
}
```

enqueue 方法和 Stack 类中 push 方法的实现方式相同。由于 items 属性是一个 JavaScript 对象，它是一个**键值对**的集合。要向队列中加入一个元素的话，我们要把 count 变量作为 items

对象中的键，对应的元素作为它的值。将元素加入队列后，我们将 count 变量加 1。

2. 从队列移除元素

接下来要实现 dequeue 方法，该方法负责从队列移除项。由于队列遵循先进先出原则，最先添加的项也是最先被移除的。

```
dequeue() {
  if (this.isEmpty()) {
    return undefined;
  }
  const result = this.items[this.lowestCount]; // {1}
  delete this.items[this.lowestCount]; // {2}
  this.lowestCount++; // {3}
  return result; // {4}
}
```

首先，我们需要检验队列是否为空。如果为空，我们返回 undefined 值。如果队列不为空，我们将暂存队列头部的值（行{1}），以便该元素被移除后（行{2}）将它返回（行{4}）。我们也需要将 lowestCount 属性加 1（行{2}）。

用下面的内部值来模拟 dequeue 动作。

```
items = {
  0: 5,
  1: 8
};
count = 2;
lowestCount = 0;
```

我们需要将键设为 0 来获取队列头部的元素（第一个被添加的元素是 5），删除它，再返回它的值。在这种场景下，删除第一个元素后，items 属性将只会包含一个元素（1：8）。再次执行 dequeue 方法的话，它将被移除。因此我们将 lowestCount 变量从 0 修改为 1。

只有 enqueue 方法和 dequeue 方法可以添加和移除元素，这样就确保了 Queue 类遵循先进先出原则。

3. 查看队列头元素

现在来为我们的类实现一些额外的辅助方法。如果想知道队列最前面的项是什么，可以用 peek 方法。该方法会返回队列最前面的项（把 lowestCount 作为键名来获取元素值）。

```
peek() {
  if (this.isEmpty()) {
    return undefined;
  }
  return this.items[this.lowestCount];
}
```

4. 检查队列是否为空并获取它的长度

下一个是 isEmpty 方法。如果队列为空，它会返回 true，否则返回 false（注意该方法和 Stack 类里的不一样）。

```
isEmpty() {
  return this.count - this.lowestCount === 0;
}
```

要计算队列中有多少元素，我们只需要计算 count 和 lowestCount 之间的差值即可。

假设 count 属性的值为 2，lowestCount 的值为 0。这表示在队列中有两个元素。然后，我们从队列中移除一个元素，lowestCount 的值会变为 1，count 的值仍然是 2。现在队列中只有一个元素了，以此类推。

所以要实现 size 方法的话，我们只需要返回这个差值即可。

```
size() {
  return this.count - this.lowestCount;
}
```

可以像下面这样写出 isEmpty 方法。

```
isEmpty() {
  return this.size() === 0;
}
```

5. 清空队列

要清空队列中的所有元素，我们可以调用 dequeue 方法直到它返回 undefined，也可以简单地将队列中的属性值重设为和构造函数中的一样。

```
clear() {
  this.items = {};
  this.count = 0;
  this.lowestCount = 0;
}
```

6. 创建 toString 方法

完成！Queue 类实现好了。我们也可以像 Stack 类一样增加一个 toString 方法。

```
toString() {
  if (this.isEmpty()) {
    return '';
  }
  let objString = `${this.items[this.lowestCount]}`;
  for (let i = this.lowestCount + 1; i < this.count; i++) {
    objString = `${objString},${this.items[i]}`;
  }
  return objString;
}
```

在 Stack 类中，我们从索引值为 0 开始迭代 items 中的值。由于 Queue 类中的第一个索引值不一定是 0，我们需要从索引值为 lowestCount 的位置开始迭代队列。

现在我们真的完成了！

 Queue 类和 Stack 类非常类似。主要的区别在于 dequeue 方法和 peek 方法，这是由于先进先出和后进先出原则的不同所造成的。

5.1.2　使用 Queue 类

首先要做的是实例化我们刚刚创建的 Queue 类，然后就可以验证它为空（输出为 true，因为我们还没有向队列添加任何元素）。

```
const queue = new Queue();
console.log(queue.isEmpty()); // 输出 true
```

接下来，添加一些元素（添加 'John' 和 'Jack' 两个元素——你可以向队列添加任何类型的元素）。

```
queue.enqueue('John');
queue.enqueue('Jack');
console.log(queue.toString()); // John,Jack
```

添加另一个元素。

```
queue.enqueue('Camila');
```

再执行一些其他命令。

```
console.log(queue.toString()); // John, Jack, Camila
console.log(queue.size()); // 输出 3
console.log(queue.isEmpty()); // 输出 false
queue.dequeue(); // 移除 John
queue.dequeue(); // 移除 Jack
console.log(queue.toString()); // Camila
```

如果打印队列的内容，就会得到 John、Jack 和 Camila 这三个元素。因为我们向队列添加了三个元素，所以队列的大小为 3（当然也就不为空了）。

下图展示了目前为止执行的所有入列操作，以及队列当前的状态。

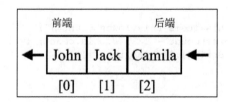

然后，出列两个元素（执行两次 dequeue 方法）。下图展示了 dequeue 方法的执行过程。

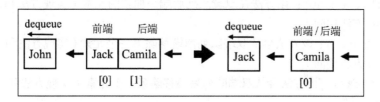

最后，再次打印队列内容时，就只剩 Camila 一个元素了。前两个入列的元素出列了，最后入列的元素也将是最后出列的。也就是说，我们遵循了先进先出原则。

5.2 双端队列数据结构

双端队列（deque，或称 double-ended queue）是一种允许我们同时从前端和后端添加和移除元素的特殊队列。

双端队列在现实生活中的例子有电影院、餐厅中排队的队伍等。举个例子，一个刚买了票的人如果只是还需要再问一些简单的信息，就可以直接回到队伍的头部。另外，在队伍末尾的人如果赶时间，他可以直接离开队伍。

在计算机科学中，双端队列的一个常见应用是存储一系列的撤销操作。每当用户在软件中进行了一个操作，该操作会被存在一个双端队列中（就像在一个栈里）。当用户点击撤销按钮时，该操作会被从双端队列中弹出，表示它被从后面移除了。在进行了预先定义的一定数量的操作后，最先进行的操作会被从双端队列的前端移除。由于双端队列同时遵守了先进先出和后进先出原则，可以说它是把队列和栈相结合的一种数据结构。

5.2.1 创建 Deque 类

和之前一样，我们先声明一个 Deque 类及其构造函数。

```
class Deque {
  constructor() {
    this.count = 0;
    this.lowestCount = 0;
    this.items = {};
  }
}
```

既然双端队列是一种特殊的队列，我们可以看到其构造函数中的部分代码和队列相同，包括相同的内部属性和以下方法：isEmpty、clear、size 和 toString。

由于双端队列允许在两端添加和移除元素，还会有下面几个方法。

- addFront(element)：该方法在双端队列前端添加新的元素。
- addBack(element)：该方法在双端队列后端添加新的元素（实现方法和 Queue 类中的 enqueue 方法相同）。
- removeFront()：该方法会从双端队列前端移除第一个元素（实现方法和 Queue 类中的 dequeue 方法相同）。
- removeBack()：该方法会从双端队列后端移除第一个元素（实现方法和 Stack 类中的 pop 方法一样）。
- peekFront()：该方法返回双端队列前端的第一个元素（实现方法和 Queue 类中的 peek 方法一样）。
- peekBack()：该方法返回双端队列后端的第一个元素（实现方法和 Stack 类中的 peek 方法一样）。

 Deque 类同样实现了 isEmpty、clear、size 和 toString 方法（你可以下载本书的源代码包查看完整的源代码）。

向双端队列的前端添加元素

由于已经实现了部分方法，我们将只专注于 addFront 方法的逻辑。addFront 方法的代码如下所示。

```
addFront(element) {
  if (this.isEmpty()) { // {1}
    this.addBack(element);
  } else if (this.lowestCount > 0) { // {2}
    this.lowestCount--;
    this.items[this.lowestCount] = element;
  } else {
    for (let i = this.count; i > 0; i--) { // {3}
      this.items[i] = this.items[i - 1];
    }
    this.count++;
    this.lowestCount = 0;
    this.items[0] = element; // {4}
  }
}
```

要将一个元素添加到双端队列的前端，存在三种场景。

第一种场景是这个双端队列是空的（行{1}）。在这种情况下，我们可以执行 addBack 方法。元素会被添加到双端队列的后端，在本例中也是双端队列的前端。addBack 方法已经有了增加 count 属性值的逻辑，因此我们可以复用它来避免重复编写代码。

第二种场景是一个元素已经被从双端队列的前端移除（行{2}），也就是说 lowestCount 属性会大于等于 1。这种情况下，我们只需要将 lowestCount 属性减 1 并将新元素的值放在这个键的位置上即可。

考虑如下所示的 Deque 类的内部值。

```
items = {
  1: 8,
  2: 9
};
count = 3;
lowestCount = 1;
```

如果我们想将元素 7 添加在双端队列的前端，那么符合第二种场景。在本示例中，lowestCount 的值会减少（新的值是 0），并且 7 会成为键 0 的值。

第三种也是最后一种场景是 lowestCount 为 0 的情况。我们可以设置一个负值的键，同时更新用于计算双端队列长度的逻辑，使其也能包含负值键。这种情况下，添加一个新元素的操作仍然能保持最低的计算成本。为了便于演示，我们把本场景看作使用数组。要在第一位添加一个新元素，我们需要将所有元素后移一位（行{3}）来空出第一个位置。由于我们不想丢失任何已有的值，需要从最后一位开始迭代所有的值，并为元素赋上索引值减 1 位置的值。在所有的元素都完成移动后，第一位将是空闲状态，这样就可以用需要添加的新元素来覆盖它了（行{4}）。

5.2.2 使用 Deque 类

在实例化 Deque 类后，我们可以执行下面的方法。

```
const deque = new Deque();
console.log(deque.isEmpty()); // 输出 true
deque.addBack('John');
deque.addBack('Jack');
console.log(deque.toString()); // John, Jack
deque.addBack('Camila');
console.log(deque.toString()); // John, Jack, Camila
console.log(deque.size()); // 输出 3
console.log(deque.isEmpty()); // 输出 false
deque.removeFront(); // 移除 John
console.log(deque.toString()); // Jack, Camila
deque.removeBack(); // Camila 决定离开
console.log(deque.toString()); // Jack
deque.addFront('John'); // John 回来询问一些信息
console.log(deque.toString()); // John, Jack
```

借助 Deque 类，我们可以执行 Stack 和 Queue 类中的操作。我们同样可以使用 Deque 类来实现一个优先队列，第 11 章会讨论这个话题。

5.3　使用队列和双端队列来解决问题

现在我们知道了怎样使用 Queue 和 Deque 类，就用它们解决一些计算机科学中的问题吧。本节将使用队列来模拟击鼓传花游戏，并使用双端队列来检查一个短语是否为回文。

5.3.1　循环队列——击鼓传花游戏

由于队列经常被应用在计算机领域和我们的现实生活中，就出现了一些队列的修改版本，我们会在本章实现它们。这其中的一种叫作**循环队列**。循环队列的一个例子就是击鼓传花游戏（hot potato）。在这个游戏中，孩子们围成一个圆圈，把花尽快地传递给旁边的人。某一时刻传花停止，这个时候花在谁手里，谁就退出圆圈、结束游戏。重复这个过程，直到只剩一个孩子（胜者）。

在下面这个示例中，我们要实现一个模拟的击鼓传花游戏。

```
function hotPotato(elementsList, num) {
  const queue = new Queue(); // {1}
  const eliminatedList = [];

  for (let i = 0; i < elementsList.length; i++) {
    queue.enqueue(elementsList[i]); // {2}
  }

  while (queue.size() > 1) {
    for (let i = 0; i < num; i++) {
      queue.enqueue(queue.dequeue()); // {3}
    }
    eliminatedList.push(queue.dequeue()); // {4}
  }

  return {
    eliminated: eliminatedList,
    winner: queue.dequeue() // {5}
  };
}
```

实现一个模拟的击鼓传花游戏，要用到本章开头实现的 Queue 类（行{1}）。我们会得到一份名单，把里面的名字全都加入队列（行{2}）。给定一个数字，然后迭代队列。从队列开头移除一项，再将其添加到队列末尾（行{3}），模拟击鼓传花（如果你把花传给了旁边的人，你被淘汰的威胁就立刻解除了）。一旦达到给定的传递次数，拿着花的那个人就被淘汰了（从队列中移除——行{4}）。最后只剩下一个人的时候，这个人就是胜者（行{5}）。

我们可以使用下面的代码来尝试 hotPotato 算法。

```
const names = ['John', 'Jack', 'Camila', 'Ingrid', 'Carl'];
const result = hotPotato(names, 7);
```

```
result.eliminated.forEach(name => {
  console.log(`${name}在击鼓传花游戏中被淘汰。`);
});

console.log(`胜利者: ${result.winner}`);
```

以上算法的输出如下。

Camila 在击鼓传花游戏中被淘汰。
Jack 在击鼓传花游戏中被淘汰。
Carl 在击鼓传花游戏中被淘汰。
Ingrid 在击鼓传花游戏中被淘汰。
胜利者: John

下图模拟了这个输出过程。

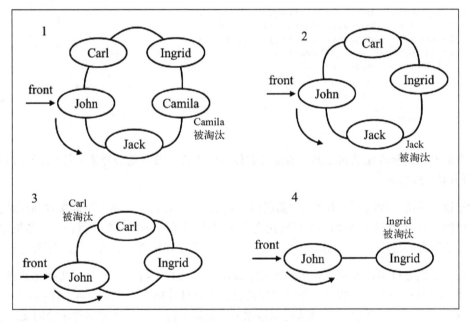

你可以改变传入 hotPotato 函数的数，模拟不同的场景。

5.3.2 回文检查器

下面是维基百科对**回文**的解释。

> 回文是正反都能读通的单词、词组、数或一系列字符的序列，例如 madam 或 racecar。

有不同的算法可以检查一个词组或字符串是否为回文。最简单的方式是将字符串反向排列并检查它和原字符串是否相同。如果两者相同，那么它就是一个回文。我们也可以用栈来完成，但是利用数据结构来解决这个问题的最简单方法是使用双端队列。

下面的算法使用了一个双端队列来解决问题。

```javascript
function palindromeChecker(aString) {
  if (aString === undefined || aString === null ||
    (aString !== null && aString.length === 0)) { // {1}
    return false;
  }
  const deque = new Deque(); // {2}
  const lowerString = aString.toLocaleLowerCase().split(' ').join(''); // {3}
  let isEqual = true;
  let firstChar, lastChar;

  for (let i = 0; i < lowerString.length; i++) { // {4}
    deque.addBack(lowerString.charAt(i));
  }

  while (deque.size() > 1 && isEqual) { // {5}
    firstChar = deque.removeFront(); // {6}
    lastChar = deque.removeBack(); // {7}
    if (firstChar !== lastChar) {
      isEqual = false; // {8}
    }
  }

  return isEqual;
}
```

在我们开始解释算法逻辑之前，需要检查传入的字符串参数是否合法（行{1}）。如果不合法，我们返回 false。

对于这个算法，我们将使用在本章实现的 Deque 类（行{2}）。由于可能接收到同时包含大小写字母的字符串，我们会将所有字母转化为小写，同时移除所有的空格（行{3}）。如果你愿意，也可以移除所有的特殊字符，例如!、?、-、(和)等。为了保证算法简洁，我们会跳过这部分。

然后，我们会对字符串中的所有字符执行 enqueue 操作（行{4}）。如果所有元素都在双端队列中（如果只有一个字符的话，那它肯定是回文）并且首尾字符相同的话（行{5}），我们将从前端移除一个元素（行{6}），再从后端移除一个元素（行{7}）。要使字符串为回文，移除的两个字符必须相同。如果字符不同的话，这个字符串就不是一个回文（行{8}）。

我们可以用下面的代码来测试 palindromeChecker 算法。

```javascript
console.log('a', palindromeChecker('a'));
console.log('aa', palindromeChecker('aa'));
console.log('kayak', palindromeChecker('kayak'));
console.log('level', palindromeChecker('level'));
console.log('Was it a car or a cat I saw', palindromeChecker('Was it a car
or a cat I saw'));
console.log('Step on no pets', palindromeChecker('Step on no pets'));
```

前面所有示例的输出结果都是 true。

5.3.3 JavaScript 任务队列

既然我们在书中使用的是 JavaScript，何不探索一下这门语言本身呢？

当我们在浏览器中打开新标签时，就会创建一个任务队列。这是因为每个标签都是单线程处理所有的任务，称为**事件循环**。浏览器要负责多个任务，如渲染 HTML、执行 JavaScript 代码、处理用户交互（用户输入、鼠标点击等）、执行和处理异步请求。如果想更多地了解事件循环，可以访问 https://jakearchibald.com/2015/tasks-microtasks-queues-and-schedules/。

像 JavaScript 这样流行而强大的语言竟然使用如此基础的数据结构来进行内部控制，真令人高兴。

5.4 小结

本章介绍了队列这种数据结构。我们实现了自己的队列算法，学习了如何通过 enqueue 方法和 dequeue 方法并遵循先进先出原则来添加和移除元素。我们同样学习了双端队列数据结构，如何将元素添加到双端队列的前端和后端，以及如何将元素从双端队列的前端和后端移除。

我们也讨论了如何用队列和双端队列数据结构解决两个经典的问题：击鼓传花游戏（使用一个修改过的队列：循环队列）和回文检查（使用双端队列）。

下一章，我们将学习链表。这是一种比数组更复杂的数据结构。

第 6 章

链 表

我们在第 3 章学习了数组这种数据结构。数组（也可以称为列表）是一种非常简单的存储数据序列的数据结构。在本章，你会学习如何实现和使用链表这种动态的数据结构，这意味着我们可以从中随意添加或移除项，它会按需进行扩容。

本章内容包括：

- ❑ 链表数据结构
- ❑ 向链表添加元素
- ❑ 从链表移除元素
- ❑ 使用 LinkedList 类
- ❑ 双向链表
- ❑ 循环链表
- ❑ 排序链表
- ❑ 通过链表实现栈

6.1　链表数据结构

要存储多个元素，数组（或列表）可能是最常用的数据结构。正如本书之前提到的，每种语言都实现了数组。这种数据结构非常方便，提供了一个便利的[]语法来访问其元素。然而，这种数据结构有一个缺点：（在大多数语言中）数组的大小是固定的，从数组的起点或中间插入或移除项的成本很高，因为需要移动元素。（尽管我们已经学过，JavaScript 有来自 Array 类的方法可以帮我们做这些事，但背后的情况同样如此。）

链表存储有序的元素集合，但不同于数组，链表中的元素在内存中并不是连续放置的。每个元素由一个存储元素本身的节点和一个指向下一个元素的引用（也称指针或链接）组成。下图展示了一个链表的结构。

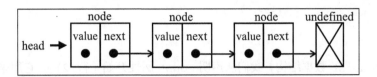

相对于传统的数组，链表的一个好处在于，添加或移除元素的时候不需要移动其他元素。然而，链表需要使用指针，因此实现链表时需要额外注意。在数组中，我们可以直接访问任何位置的任何元素，而要想访问链表中间的一个元素，则需要从起点（**表头**）开始迭代链表直到找到所需的元素。

现实中也有一些链表的例子。第一个例子就是康加舞队。每个人是一个元素，手就是链向下一个人的指针。可以向队列中增加人——只需要找到想加入的点，断开连接，插入一个人，再重新连接起来。

另一个例子是寻宝游戏。你有一条线索，这条线索就是指向寻找下一条线索的地点的指针。你顺着这条链接去下一个地点，得到另一条指向再下一处的线索。得到链表中间的线索的唯一办法，就是从起点（第一条线索）顺着链表寻找。

还有一个可能是用来说明链表的最流行的例子，那就是火车。一列火车是由一系列车厢（也称车皮）组成的。每节车厢或车皮都相互连接。你很容易分离一节车皮，改变它的位置、添加或移除它。下图演示了一列火车。每节车皮都是链表的元素，车皮间的连接就是指针。

本章会介绍链表及其变体，但还是先从最简单的数据结构开始吧！

创建链表

理解了链表是什么之后，现在就要开始实现我们的数据结构了。以下是 LinkedList 类的"骨架"。

```
import { defaultEquals } from '../util';
import { Node } from './models/linked-list-models'; // {1}

export default class LinkedList {
  constructor(equalsFn = defaultEquals) {
    this.count = 0; // {2}
    this.head = undefined; // {3}
```

```
    this.equalsFn = equalsFn; // {4}
  }
}
```

对于 LinkedList 数据结构，我们从声明 count 属性开始（行{2}），它用来存储链表中的元素数量。

我们要实现一个名为 indexOf 的方法，它使我们能够在链表中找到一个特定的元素。要比较链表中的元素是否相等，我们需要使用一个内部调用的函数，名为 equalsFn（行{4}）。使用 linkedList 类的开发者可以自行传入用于比较两个 JavaScript 对象或值是否相等的自定义函数。如果没有传入这个自定义函数，该数据结构将使用定义在 util.js 中的 defaultEquals 函数（这样我们可以在随后章节的其他数据结构和算法中复用它）作为默认的相等性比较函数。defaultEquals 函数的定义如下。

```
export function defaultEquals(a, b) {
  return a === b;
}
```

 defaultEquals 函数的默认参数值和模块导入功能由 ECMAScript 2015（ES6）提供，我们在第 2 章学习过。

由于该数据结构是动态的，我们还需要将第一个元素的引用保存下来。我们可以用一个叫作 head 的元素保存引用（行{3}）。

要表示链表中的第一个以及其他元素，我们需要一个助手类，叫作 Node（行{1}）。Node 类表示我们想要添加到链表中的项。它包含一个 element 属性，该属性表示要加入链表元素的值；以及一个 next 属性，该属性是指向链表中下一个元素的指针。Node 类的声明位于 models/linked-list-models.js 文件中（为了便于复用），它的代码如下所示。

```
export class Node {
  constructor(element) {
    this.element = element;
    this.next = undefined;
  }
}
```

然后就是 LinkedList 类的方法。在实现这些方法之前，我们先来看看它们的职责。

❑ push(element)：向链表尾部添加一个新元素。
❑ insert(element, position)：向链表的特定位置插入一个新元素。
❑ getElementAt(index)：返回链表中特定位置的元素。如果链表中不存在这样的元素，则返回 undefined。
❑ remove(element)：从链表中移除一个元素。
❑ indexOf(element)：返回元素在链表中的索引。如果链表中没有该元素则返回-1。

❑ removeAt(position)：从链表的特定位置移除一个元素。

❑ isEmpty()：如果链表中不包含任何元素，返回 true，如果链表长度大于 0 则返回 false。

❑ size()：返回链表包含的元素个数，与数组的 length 属性类似。

❑ toString()：返回表示整个链表的字符串。由于列表项使用了 Node 类，就需要重写继承自 JavaScript 对象默认的 toString 方法，让其只输出元素的值。

1. 向链表尾部添加元素

向 LinkedList 对象尾部添加一个元素时，可能有两种场景：链表为空，添加的是第一个元素；链表不为空，向其追加元素。

下面是我们实现的 push 方法。

```
push(element) {
  const node = new Node(element); // {1}
  let current; // {2}
  if (this.head == null) { // {3}
    this.head = node;
  } else {
    current = this.head; // {4}
    while (current.next != null) { // {5} 获得最后一项
      current = current.next;
    }
    // 将其 next 赋为新元素，建立链接
    current.next = node; // {6}
  }
  this.count++; // {7}
}
```

首先需要做的是把 element 作为值传入，创建 Node 项（行{1}）。

先来实现第一个场景：向空列表添加一个元素。当我们创建一个 LinkedList 对象时，head 会指向 undefined（或者是 null）。

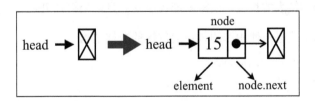

如果 head 元素为 undefined 或 null（列表为空——行{3}），就意味着在向链表添加第一个元素。因此要做的就是让 head 元素指向 node 元素。下一个 node 元素会自动成为 undefined。

 链表最后一个节点的下一个元素始终是 undefined 或 null。

好了，我们已经说完了第一种场景，再来看看第二种场景，也就是向一个不为空的链表尾部添加元素。

要向链表的尾部添加一个元素，首先需要找到最后一个元素。记住，我们只有第一个元素的引用（行{4}），因此需要循环访问列表，直到找到最后一项。为此，我们需要一个指向链表中 current 项的变量（行{2}）。

在循环访问链表的过程中，当 current.next 元素为 undefined 或 null 时，我们就知道已经到达链表尾部了（行{5}）。然后要做的就是让当前（也就是最后一个）元素的 next 指针指向想要添加到链表的节点（行{6}）。

 this.head == null（行{3}）和(this.head === undefined || head === null)等价，current.next != null（行{5}）和(current.next !== undefined && current.next !== null)等价。要了解更多有关 JavaScript 中==和===运算符的信息，请参考第 1 章。

下图展示了向非空链表的尾部添加一个元素的过程。

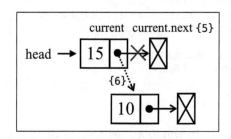

当一个 Node 实例被创建时，它的 next 指针总是 undefined。这没问题，因为我们知道它会是链表的最后一项。

当然，别忘了递增链表的长度，这样就能控制它并且轻松得到链表的长度（行{7}）。

我们可以通过以下代码来使用和测试目前创建的数据结构。

```
const list = new LinkedList();
list.push(15);
list.push(10);
```

2. 从链表中移除元素

现在，让我们看看如何从 LinkedList 对象中移除元素。我们要实现两种 remove 方法：第一种是从特定位置移除一个元素（removeAt），第二种是根据元素的值移除元素（稍后我们会展示第二种 remove 方法）。和 push 方法一样，对于从链表中移除元素也存在两种场景：第一种是移除第一个元素，第二种是移除第一个元素之外的其他元素。

removeAt 方法的代码如下所示。

```
removeAt(index) {
  // 检查越界值
  if (index >= 0 && index < this.count) { // {1}
    let current = this.head; // {2}

    // 移除第一项
    if (index === 0) { // {3}
      this.head = current.next;
    } else {
      let previous; // {4}
      for (let i = 0; i < index; i++) { // {5}
        previous = current; // {6}
        current = current.next; // {7}
      }
      // 将 previous 与 current 的下一项链接起来：跳过 current，从而移除它
      previous.next = current.next; // {8}
    }
    this.count--; // {9}
    return current.element;
  }
  return undefined; // {10}
}
```

一步一步来看这段代码。由于该方法要得到需要移除的元素的 index（位置），我们需要验证该 index 是有效的（行{1}）。从 0（包括 0）到链表的长度（count - 1，因为 index 是从零开始的）都是有效的位置。如果不是有效的位置，就返回 undefined（行{10}，即没有从列表中移除元素）。

一起来为第一种场景编写代码：我们要从链表中移除第一个元素（position === 0——行{3}）。下图展示了这个过程。

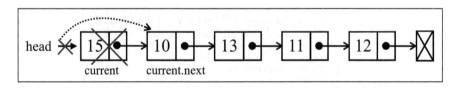

因此，如果想移除第一个元素，要做的就是让 head 指向列表的第二个元素。我们将用 current 变量创建一个对链表中第一个元素的引用（行{2}——我们还会用它来迭代链表，但稍等一下再说）。这样 current 变量就是对链表中第一个元素的引用。如果把 head 赋为 current.next，就会移除第一个元素。我们也可以直接把 head 赋为 head.next（不使用 current 变量作为替代）。

现在，假设我们要移除链表的最后一个或者中间某个元素。为此，需要迭代链表的节点，直到到达目标位置（行{5}）。一个重要细节是：current 变量总是为对所循环列表的当前元素的

引用(行{7})。我们还需要一个对当前元素的前一个元素的引用(行{6}),它被命名为 previous (行{4})。

在迭代到目标位置之后,current 变量会持有我们想从链表中移除的节点。因此,要从链表中移除当前元素,要做的就是将 previous.next 和 current.next 链接起来(行{8})。这样,当前节点就会被丢弃在计算机内存中,等着被垃圾回收器清除。

 要更好地理解 JavaScript 垃圾回收器如何工作,请阅读 https://developer.mozilla.org/zh-CN/docs/Web/JavaScript/Memory_Management。

我们试着借助一些图表来更好地理解这段代码。首先考虑移除最后一个元素。

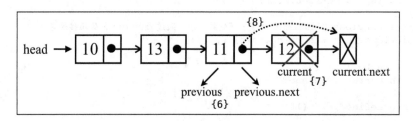

对于最后一个元素,当我们在行{8}跳出循环时,current 变量将是对链表中最后一个节点的引用(要移除的节点)。current.next 的值将是 undefined(因为它是最后一个节点)。由于还保留了对 previous 节点的引用(当前节点的前一个节点),previous.next 就指向了 current。那么要移除 current,要做的就是把 previous.next 的值改变为 current.next。

现在来看看,对于链表中间的元素是否可以应用相同的逻辑。

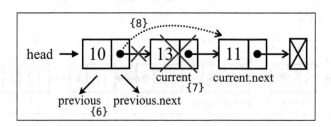

current 变量是对要移除节点的引用。previous 变量是对要移除节点的前一个节点的引用。那么要移除 current 节点,需要做的就是将 previous.next 与 current.next 链接起来。因此,我们的逻辑对这两种情况都适用。

3. 循环迭代链表直到目标位置

在 remove 方法中,我们需要迭代整个链表直到到达我们的目标索引 index(位置)。循环到目标 index 的代码片段在 LinkdedList 类的方法中很常见。因此,我们可以重构代码,将这部分逻辑独立为单独的方法，这样就可以在不同的地方复用它。那么，我们就来创建 getElementAt 方法吧。

```
getElementAt(index) {
  if (index >= 0 && index <= this.count) { // {1}
    let node = this.head; // {2}
    for (let i = 0; i < index && node != null; i++) { // {3}
      node = node.next;
    }
    return node; // {4}
  }
  return undefined; // {5}
}
```

为了确保我们能迭代链表直到找到一个合法的位置，需要对传入的 index 参数进行合法性验证（行{1}）。如果传入的位置是不合法的参数，我们返回 undefined，因为这个位置在链表中并不存在（行{5}）。然后，我们要初始化 node 变量，该变量会从链表的第一个元素 head（行{2}）开始，迭代整个链表。如果你想和 LinkdedList 类中的其他方法保持相同的模式，也可以将 node 变量重命名为 current。

然后，我们会迭代整个链表直到目标 index（行{3}）。结束循环时，node 元素（行{4}）将是 index 位置元素的引用。你也可以在 for 循环中使用 i = 1; i <= index 来获得相同的结果。

- **重构 remove 方法**

我们可以使用刚创建的 getElementAt 方法来重构 remove 方法。将行{4} ~ 行{8}替换为以下代码。

```
if (index === 0) {
  // 第一个位置的逻辑
} else {
  const previous = this.getElementAt(index - 1);
  current = previous.next;
  previous.next = current.next;
}
this.count--; // {9}
```

4. 在任意位置插入元素

接下来，我们要实现 insert 方法。使用该方法可以在任意位置插入一个元素。我们来看一看它的实现。

```
insert(element, index) {
  if (index >= 0 && index <= this.count) { // {1}
    const node = new Node(element);
    if (index === 0) { // 在第一个位置添加
      const current = this.head;
```

```
      node.next = current; // {2}
      this.head = node;
    } else {
      const previous = this.getElementAt(index - 1); // {3}
      const current = previous.next; // {4}
      node.next = current; // {5}
      previous.next = node; // {6}
    }
    this.count++; // 更新链表的长度
    return true;
  }
  return false; // {7}
}
```

由于我们处理的是位置（索引），就需要检查越界值（行{1}，跟 remove 方法类似）。如果越界了，就返回 false 值，表示没有添加元素到链表中（行{7}）。

如果位置合法，我们就要处理不同的场景。第一种场景是需要在链表的起点添加一个元素，也就是**第一个位置**，如下图所示。

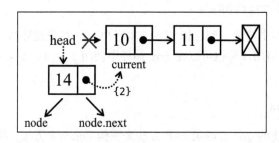

在上图中，current 变量是对链表中第一个元素的引用。我们需要做的是把 node.next 的值设为 current（链表中第一个元素，或简单地设为 head）。现在 head 和 node.next 都指向了 current。接下来要做的就是把 head 的引用改为 node（行{2}），这样链表中就有了一个新元素。

现在来处理第二种场景：在链表中间或尾部添加一个元素。首先，我们需要迭代链表，找到目标位置（行{3}）。这个时候，我们会循环至 index - 1 的位置，表示需要添加新节点位置的前一个位置。

当跳出循环时，previous 将是对想要插入新元素的位置之前一个元素的引用，current 变量（行{4}）将是我们想要插入新元素的位置之后一个元素的引用。在这种情况下，我们要在 previous 和 current 之间添加新元素。因此，首先需要把新元素（node）和当前元素链接起来（行{5}），然后需要改变 previous 和 current 之间的链接。我们还需要让 previous.next 指向 node（行{6}），取代 current。

我们通过一张图表来看看代码所做的事。

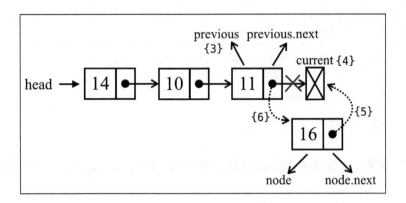

如果试图向最后一个位置添加一个新元素，`previous` 将是对链表最后一个元素的引用，而 `current` 将是 `undefined`。在这种情况下，`node.next` 将指向 `current`，而 `previous.next` 将指向 `node`，这样链表中就有了一个新元素。

现在来看看如何向链表中间添加一个新元素。

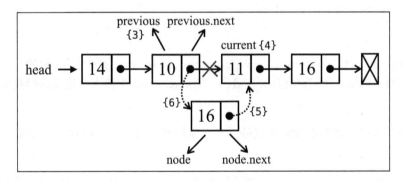

在这种情况下，我们试图将新元素（`node`）插入 `previous` 和 `current` 元素之间。首先，我们需要把 `node.next` 的值指向 `current`，然后把 `previous.next` 的值设为 `node`。这样列表中就有了一个新元素。

使用变量引用我们需要控制的节点非常重要，这样就不会丢失节点之间的链接。我们可以只使用一个变量（`previous`），但那样会很难控制节点之间的链接。因此，最好声明一个额外的变量来帮助我们处理这些引用。

5. `indexOf` 方法：返回一个元素的位置

`indexOf` 是我们下一个要实现的方法。`indexOf` 方法接收一个元素的值，如果在链表中找到了它，就返回元素的位置，否则返回 `-1`。

来看看它的实现。

```
indexOf(element) {
  let current = this.head; // {1}
  for (let i = 0; i < this.count && current != null; i++) { // {2}
    if (this.equalsFn(element, current.element)) { // {3}
      return i; // {4}
    }
    current = current.next; // {5}
  }
  return -1; // {6}
}
```

一如既往，需要一个变量来帮助我们循环访问列表。该变量是 current，它的初始值是 head（行{1}）。

然后迭代元素（行{2}），从 head（索引 0）开始，直到链表长度（count 变量）为止。为了确保不会发生运行时错误，我们可以验证一下 current 变量是否为 null 或 undefined。

在每次迭代时，我们将验证 current 节点的元素和目标元素是否相等（行{3}）。此时，我们会使用传入 LinkedList 类构造函数的用于判断相等的函数。equalFn 函数的默认值如下。

```
function defaultEquals(a, b) {
  return a === b;
}
```

所以这和在行{3}使用 element === current.element 的作用是一样的。但是，如果元素是一个复杂对象的话，我们也允许开发者向 LinkedClass 中传入自定义的函数来判断元素是否相等。

如果当前位置的元素就是我们要找的元素，就返回它的位置（行{4}）。如果不是，就迭代下一个链表节点（行{5}）。

如果链表为空，或者我们迭代到链表尾部的话，循环就不会执行了。如果我们没有找到目标，则返回-1（行{6}）。

6. 从链表中移除元素

创建完 indexOf 方法之后，我们可以来实现其他方法，比如 remove 方法。

```
remove(element) {
  const index = this.indexOf(element);
  return this.removeAt(index);
}
```

我们已经有了一个用来移除给定位置元素的方法（removeAt）。因为我们有了 indexOf 方法，如果传入元素的值，就可以找到它的位置，调用 removeAt 方法并传入该位置。这很简单，而且如果我们要修改 removeAt 方法的代码的话会更简单——它会同时修改两个方法（这就是复用代码的好处）。这样，我们不用维护两个用来移除链表元素的方法——只需要维护一个！另外，它们之间又通过 removeAt 方法相互联系。

7. isEmpty、size 和 getHead 方法

isEmpty 和 size 方法跟我们在上一章实现的一模一样，但我们还是来看一下。

```
size() {
  return this.count;
}
```

size 方法返回了链表的元素个数。和我们在前面章节实现的类不同，由于 LinkedList 是我们从头构建的类，链表的 count 变量是在内部控制的。

如果列表中没有元素，isEmpty 方法就返回 true，否则返回 false。代码如下所示。

```
isEmpty() {
  return this.size() === 0;
}
```

最后还有 getHead 方法。

```
getHead() {
  return this.head;
}
```

head 变量是 LinkedList 类的**私有**变量（我们知道，JavaScript 还不支持真正的私有属性，但是为了教学需要，我们把实例的属性看作私有的，假设使用我们的类的开发者只会使用类和方法）。如果我们要在类的实现外部迭代链表，就需要提供一种获取类的第一个元素的方法。

8. toString 方法

toString 方法会把 LinkedList 对象转换成一个字符串。下面是 toString 方法的实现。

```
toString() {
  if (this.head == null) { // {1}
    return '';
  }
  let objString = `${this.head.element}`; // {2}
  let current = this.head.next; // {3}
  for (let i = 1; i < this.size() && current != null; i++) { // {4}
    objString = `${objString},${current.element}`;
    current = current.next;
  }
  return objString; // {5}
}
```

首先，如果链表为空（head 为 null 或 undefined），我们就返回一个空字符串（行{1}）。我们也可以用 if (this.isEmpty()) 来进行判断。

如果链表不为空，我们就用链表第一个元素的值来初始化方法最后返回的字符串（objString）

（行{2}）。然后，我们迭代链表的所有其他元素（行{4}），将元素值添加到字符串上。如果链表只有一个元素，`current != null` 将不会执行验证，因为 `current` 变量的值为 `undefined`（或 `null`），算法不会向 `objString` 添加其他值。

最后，返回链表内容的字符串（行{5}）。

6.2 双向链表

链表有多种不同的类型，本节介绍**双向链表**。双向链表和普通链表的区别在于，在链表中，一个节点只有链向下一个节点的链接；而在双向链表中，链接是双向的：一个链向下一个元素，另一个链向前一个元素，如下图所示。

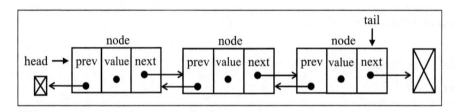

先从实现 `DoublyLinkedList` 类所需的变动开始。

```
class DoublyNode extends Node { // {1}
  constructor(element, next, prev) {
    super(element, next); // {2}
    this.prev = prev; // {3} 新增的
  }
}

class DoublyLinkedList extends LinkedList { // {4}
  constructor(equalsFn = defaultEquals) {
    super(equalsFn); // {5}
    this.tail = undefined; // {6} 新增的
  }
}
```

`DoublyLinkedList` 类是一种特殊的 `LinkedList` 类，我们要扩展 `LinkedList` 类（行{4}）。这表示 `DoublyLinkedList` 类将继承（可访问）`LinkedList` 类中所有的属性和方法。一开始，在 `DoublyLinkedList` 的构造函数中，我们要调用 `LinkedList` 的构造函数（行{5}），它会初始化 `equalsFn`、`count` 和 `head` 属性。另外，我们也会保存对链表最后一个元素的引用（`tail`——行{6}）。

双向链表提供了两种迭代的方法：从头到尾，或者从尾到头。我们也可以访问一个特定节点的下一个或前一个元素。为了实现这种行为，还需要追踪每个节点的前一个节点。所以除了 `Node` 类中的 `element` 和 `next` 属性，`DoubleLinkedList` 会使用一个特殊的节点，这个名为

DoublyNode 的节点有一个叫作 prev 的属性（行{3}）。DoublyNode 扩展了 Node 类，因此我们可以继承 element 和 next 属性（行{1}）。由于使用了继承，我们需要在 DoublyNode 类的构造函数中调用 Node 的构造函数（行{2}）。

在单向链表中，如果迭代时错过了要找的元素，就需要回到起点，重新开始迭代。这是双向链表的一个优势。

 可以在前面的代码中看到，LinkedList 类和 DoublyLinkedList 类的区别用**新增的**标出了。

6.2.1 在任意位置插入新元素

向双向链表中插入一个新元素跟（单向）链表非常类似。区别在于，链表只要控制一个 next 指针，而双向链表则要同时控制 next 和 prev（previous，前一个）这两个指针。在 DoublyLinkedList 类中，我们将重写 insert 方法，表示我们会使用一个和 LinkedList 类中的方法行为不同的方法。

下面是向任意位置插入一个新元素的算法。

```
insert(element, index) {
  if (index >= 0 && index <= this.count) {
    const node = new DoublyNode(element);
    let current = this.head;
    if (index === 0) {
      if (this.head == null) { // {1} 新增的
        this.head = node;
        this.tail = node;
      } else {
        node.next = this.head; // {2}
        current.prev = node; // {3} 新增的
        this.head = node; // {4}
      }
    } else if (index === this.count) { // 最后一项 // 新增的
      current = this.tail; // {5}
      current.next = node; // {6}
      node.prev = current; // {7}
      this.tail = node; // {8}
    } else {
      const previous = this.getElementAt(index - 1); // {9}
      current = previous.next; // {10}
      node.next = current; // {11}
      previous.next = node; // {12}
      current.prev = node; // {13} 新增的
      node.prev = previous; // {14} 新增的
    }
    this.count++;
    return true;
  }
  return false;
}
```

我们来分析第一种场景：在双向链表的第一个位置（起点）插入一个新元素。如果双向链表为空（行{1}），只需要把 head 和 tail 都指向这个新节点。如果不为空，current 变量将是对双向链表中第一个元素的引用。就像我们在链表中所做的，把 node.next 设为 current（行{2}），而 head 将指向 node（行{4}——它将成为双向链表中的第一个元素）。不同之处在于，我们还需要为指向上一个元素的指针设一个值。current.prev 指针将由指向 undefined 变为指向新元素（node——行{3}）。node.prev 指针已经是 undefined，因此无须更新。

下图演示了这个过程。

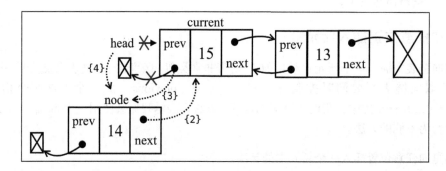

现在来分析另一种场景：假设我们要在双向链表最后添加一个新元素。这是一种特殊情况，因为我们还控制着指向最后一个元素的指针。current 变量将引用最后一个元素（行{5}），然后开始建立链接，current.next 指针（指向 undefined）将指向 node（行{6}——基于构造函数的缘故，node.next 已经指向了 undefined）。node.prev 将引用 current（行{7}）。最后只剩一件事了，就是更新 tail，它将由指向 current 变为指向 node（行{8}）。

下图展示了这些行为。

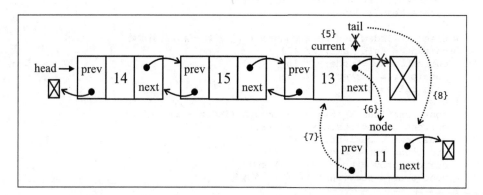

然后还有第三种场景：在双向链表中间插入一个新元素。就像我们在之前的方法中所做的，迭代双向链表，直到要找的位置（行{9}）。getElementAt 方法是从 LinkedList 类中继承的，不需要重写一遍。我们将在 current（行{10}）和 previous 元素之间插入新元素。首先，

node.next 将指向 current（行{11}），而 previous.next 将指向 node（行{12}），这样就不会丢失节点之间的链接。然后需要处理所有的链接：current.prev 将指向 node（行{13}），而 node.prev 将指向 previous（行{14}）。下图展示了这一过程。

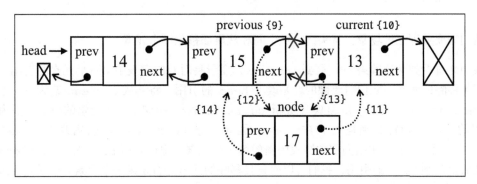

我们可以对 insert 和 remove 这两个方法的实现做一些改进。在结果为否的情况下，可以把元素插入双向链表的尾部。性能也可以有所改进，比如，如果 position 大于 length/2，就最好从尾部开始迭代，而不是从头开始（这样就能迭代双向链表中更少的元素）。

6.2.2 从任意位置移除元素

从双向链表中移除元素跟链表非常类似。唯一的区别就是，还需要设置前一个位置的指针。我们来看一下它的实现。

```
removeAt(index) {
  if (index >= 0 && index < this.count) {
    let current = this.head;
    if (index === 0) {
      this.head = current.next; // {1}
      // 如果只有一项，更新 tail // 新增的
      if (this.count === 1) { // {2}
        this.tail = undefined;
      } else {
        this.head.prev = undefined; // {3}
      }
    } else if (index === this.count - 1) { // 最后一项 //新增的
      current = this.tail; // {4}
      this.tail = current.prev; // {5}
      this.tail.next = undefined; // {6}
    } else {
      current = this.getElementAt(index); // {7}
      const previous = current.prev; // {8}
      // 将 previous 与 current 的下一项链接起来——跳过 current
      previous.next = current.next; // {9}
      current.next.prev = previous; // {10} 新增的
```

```
    }
    this.count--;
    return current.element;
  }
  return undefined;
}
```

我们需要处理三种场景：从头部、从中间和从尾部移除一个元素。

我们来看看如何移除第一个元素。current 变量是对双向链表中第一个元素的引用，也就是我们想移除的元素。我们需要做的就是改变 head 的引用，将其从 current 改为下一个元素（current.next——行{1}），还需要更新 current.next 指向上一个元素的指针（因为第一个元素的 prev 指针必须是 undefined）。因此，把 head.prev 的引用改为 undefined（行{3}——因为 head 也指向双向链表中新的第一个元素，也可以用 current.next.prev）。由于还需要控制 tail 的引用，我们可以检查要移除的元素是否是第一个元素，如果是，只需要把 tail 也设为 undefined（行{2}）。

下图展示了从双向链表移除第一个元素的过程。

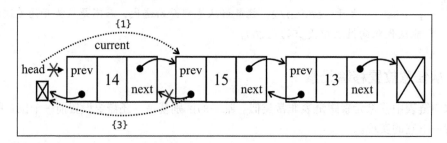

下一种场景是从最后一个位置移除元素。既然已经有了对最后一个元素的引用（tail），我们就不需要为找到它而迭代双向链表。这样也就可以把 tail 的引用赋给 current 变量（行{4}）。接下来，需要把 tail 的引用更新为双向链表中倒数第二个元素（行{5}——current.prev，或者 tail.prev）。既然 tail 指向了倒数第二个元素，我们就只需要把 next 指针更新为 undefined（行{6}——tail.next= null）。下图演示了这一行为。

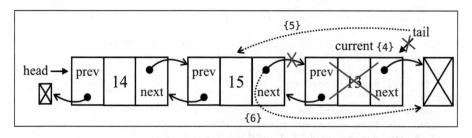

第三种也是最后一种场景：从双向链表中间移除一个元素。首先需要迭代双向链表，直到要

找的位置（行{7}）。current 变量所引用的就是要移除的元素（行{7}）。要移除它，我们可以通过更新 previous.next 和 current.next.prev 的引用，在双向链表中跳过它。因此，previous.next 将指向 current.next（行{9}），而 current.next.prev 将指向 previous（行{10}），如下图所示。

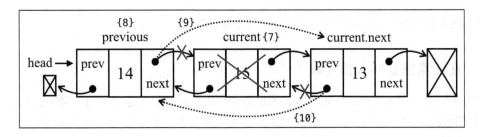

 要了解双向链表其他方法的实现，请参阅本书的配套源代码。源代码的下载链接见本书的前言，也可以通过 http://github.com/loiane/javascript-datastructures-algorithms 访问。

6.3 循环链表

循环链表可以像链表一样只有单向引用，也可以像双向链表一样有双向引用。循环链表和链表之间唯一的区别在于，最后一个元素指向下一个元素的指针（tail.next）不是引用 undefined，而是指向第一个元素（head），如下图所示。

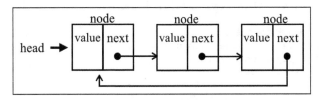

双向循环链表有指向 head 元素的 tail.next 和指向 tail 元素的 head.prev。

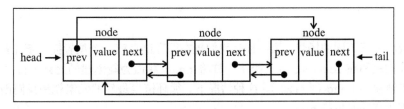

我们来看创建 CircularLinkedList 类的代码。

```
class CircularLinkedList extends LinkedList {
  constructor(equalsFn = defaultEquals) {
```

```
    super(equalsFn);
  }
}
```

CircularLinkedList 类不需要任何额外的属性，所以直接扩展 LinkedList 类并覆盖需要改写的方法即可。

我们将在后面重写 insert 和 removeAt 方法的实现。

6.3.1　在任意位置插入新元素

向循环链表中插入元素的逻辑和向普通链表中插入元素的逻辑是一样的。不同之处在于我们需要将循环链表尾部节点的 next 引用指向头部节点。下面是 CircularLinkedList 类的 insert 方法。

```
insert(element, index) {
  if (index >= 0 && index <= this.count) {
    const node = new Node(element);
    let current = this.head;
    if (index === 0) {
      if (this.head == null) {
        this.head = node; // {1}
        node.next = this.head; // {2} 新增的
      } else {
        node.next = current; // {3}
        current = this.getElementAt(this.size()); // {4}
        // 更新最后一个元素
        this.head = node; // {5}
        current.next = this.head; // {6} 新增的
      }
    } else { // 这种场景没有变化
      const previous = this.getElementAt(index - 1);
      node.next = previous.next;
      previous.next = node;
    }
    this.count++;
    return true;
  }
  return false;
}
```

我们来分析一下不同的场景。第一种是我们想在循环链表第一个位置插入新元素。如果循环链表为空，我们就和在 LinkedList 类中一样将 head 赋值为新创建的元素（行{1}），并且将最后一个节点链接到 head（行{2}）。这种情况下，循环链表最后的元素就是我们创建的指向自己的节点，因为它同时也是 head。

下图展示了第一种情况。

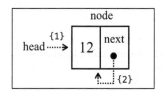

第二种情况是在一个非空循环链表的第一个位置插入元素，因此我们要做的第一件事是将 `node.next` 指向现在的 `head` 引用的节点（`current` 变量行{3}）。这是我们在 `LinkedList` 类中使用过的逻辑。但是，在 `CircularLinkedList` 中，我们还需要保证最后一个节点指向了这个新的头部元素，所以需要取得最后一个元素的引用。我们可以使用 `getElementAt` 方法，传入循环链表长度作为参数（行{4}）。我们将头部元素更新为新元素（行{5}），再将最后一个节点（`current`）指向新的头部节点（行{6}）。

下图展示了第二种情况。

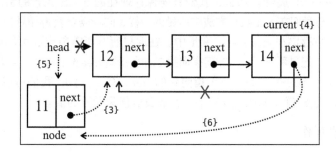

如果我们想在循环链表中间插入新元素，代码就和在 `LinkedList` 类中的一样了，因为我们对循环链表的第一个和最后一个节点没有做任何修改。

6.3.2　从任意位置移除元素

要从循环链表中移除元素，我们只需要考虑第二种情况，也就是修改循环链表的 `head` 元素。`removeAt` 方法的代码如下。

```
removeAt(index) {
  if (index >= 0 && index < this.count) {
    let current = this.head;
    if (index === 0) {
      if (this.size() === 1) {
        this.head = undefined;
      } else {
        const removed = this.head; // {1}
        current = this.getElementAt(this.size()); // {2} 新增的
        this.head = this.head.next; // {3}
        current.next = this.head; // {4}
        current = removed; // {5}
```

```
      }
    } else {
      // 不需要修改循环链表最后一个元素
      const previous = this.getElementAt(index - 1);
      current = previous.next;
      previous.next = current.next;
    }
    this.count--;
    return current.element; // {6}
  }
  return undefined;
}
```

第一个场景是从只有一个元素的循环链表中移除一个元素。这种情况下，我们只需要将 head 赋值为 undefined，和 LinkedList 类中的实现一样。

第二种情况是从一个非空循环链表中移除第一个元素。由于 head 的指向会改变，我们需要修改最后一个节点的 next 属性。那么，我们首先保存现在的 head 元素的引用，它将从循环链表中移除（行{1}）。与我们在 insert 方法中所做的一样，同样需要获得循环链表最后一个元素的引用（行{2}），它会被存储在 current 变量中。在取得所有所需节点的引用后，我们可以开始构建新的节点指向了。先更新 head，将其指向第二个元素（head.next——行{3}），然后我们将最后一个 element（current.next）指向新的 head（行{4}）。我们可以更新 current 变量的引用（行{5}），这样就能返回它（行{6}）来表示移除元素的值。

下图展示了这些操作。

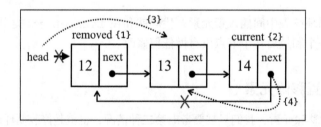

6.4　有序链表

有序链表是指保持元素有序的链表结构。除了使用排序算法之外，我们还可以将元素插入到正确的位置来保证链表的有序性。

先来声明 SortedLinkedList 类。

```
const Compare = {
  LESS_THAN: -1,
  BIGGER_THAN: 1
};
```

```
function defaultCompare(a, b) {
  if (a === b) { // {1}
    return 0;
  }
  return a < b ? Compare.LESS_THAN : Compare.BIGGER_THAN; // {2}
}

class SortedLinkedList extends LinkedList {
  constructor(equalsFn = defaultEquals, compareFn = defaultCompare) {
    super(equalsFn);
    this.compareFn = compareFn; // {3}
  }
}
```

　　SortedLinkedList 类会从 LinkedList 类中继承所有的属性和方法，但是由于这个类有特别的行为，我们需要一个用来比较元素的函数。因此，还需要声明 compareFn（行{3}），用来比较元素。该函数会默认使用 defaultCompare。如果元素有相同的引用，它就返回 0（行{1}）。如果第一个元素小于第二个元素，它就返回-1，反之则返回 1。为了保证代码优雅，我们可以声明一个 Compare 常量来表示每个值。如果用于比较的元素更复杂一些，我们可以创建自定义的比较函数并将它传入 SortedLinkedList 类的构造函数中。

有序插入元素

　　我们会用下面的代码来覆盖 insert 方法。

```
insert(element, index = 0) { // {1}
  if (this.isEmpty()) {
    return super.insert(element, 0); // {2}
  }
  const pos = this.getIndexNextSortedElement(element); // {3}
  return super.insert(element, pos); // {4}
}

getIndexNextSortedElement(element) {
  let current = this.head;
  let i = 0;
  for (; i < this.size() && current; i++) {
    const comp = this.compareFn(element, current.element); // {5}
    if (comp === Compare.LESS_THAN) { // {6}
      return i;
    }
    current = current.next;
  }
  return i; // {7}
}
```

　　由于我们不想允许在任何位置插入元素，我们要给 index 参数设置一个默认值（行{1}），以便直接调用 list.insert(myElement)而无须传入 index 参数。如果 index 参数传给了方法，它的值会被忽略，因为插入元素的位置是内部控制的。我们这么做的原因是不想重写整个 LinkedList 类的方法，我们只需要覆盖 insert 方法的行为。如果你愿意，也可以从头创建 SortedLinkedList 类，把 LinkedList 类中的代码复制过来。但是这样会使代码维护变得困难，因为后面要修改代码的话，就需要修改两处而非一处。

如果有序链表为空，我们可以直接调用 LinkedList 的 insert 方法并传入 0 作为 index（行 {2}）。如果有序链表不为空，我们会知道插入元素的正确位置（行 {3}）并调用 LinkedList 的 insert 方法，传入该位置来保证链表有序（行 {4}）。

要获得插入元素的正确位置，我们需要创建一个叫作 getIndexNextSortedElement 的方法。在该方法里，我们需要迭代整个有序链表直至找到需要插入元素的位置，或是迭代完所有的元素。在后者的场景中，返回的 index（行 {7}）将是有序链表的长度（元素将被插入在链表的末尾）。我们将使用 compareFn（行 {5}）来比较传入的元素。当我们要插入有序链表的元素小于 current 的元素时，我们就找到了插入元素的位置（行 {6}）。

就是这样了！我们可以在内部复用 LinkedList 的 insert 方法。其他方法例如 remove 和 indexOf 都和 LinkedList 是一样的。

6.5　创建 StackLinkedList 类

我们还可以使用 LinkedList 类及其变种作为内部的数据结构来创建其他数据结构，例如栈、队列和双向队列。在本节中，我们将学习怎样创建栈数据结构（参考第 4 章）。

StackLinkedList 类结构和 push 与 pop 方法声明如下。

```
class StackLinkedList {
  constructor() {
    this.items = new DoublyLinkedList(); // {1}
  }
  push(element) {
    this.items.push(element); // {2}
  }
  pop() {
    if (this.isEmpty()) {
      return undefined;
    }
    return this.items.removeAt(this.size() - 1); // {3}
  }
}
```

对于 StackLinkedList 类，我们将使用 DoublyLinkedList 来存储数据（行 {1}），而非使用数组或 JavaScript 对象。之所以使用双向链表而不是链表，是因为对栈来说，我们会向链表尾部添加元素（行 {2}），也会从链表尾部移除元素（行 {3}）。DoublyLinkedList 类有列表最后一个元素（tail）的引用，无须迭代整个链表的元素就能获取它。双向链表可以直接获取头尾的元素，减少过程消耗，它的时间复杂度和原始的 Stack 实现相同，为 $O(1)$。

我们也可以对 LinkedList 类进行优化，保存一个指向尾部元素的引用，并使用这个优化版本来代替 DoublyLinkedList。

我们可以观察下面的 Stack 方法的代码。

```
peek() {
  if (this.isEmpty()) {
    return undefined;
  }
  return this.items.getElementAt(this.size() - 1).element;
}
isEmpty() {
  return this.items.isEmpty();
}
size() {
  return this.items.size();
}
clear() {
  this.items.clear();
}
toString() {
  return this.items.toString();
}
```

我们实际在为每个其他方法调用 DoublyLinkedList 类的方法。在栈的实现内部使用链表数据结构会更加简单，因为不需要重新创建这些代码，也使代码的可读性更好。

我们可以用相同的逻辑用 DoublyLinkedList 来创建 Queue 和 Deque 类，甚至使用 LinkedList 类也是可以的！

6.6　小结

本章介绍了链表这种数据结构，以及其变体：双向链表、循环链表和有序链表。你学习了如何在任意位置添加和移除元素，以及如何循环访问链表。你还学习了链表相比数组最重要的优点，那就是无须移动链表中的元素，就能轻松地添加和移除元素。因此，当你需要添加和移除很多元素时，最好的选择就是链表，而非数组。

你还了解了如何使用内部链表存储元素来创建一个栈，而不是使用数组或对象；以及复用其他数据结构中可用的操作有什么好处，而不是重写所有的逻辑代码。

在下一章中，你将学习集合。这是一种存储唯一元素的数据结构。

第 7 章

集　合

数组（列表）、栈、队列和链表这些顺序数据结构对你来说应该不陌生了。在本章，我们要学习集合，这是一种不允许值重复的顺序数据结构。我们将要学到如何创建集合这种数据结构，如何添加和移除值，如何搜索值是否存在。你也会学到如何进行并集、交集、差集等数学运算，还会学到如何使用 ECMAScript 2015（ES2015）原生的 Set 类。

本章内容包括：

❑ 从头创建一个 Set 类
❑ 用 Set 来进行数学运算
❑ ECMAScript 2015 原生 Set 类

7.1　构建数据集合

集合是由一组无序且唯一（即不能重复）的项组成的。该数据结构使用了与有限集合相同的数学概念，但应用在计算机科学的数据结构中。

在深入学习集合的计算机科学实现之前，我们先看看它的数学概念。在数学中，集合是一组不同对象的集。

比如说，一个由大于或等于 0 的整数组成的自然数集合：$\mathbf{N} = \{0, 1, 2, 3, 4, 5, 6, \cdots\}$。集合中的对象列表用花括号（{}）包围。

还有一个概念叫空集。**空集**就是不包含任何元素的集合。比如 24 和 29 之间的素数集合，由于 24 和 29 之间没有素数（除了 1 和自身，没有其他正因数的、大于 1 的自然数），这个集合就是空集。空集用{ }表示。

你也可以把集合想象成一个既没有重复元素，也没有顺序概念的数组。

在数学中，集合也有并集、交集、差集等基本运算。本章也会介绍这些运算。

7.2　创建集合类

ECMAScript 2015 介绍了 Set 类是 JavaScript API 的一部分，你会在本章稍后学习到怎样使用它。我们将基于 ES2015 的 Set 类来实现我们自己的 Set 类。我们也会实现一些原生 ES2015 没有提供的集合运算，例如并集、交集和差集。

用下面的 Set 类以及它的构造函数声明作为开始。

```
class Set {
  constructor() {
    this.items = {};
  }
}
```

有一个非常重要的细节是，我们使用对象而不是数组来表示集合（items）。不过，也可以用数组实现。此处用对象来实现，和我们在第 4 章与第 5 章中学习到的对象实现方式很相似。同样地，JavaScript 的对象不允许一个键指向两个不同的属性，也保证了集合里的元素都是唯一的。

接下来，需要声明一些集合可用的方法（我们会尝试模拟与 ECMAScript 2015 实现相同的 Set 类）。

- ❑ add(element)：向集合添加一个新元素。
- ❑ delete(element)：从集合移除一个元素。
- ❑ has(element)：如果元素在集合中，返回 true，否则返回 false。
- ❑ clear()：移除集合中的所有元素。
- ❑ size()：返回集合所包含元素的数量。它与数组的 length 属性类似。
- ❑ values()：返回一个包含集合中所有值（元素）的数组。

7.2.1　has(element)方法

首先要实现的是 has(element)方法，因为它会被 add、delete 等其他方法调用。它用来检验某个元素是否存在于集合中，下面看看它的实现。

```
has(element){
  return element in this.items;
};
```

既然我们使用对象来存储集合的元素，就可以用 JavaScript 的 in 运算符来验证给定元素是否是 items 对象的属性。

然而这个方法还有更好的实现方式，如下所示。

```
has(element) {
  return Object.prototype.hasOwnProperty.call(this.items, element);
}
```

Object 原型有 hasOwnProperty 方法。该方法返回一个表明对象是否具有特定属性的布尔值。in 运算符则返回表示对象在原型链上是否有特定属性的布尔值。

我们也可以在代码中使用 this.items.hasOwnProperty(element)。但是，如果这样的话，代码检查工具如 **ESLint** 会抛出一个错误。错误的原因为不是所有的对象都继承了 Object.prototype，甚至继承了 Object.prototype 的对象上的 hasOwnProperty 方法也有可能被覆盖，导致代码不能正常工作。要避免出现任何问题，使用 Object.prototype.hasOwnProperty.call 是更安全的做法。

7.2.2   add 方法

接下来要实现 add 方法。

```
add(element) {
  if (!this.has(element)) {
    this.items[element] = element; // {1}
    return true;
  }
  return false;
}
```

对于给定的 element，可以检查它是否存在于集合中。如果不存在，就把 element 添加到集合中（行{1}），返回 true，表示添加了该元素。如果集合中已经有了这个元素，就返回 false，表示没有添加它。

添加一个 element 的时候，把它同时作为键和值保存，因为这样有利于查找该元素。

7.2.3   delete 和 clear 方法

下面要实现 delete 方法。

```
delete(element) {
  if (this.has(element)) {
    delete this.items[element]; // {1}
    return true;
  }
  return false;
}
```

在 delete 方法中，我们会验证给定的 element 是否存在于集合中。如果存在，就从集合中移除 element（行{1}），返回 true，表示元素被移除；否则返回 false。

既然我们用对象来存储集合的 items 对象，就可以简单地使用 delete 运算符从 items 对象中移除属性（行{1}）。

使用 Set 类的示例代码如下。

```
const set = new Set();
set.add(1);
set.add(2);
```

出于好奇，如果在执行以上代码之后，在控制台（console.log）输出 this.items 变量，谷歌 Chrome 就会输出如下内容。

Object {1: 1, 2: 2}

 可以看到，这是一个有两个属性的对象。属性名就是添加到集合的值，同时它也是属性值。

如果想移除集合中的所有值，可以用 clear 方法。

```
clear() {
  this.items = {}; // {2}
}
```

要重置 items 对象，需要做的只是把一个空对象重新赋值给它（行{2}）。我们也可以迭代集合，用 delete 方法依次移除所有的值，不过既然有更简单的方法，这样做就太麻烦了。

7.2.4　size 方法

下一个要实现的是 size 方法（返回集合中有多少元素）。该方法有三种实现方式。

第一种方式是使用一个 length 变量，每当使用 add 或 delete 方法时就控制它，就像在之前的章节中使用 LinkedList、Stack 和 Queue 类一样。

第二种方式是使用 JavaScript 中 Object 类的一个内置方法（ECMAScript 2015 以上版本）。

```
size() {
  return Object.keys(this.items).length; // {1}
};
```

JavaScript 的 Object 类有一个 keys 方法，它返回一个包含给定对象所有属性的数组。在这种情况下，可以使用这个数组的 length 属性（行{1}）来返回 items 对象的属性个数。以上代码只能在现代浏览器（比如 IE9 以上版本、Firefox 4 以上版本、Chrome 5 以上版本、Opera 12 以上版本、Safari 5 以上版本等）中运行。

第三种方式是手动提取 items 对象的每一个属性，记录属性的个数并返回这个数。该方法可以在任何浏览器上运行，和之前的代码是等价的。

```
sizeLegacy() {
  let count = 0;
  for(let key in this.items) { // {2}
    if(this.items.hasOwnProperty(key)) { // {3}
        count++;   // {4}
  }
  return count;
};
```

迭代 items 对象的所有属性（行{2}），检查它们是否是对象自身的属性（避免重复计数——行{3}）。如果是，就递增 count 变量的值（行{4}），最后在方法结束时返回这个数。

我们不能简单地使用 for-in 语句迭代 items 对象的属性，并递增 count 变量的值，还需要使用 has 方法（以验证 items 对象具有该属性），因为对象的原型包含了额外的属性（属性既有继承自 JavaScript 的 Object 类的，也有属于对象自身、未用于数据结构的）。

7.2.5　values 方法

要实现 values 方法，我们同样可以使用 Object 类内置的 values 方法。

```
values() {
  return Object.values(this.items);
}
```

Object.values() 方法返回了一个包含给定对象所有属性值的数组。它是在 **ECMAScript 2017** 中被添加进来的，目前只在现代浏览器中可用。

如果想让代码在任何浏览器中都能执行，可以用与之前代码等价的下面这段代码。

```
valuesLegacy() {
  let values = [];
  for(let key in this.items) { // {1}
    if(this.items.hasOwnProperty(key)) {
      values.push(key); // {2}
    }
  }
  return values;
};
```

首先迭代 items 对象的所有属性（行{1}），把它们添加到一个数组中（行{2}），并返回这个数组。该方法类似于我们开发的 sizeLegacy 方法，但这里不是计算属性个数，而是在一个数组里做加法。

7.2.6　使用 Set 类

现在数据结构已经完成了，看看如何使用它吧。试着执行一些命令，测试我们的 Set 类。

```
const set = new Set();

set.add(1);
console.log(set.values()); // 输出[1]
console.log(set.has(1)); // 输出 true
console.log(set.size()); // 输出 1

set.add(2);
console.log(set.values()); // 输出[1, 2]
console.log(set.has(2)); // 输出 true
console.log(set.size()); // 输出 2

set.delete(1);
console.log(set.values()); // 输出[2]

set.delete(2);
console.log(set.values()); // 输出[]
```

现在我们有了一个和 ECMAScript 2015 中非常类似的 Set 类实现。

7.3 集合运算

集合是数学中基础的概念，在计算机领域也非常重要。它在计算机科学中的主要应用之一是**数据库**，而数据库是大多数应用程序的根基。集合被用于查询的设计和处理。当我们创建一条从关系型数据库（Oracle、Microsoft SQL Server、MySQL 等）中获取一个数据集合的查询语句时，使用的就是集合运算，并且数据库也会返回一个数据集合。当我们创建一条 SQL 查询命令时，可以指定是从表中获取全部数据还是获取其中的子集；也可以获取两张表共有的数据、只存在于一张表中的数据（不存在于另一张表中），或是存在于两张表内的数据（通过其他运算）。这些 SQL 领域的运算叫作联接，而 **SQL 联接**的基础就是集合运算。

 想学习更多有关 SQL 联接运算的知识，请阅读 http://www.sql-join.com/sql-join-types。

我们可以对集合进行如下运算。

❑ **并集**：对于给定的两个集合，返回一个包含两个集合中所有元素的新集合。
❑ **交集**：对于给定的两个集合，返回一个包含两个集合中共有元素的新集合。
❑ **差集**：对于给定的两个集合，返回一个包含所有存在于第一个集合且不存在于第二个集合的元素的新集合。
❑ **子集**：验证一个给定集合是否是另一集合的子集。

7.3.1 并集

本节介绍并集的数学概念。集合 A 和集合 B 的并集表示如下。

$$A \cup B$$

该集合定义如下。

$$A \cup B = \{x \mid x \in A \lor x \in B\}$$

意思是 x（元素）存在于 A 中，或 x 存在于 B 中。下图展示了并集运算。

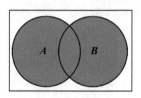

现在来实现 Set 类的 union 方法。

```
union(otherSet) {
  const unionSet = new Set(); // {1}
  this.values().forEach(value => unionSet.add(value)); // {2}
  otherSet.values().forEach(value => unionSet.add(value)); // {3}
  return unionSet;
}
```

首先需要创建一个新的集合，代表两个集合的并集（行{1}）。接下来，获取第一个集合（当前的 Set 类实例）所有的值（values），迭代并全部添加到代表并集的集合中（行{2}）。然后对第二个集合做同样的事（行{3}）。最后返回结果。

既然我们创建的 values 方法返回一个数组，可以使用 Array 类的 forEach 方法来迭代数组的所有元素。需要提醒的是 forEach 方法是 ECMAScript 2015 中引入的。forEach 方法接收一个表示数组每个元素值的参数（value），同时有一个执行可编辑逻辑的回调函数。在之前的代码中，我们也使用了**箭头函数**（=>）来代替显式声明 function(value) { unionSet.add(value) }。使用我们在第 2 章学到的 ES2015 的功能会使代码看起来更现代、更简明。

也可以把 union 方法写成下面这样，不使用 forEach 方法和箭头函数，但是只要可以，我们就应该试着使用 ES2015 以上版本的功能。

```
union(otherSet) {
  const unionSet = new Set(); // {1}

  let values = this.values(); // {2}
  for (let i = 0; i < values.length; i++){
      unionSet.add(values[i]);
  }

  values = otherSet.values(); // {3}
```

```
    for (let i = 0; i < values.length; i++){
        unionSet.add(values[i]);
    }

    return unionSet;
};
```

测试一下上面的代码。

```
const setA = new Set();
setA.add(1);
setA.add(2);
setA.add(3);

const setB = new Set();
setB.add(3);
setB.add(4);
setB.add(5);
setB.add(6);

const unionAB = setA.union(setB);
console.log(unionAB.values());
```

输出为[1, 2, 3, 4, 5, 6]。注意元素 3 同时存在于 setA 和 setB 中，它在结果集合中只出现一次。

7

 重要的是要注意，本章实现的 union、intersection 和 difference 方法不会修改当前的 Set 类实例或是作为参数传入的 otherSet。没有副作用的方法和函数被称为**纯函数**。纯函数不会修改当前的实例或参数，只会生成一个新的结果。这在**函数式编程**中是非常重要的概念，本书后面的内容中会介绍。

7.3.2 交集

本节介绍交集的数学概念。集合 A 和集合 B 的交集表示如下。

$$A \cap B$$

该集合定义如下。

$$A \cap B = \{x \mid x \in A \land x \in B\}$$

意思是 x（元素）存在于 A 中，且 x 存在于 B 中。下图展示了交集运算。

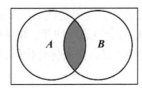

现在来实现 Set 类的 intersection 方法。

```
intersection(otherSet) {
  const intersectionSet = new Set(); // {1}

  const values = this.values();
  for (let i = 0; i < values.length; i++) { // {2}
    if (otherSet.has(values[i])) { // {3}
      intersectionSet.add(values[i]); // {4}
    }
  }
  return intersectionSet;
}
```

intersection 方法需要找到当前 Set 实例中所有也存在于给定 Set 实例（otherSet）中的元素。首先创建一个新的 Set 实例（行{1}），这样就能用它返回共有的元素。接下来，迭代当前 Set 实例所有的值（行{2}），验证它们是否也存在于 otherSet 实例之中（行{3}）。可以用本章前面实现的 has 方法来验证元素是否存在于 Set 实例中。然后，如果这个值也存在于另一个 Set 实例中，就将其添加到创建的 intersectionSet 变量中（行{4}），最后返回它。

我们做些测试。

```
const setA = new Set();
setA.add(1);
setA.add(2);
setA.add(3);

const setB = new Set();
setB.add(2);
setB.add(3);
setB.add(4);

const intersectionAB = setA.intersection(setB);
console.log(intersectionAB.values());
```

输出为[2，3]，因为 2 和 3 同时存在于两个集合中。

改进交集方法

假设我们有下面两个集合：

❑ setA 的值为[1，2，3，4，5，6，7]
❑ setB 的值为[4，6]

使用我们创建的 intersection 方法，需要迭代七次 setA 的值，也就是 setA 中元素的个数，然后还要将这七个值和 setB 中的两个值进行比较。如果我们只需要迭代两次 setB 就好了，更少的迭代次数意味着更少的过程消耗。那么就来优化代码，使得迭代元素的次数更少吧，如下所示。

```
intersection(otherSet) {
  const intersectionSet = new Set(); // {1}
  const values = this.values(); // {2}
  const otherValues = otherSet.values(); // {3}
  let biggerSet = values; // {4}
  let smallerSet = otherValues; // {5}
  if (otherValues.length - values.length > 0) { // {6}
    biggerSet = otherValues;
    smallerSet = values;
  }
  smallerSet.forEach(value => { // {7}
    if (biggerSet.includes(value)) {
      intersectionSet.add(value);
    }
  });
  return intersectionSet;
}
```

首先创建一个新的集合来存放 intersection 方法的返回结果（行{1}）。同样要获取当前集合实例中的值（行{2}）和作为参数传入 intersection 方法的值（行{3}）。然后，假设当前的集合元素较多（行{4}），另一个集合元素较少（行{5}）。比较两个集合的元素个数（行{6}），如果另一个集合元素个数多于当前集合的话，我们就交换 biggerSet 和 smallerSet 的值。最后，迭代较小集合（行{7}）来计算出两个集合的共有元素并返回。

7.3.3　差集

本节介绍差集的数学概念。集合 A 和集合 B 的差集表示为 $A-B$，定义如下。

$$A-B = \{x \mid x \in A \land x \notin B\}$$

意思是 x（元素）存在于 A 中，且 x 不存在于 B 中。下图展示了集合 A 和集合 B 的差集运算。

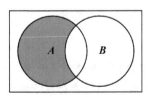

现在来实现 Set 类的 difference 方法。

```
difference(otherSet) {
  const differenceSet = new Set(); // {1}
  this.values().forEach(value => { // {2}
    if (!otherSet.has(value)) { // {3}
      differenceSet.add(value); // {4}
    }
  });
  return differenceSet;
}
```

intersection 方法会得到所有同时存在于两个集合中的元素。而 difference 方法会得到所有存在于集合 A 但不存在于集合 B 的元素。首先要创建结果集合（行{1}），因为我们不想修改原来的集合。然后，要迭代集合中的所有值（行{2}）。我们会检查当前值（元素）是否存在于给定集合中（行{3}），如果不存在于 otherSet 中，则将此值加入结果集合中。

（用跟 intersection 部分相同的集合）做些测试。

```
const setA = new Set();
setA.add(1);
setA.add(2);
setA.add(3);

const setB = new Set();
setB.add(2);
setB.add(3);
setB.add(4);

const differenceAB = setA.difference(setB);
console.log(differenceAB.values());
```

输出为[1]，因为 1 是唯一一个仅存在于 setA 的元素。如果我们执行 setB.difference(setA)，会得到[4]作为输出结果，因为 4 是只存在于 setB 中的元素。

我们不能像优化 intersection 方法一样优化 difference 方法，因为 setA 与 setB 之间的差集可能和 setB 与 setA 之间的差集不同。

7.3.4　子集

要介绍的最后一个集合运算是子集。其数学概念的一个例子是集合 A 是集合 B 的子集（或集合 B 包含集合 A），表示如下。

$$A \subseteq B$$

该集合定义如下。

$$\{x \mid \forall x \in A \Rightarrow x \in B\}$$

意思是集合 A 中的每一个 x（元素），也**需要存在于**集合 B 中。下图展示了集合 A 是集合 B 的子集。

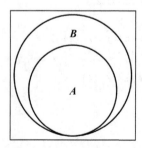

现在来实现 `Set` 类的 `isSubsetOf` 方法。

```
isSubsetOf(otherSet) {
  if (this.size() > otherSet.size()) { // {1}
    return false;
  }
  let isSubset = true; // {2}
  this.values().every(value => { // {3}
    if (!otherSet.has(value)) { // {4}
      isSubset = false; // {5}
      return false;
    }
    return true; // {6}
  });
  return isSubset; // {7}
}
```

首先需要验证的是当前 `Set` 实例的大小。如果当前实例中的元素比 `otherSet` 实例更多，它就不是一个子集（行{1}）。子集的元素个数需要小于或等于要比较的集合。

接下来，假定当前实例是给定集合的子集（行{2}）。我们要迭代当前集合的所有元素（行{3}），验证这些元素也存在于 `otherSet` 中（行{4}）。如果有任何元素不存在于 `otherSet` 中，就意味着它不是一个子集，返回 `false`（行{5}）。如果所有元素都存在于 `otherSet` 中，行{5}就不会被执行，那么就返回 `true`（行{6}），`isSubset` 标识不会改变（行{7}）。

在 `isSubsetOf` 方法中，我们不会像在并集、交集和差集中一样使用 `forEach` 方法。我们会用 `every` 方法代替，它也是 ES2015 中的数组方法。第 3 章我们学习了 `forEach` 方法会在数组中的每个值上调用。在子集逻辑中，当我们发现一个值不存在于 `otherSet` 中时，可以停止迭代值，表示这不是一个子集。只要回调函数返回 `true`，`every` 方法就会被调用（行{6}）。如果回调函数返回 `false`，循环会停止，这就是为什么我们要在行{5}改变 `isSubset` 标识的值。

检验一下上面的代码效果如何。

```
const setA = new Set();
setA.add(1);
setA.add(2);

const setB = new Set();
setB.add(1);
setB.add(2);
setB.add(3);

const setC = new Set();
setC.add(2);
setC.add(3);
setC.add(4);

console.log(setA.isSubsetOf(setB));
console.log(setA.isSubsetOf(setC));
```

我们有三个集合：setA 是 setB 的子集（因此输出为 true），然而 setA 不是 setC 的子集（setC 只包含了 setA 中的 2，而不包含 1），因此输出为 false。

7.4 ECMAScript 2015——`Set` 类

ECMAScript 2015 新增了 `Set` 类作为 JavaScript API 的一部分。我们可以基于 ES2015 的 `Set` 开发我们的 `Set` 类。

 关于 ECMAScript 2015 中 `Set` 类的实现细节，请查阅 https://developer.mozilla.org/zh-CN/docs/Web/JavaScript/Reference/Global_Objects/Set。

我们先看看原生的 `Set` 类怎么用。

还是用我们原来测试 `Set` 类的例子：

```
const set = new Set();
set.add(1);
console.log(set.values()); // 输出@Iterator
console.log(set.has(1)); // 输出 true
console.log(set.size); // 输出 1
```

和原来的 `Set` 不同，ES2015 的 `Set` 的 `values` 方法返回 `Iterator`（第 3 章提到过），而不是值构成的数组。另一个区别是，我们实现的 `size` 方法返回 set 中存储的值的个数，而 ES2015 的 `Set` 则有一个 `size` 属性。

我们可以用 `delete` 方法删除 set 中的元素。

```
set.delete(1);
```

`clear` 方法会重置 set 数据结构，这跟我们实现的功能一样。

ES2015 `set` 类的运算

我们的 `Set` 类实现了并集、交集、差集、子集等数学运算，然而 ES2015 原生的 `Set` 并没有这些功能。不过，有需要的话，我们也可以模拟。

我们的例子会用到下面两个集合。

```
const setA = new Set();
setA.add(1);
setA.add(2);
setA.add(3);

const setB = new Set();
setB.add(2);
setB.add(3);
setB.add(4);
```

1. 模拟并集运算

我们可以创建一个函数，来返回包含 setA 和 setB 中所有的元素的新集合。迭代这两个集合，把所有元素都添加到并集的集合中。代码如下。

```
const union = (setA, setB) => {
  const unionAb = new Set();
  setA.forEach(value => unionAb.add(value));
  setB.forEach(value => unionAb.add(value));
  return unionAb;
};
console.log(union(setA, setB)); // 输出[1, 2, 3, 4]
```

2. 模拟交集运算

模拟交集运算需要创建一个辅助函数，来生成包含 setA 和 setB 共有元素的新集合。代码如下。

```
const intersection = (setA, setB) => {
  const intersectionSet = new Set();
  setA.forEach(value => {
    if (setB.has(value)) {
      intersectionSet.add(value);
    }
  });
  return intersectionSet;
};
console.log(intersection(setA, setB)); // 输出[2, 3]
```

这和 intersection 函数的效果完全一样，但是上面的代码没有被优化（我们开发的是经过优化的版本）。

3. 模拟差集运算

交集运算创建的集合包含 setA 和 setB 都有的元素，差集运算创建的集合则包含 setA 有而 setB 没有的元素。看下面的代码。

```
const difference = (setA, setB) => {
  const differenceSet = new Set();
  setA.forEach(value => {
    if (!setB.has(value)) { // {1}
      differenceSet.add(value);
    }
  });
  return differenceSet;
};
console.log(difference(setA, setB));
```

intersection 函数和 difference 函数除函数名外只有行{1}不同，因为差集中只添加 setA 有而 setB 没有的元素。

4. 使用扩展运算符

有一种计算并集、交集和差集的简便方法，就是使用**扩展运算符**，它包含在 ES2015 中，我们在第 2 章中学到过。

整个过程包含三个步骤：

(1) 将集合转化为数组；
(2) 执行需要的运算；
(3) 将结果转化回集合。

我们来看看怎样用扩展运算符进行**并集**的计算。

```
console.log(new Set([...setA, ...setB]));
```

ES2015 的 Set 类支持向构造函数传入一个数组来初始化集合的运算，那么我们对 setA 使用扩展运算符（...setA）会将它的值转化为一个数组（展开它的值），然后对 setB 也这样做。

由于 setA 的值为[1, 2, 3]，setB 的值为[2, 3, 4]，上述代码和 new Set([1, 2, 3, 2, 3, 4])是一样的，但集合中每种值只会有一个。

现在，我们来看看怎样用扩展运算符进行**交集**的运算。

```
console.log(new Set([...setA].filter(x => setB.has(x))));
```

上面的代码同样将 setA 转化为了一个数组，并使用了 filter 方法，它会返回一个新数组，包含能通过回调函数检测的值——在本示例中验证了元素是否也存在于 setB 中。返回的数组会用来初始化结果集合。

最后，我们来看看怎样用扩展运算符完成**差集**的运算。

```
console.log(new Set([...setA].filter(x => !setB.has(x))));
```

代码和求交集的运算很相似，不同之处在于我们需要的是不存在于 setB 中的元素。

你可以使用你喜欢的方法来执行原生 ES2015 的 Set 类的集合运算！

7.5　多重集或袋

我们已经学习过，集合数据结构不允许存在重复的元素。但是，在数学中，有一个叫作多重集的概念，它允许我们向集合中插入之前已经添加过的元素。**多重集**（**或袋**）在计算集合中元素的出现次数时很有用。它也在数据库系统中得到了广泛运用。

我们不会在本书中解释袋数据结构。不过，你可以下载本书的代码包来查看源代码，或访问 https://github.com/loiane/javascript-datastructures-algorithms。

7.6　小结

本章介绍了如何从头实现一个与 ECMAScript 2015 中所定义的 Set 类类似的 Set 类，还介绍了在其他编程语言的集合数据结构实现中不常见的一些方法，比如并集、交集、差集和子集。因此，相比于其他编程语言目前的 Set 实现，我们实现了一个非常完备的 Set 类。

下一章，我们将介绍散列表和字典这两种非顺序数据结构。

7

第 8 章

字典和散列表

上一章，我们学习了集合。本章会继续学习使用字典和散列表来存储唯一值（不重复的值）的数据结构。

在集合中，我们感兴趣的是每个值本身，并把它当作主要元素。在字典（或映射）中，我们用[键，值]对的形式来存储数据。在散列表中也是一样（也是以[键，值]对的形式来存储数据）。但是两种数据结构的实现方式略有不同，例如字典中的每个键只能有一个值，本章中将会介绍。

本章内容包括：

❏ 字典数据结构
❏ 散列表数据结构
❏ 处理散列表中的冲突
❏ ECMAScript 2015 中的 `Map`、`WeakMap` 和 `WeakSet` 类

8.1　字典

你已经知道，集合表示一组互不相同的元素（不重复的元素）。在字典中，存储的是[键，值]对，其中键名是用来查询特定元素的。字典和集合很相似，集合以[值，值]的形式存储元素，字典则是以[键，值]的形式来存储元素。字典也称作**映射**、**符号表**或**关联数组**。

在计算机科学中，字典经常用来保存对象的引用地址。例如，打开 Chrome | 开发者工具中的 Memory 标签页，执行**快照功能**，我们就能看到内存中的一些对象和它们对应的地址引用（用 @<数>表示）。下面是该场景的截图。

本章，我们会介绍在现实问题中使用字典数据结构的例子：一个实际的字典（单词和它们的释义）以及一个地址簿。

8.1.1 创建字典类

与 Set 类相似，ECMAScript 2015 同样包含了一个 Map 类的实现，即我们所说的字典。

本章将要实现的类就是以 ECMAScript 2015 中 Map 类的实现为基础的。你会发现它和 Set 类很相似，但不同于存储[值，值]对的形式，我们将要存储的是[键，值]对。

以下是我们的 Dictionary 类的骨架。

```
import { defaultToString } from '../util';

export default class Dictionary {
  constructor(toStrFn = defaultToString) {
    this.toStrFn = toStrFn; // {1}
    this.table = {}; // {2}
  }
}
```

与 Set 类类似，我们将在一个 Object 的实例而不是数组中存储字典中的元素（table 属性——行{2}）。我们会将[键，值]对保存为 table[key] = {key, value}。

 JavaScript 允许我们使用方括号（[]）获取对象的属性，将属性名作为"位置"传入即可。这也是称它为关联数组的原因！我们在第 4 章、第 5 章以及第 7 章就已经使用过字典了。

在字典中，理想的情况是用字符串作为键名，值可以是任何类型（从数、字符串等原始类型，到复杂的对象）。但是，由于 JavaScript 不是强类型的语言，我们不能保证键一定是字符串。我们需要把所有作为键名传入的对象转化为字符串，使得从 Dictionary 类中搜索和获取值更简单（同样的逻辑也可以应用在上一章的 Set 类上）。要实现此功能，我们需要一个将 key 转化为字符串的函数（行{1}）。默认情况下，我们会使用在 utils.js 文件中定义的 defaultToString 函数（可以在所创建的任何数据结构中复用该文件中的函数）。

 由于我们使用了 ES2015 的默认参数功能，toStrFn 是一个可选的参数。如果需要的话，我们也可以传入自定义的函数来指定如何将 key 转化为字符串。

defaultToString 函数声明如下。

```
export function defaultToString(item) {
  if (item === null) {
    return 'NULL';
  } else if (item === undefined) {
    return 'UNDEFINED';
  } else if (typeof item === 'string' || item instanceof String) {
    return `${item}`;
  }
  return item.toString(); // {1}
}
```

 请注意，如果 item 变量是一个对象的话，它需要实现 toString 方法，否则会导致出现异常的输出结果，如[object Object]。这对用户是不友好的。

如果键（item）是一个字符串，那么我们直接返回它，否则要调用 item 的 toString 方法。

然后，我们需要声明一些映射/字典所能使用的方法。

❑ set(key,value)：向字典中添加新元素。如果 key 已经存在，那么已存在的 value 会被新的值覆盖。

❑ remove(key)：通过使用键值作为参数来从字典中移除键值对应的数据值。

❑ hasKey(key)：如果某个键值存在于该字典中，返回 true，否则返回 false。

❑ get(key)：通过以键值作为参数查找特定的数值并返回。

❑ clear()：删除该字典中的所有值。

❑ size()：返回字典所包含值的数量。与数组的 length 属性类似。

❑ isEmpty()：在 size 等于零的时候返回 true，否则返回 false。

❑ keys()：将字典所包含的所有键名以数组形式返回。

❑ values()：将字典所包含的所有数值以数组形式返回。

❑ keyValues()：将字典中所有[键，值]对返回。

❑ forEach(callbackFn)：迭代字典中所有的键值对。callbackFn 有两个参数：key 和 value。该方法可以在回调函数返回 false 时被中止（和 Array 类中的 every 方法相似）。

1. 检测一个键是否存在于字典中

我们首先来实现 hasKey(key) 方法。之所以要先实现这个方法，是因为它会被 set 和 remove 等其他方法调用。我们可以通过如下代码来实现。

```
hasKey(key) {
  return this.table[this.toStrFn(key)] != null;
}
```

JavaScript 只允许我们使用字符串作为对象的键名或属性名。如果传入一个复杂对象作为键，需要将它转化为一个字符串。因此我们需要调用 toStrFn 函数。如果已经存在一个给定键名的键值对（表中的位置不是 null 或 undefined），那么返回 true，否则返回 false。

2. 在字典和 ValuePair 类中设置键和值

下面，我们来实现 set 方法，代码如下。

```
set(key, value) {
  if (key != null && value != null) {
    const tableKey = this.toStrFn(key); // {1}
    this.table[tableKey] = new ValuePair(key, value); // {2}
    return true;
  }
  return false;
}
```

该方法接收 key 和 value 作为参数。如果 key 和 value 不是 undefined 或 null，那么我们获取表示 key 的字符串（行{1}），创建一个新的键值对并将其赋值给 table 对象上的 key 属性（tableKey）（行{2}）。如果 key 和 value 是合法的，我们返回 true，表示字典可以将 key 和 value 保存下来，否则返回 false。

该方法可以用于添加新的值，或是更新已有的值。

在行{2}，我们实例化了 ValuePair 类。ValuePair 类的定义如下。

```
class ValuePair {
  constructor(key, value) {
    this.key = key;
    this.value = value;
  }
  toString() {
    return `[#${this.key}: ${this.value}]`;
  }
}
```

为了在字典中保存 value，我们将 key 转化为了字符串，而为了保存信息的需要，我们同样要保存原始的 key。因此，我们不是只将 value 保存在字典中，而是要保存两个值：原始的 key 和 value。为了字典能更简单地通过 toString 方法输出结果，我们同样要为 ValuePair

类创建 toString 方法。

3. 从字典中移除一个值

接下来，我们实现 remove 方法。它和 Set 类中的 delete 方法很相似，唯一的不同在于我们将先搜索 key（而不是 value）。

```
remove(key) {
  if (this.hasKey(key)) {
    delete this.table[this.toStrFn(key)];
    return true;
  }
  return false;
}
```

然后，可以使用 JavaScript 的 delete 运算符来从 items 对象中移除 key 属性。如果能够将 value 从字典中移除的话，就返回 true，否则将会返回 false。

4. 从字典中检索一个值

如果我们想在字典中查找一个特定的 key，并检索它的 value，可以使用下面的方法。

```
get(key) {
  const valuePair = this.table[this.toStrFn(key)]; // {1}
  return valuePair == null ? undefined : valuePair.value; // {2}
}
```

get 方法首先会检索存储在给定 key 属性中的对象（行{1}）。如果 valuePair 对象存在，将返回该值，否则将返回一个 undefined 值（行{2}）。

该方法的另一个实现是先验证我们要获取的 value 是否存在（通过搜索它的 key），如果存在，我们就在 table 对象中找到它并返回。第二种实现的方式如下所示。

```
get(key) {
  if (this.hasKey(key)) {
    return this.table[this.toStrFn(key)];
  }
  return undefined;
}
```

但是，在第二种方式中，我们会获取两次 key 的字符串以及访问两次 table 对象：第一次是在 hasKey 方法中，第二次是在 if 语句内。这是个小细节，不过第一种方式的消耗更少。

5. keys、values 和 valuePairs 方法

我们已经给 Dictionary 类创建了最重要的方法，现在来创建一些很有用的辅助方法。

下面将创建 valuePairs 方法，它会以数组形式返回字典中的所有 valuePair 对象。代码如下。

```
keyValues() {
  return Object.values(this.table);
}
```

代码很简单。我们执行了 JavaScript 的 `Object` 类内置的 `values` 方法，它是在第 2 章中介绍的 ECMAScript 2017 中引入的。

可能不是所有浏览器都支持 `Object.values` 方法，我们也可以用下面的代码来代替。

```
keyValues() {
  const valuePairs = [];
  for (const k in this.table) { // {1}
    if (this.hasKey(k)) {
      valuePairs.push(this.table[k]); // {2}
    }
  }
  return valuePairs;
};
```

在上面的代码中，我们迭代了 `table` 对象的所有属性（行{1}）。为了保证 key 是存在的，我们会使用 `hasKey` 函数来进行检验，然后将 `table` 对象中的 valuePair 加入结果数组（行{2}）。在该方法里，由于我们已经直接从 `table` 对象中获取了属性（`key`），不需要用 `toStrFn` 函数将它转化为字符串。

 我们不能仅使用 `for-in` 语句来迭代 `table` 对象的所有属性，还需要使用 `hasKey` 方法（验证 `table` 对象是否包含某个属性），因为对象的原型也会包含对象的其他属性（JavaScript 基本的 `Object` 类中的属性将会被继承，包括那些在当前数据结构中并不需要的属性）。

接下来要创建的是 `keys` 方法。该方法返回 `Dictionary` 类中用于识别值的所有（原始）键名，如下所示。

```
keys() {
  return this.keyValues().map(valuePair => valuePair.key);
}
```

我们将会调用所创建的 `keyValues` 方法来返回一个包含 valuePair 实例的数组，然后迭代每个 valuePair。由于我们只对 valuePair 的 key 属性感兴趣，就只返回它的 key。

在上面的代码中，我们使用了 `Array` 类中的 `map` 方法来迭代每个 valuePair。`map` 方法可以将一个 value 转化为其他值。在本例中，我们将每个 valuePair 转化为了它的 key。在 `keys` 方法中使用的逻辑还可以写成下面这样。

```
const keys = [];
const valuePairs = this.keyValues();
for (let i = 0; i < valuePairs.length; i++) {
  keys.push(valuePairs[i].key);
}
```

```
    }
    return keys;
```

map 方法允许我们执行相同的逻辑并获得和上面代码相同的结果。一旦我们熟悉了它的语法，阅读代码和理解它的行为会变得更简单。

 第 3 章提到了 ES2015（ES6）引入的 map 方法。本书后面的章节会学习到函数式编程范式，我们创建的 keys 方法也使用了它。

和 keys 方法相似，我们还有一个 values 方法。values 方法返回一个字典包含的所有值构成的数组。它的代码和 keys 方法很相似，只不过不同于返回 ValuePair 类的 key 属性，我们返回的是 value 属性，如下所示。

```
values() {
  return this.keyValues().map(valuePair => valuePair.value);
}
```

6. 用 forEach 迭代字典中的每个键值对

到目前为止，我们还没有创建一个能迭代数据结构中每个值的方法。下面，我们给 Dictionary 类创建一个 forEach 方法，也可以在之前学过的数据结构中使用与它相同的逻辑。

forEach 方法如下所示。

```
forEach(callbackFn) {
  const valuePairs = this.keyValues(); // {1}
  for (let i = 0; i < valuePairs.length; i++) { // {2}
    const result = callbackFn(valuePairs[i].key, valuePairs[i].value); // {3}
    if (result === false) {
      break; // {4}
    }
  }
}
```

首先，我们获取字典中所有 valuePair 构成的数组（行{1}）。然后，我们迭代每个 valuePair（行{2}）并执行以参数形式传入 forEach 方法的 callbackFn 函数（行{3}），保存它的结果。如果回调函数返回了 false，我们会中断 forEach 方法的执行（行{4}），打断正在迭代 valuePairs 的 for 循环。

7. clear、size、isEmpty 和 toString 方法

size 方法返回字典中的值的个数。我们可以用 Object.keys 方法来获取 table 对象中的所有键名（和我们在 keyValues 方法中所做的一样）。size 方法的代码如下。

```
size() {
  return Object.keys(this.table).length;
}
```

我们也可以调用 keyValues 方法并返回它所返回的数组长度（return this.keyValues().length）。

要检验字典是否为空，我们可以获取它的 size 看看是否为零。如果 size 为零，表示字典为空。isEmpty 方法的实现就使用了这种逻辑，如下所示。

```
isEmpty() {
  return this.size() === 0;
}
```

要清空字典内容，我们只需要将一个新对象赋值给 table 即可。

```
clear() {
  this.table = {};
}
```

最后，可以像下面这样创建 toString 方法。

```
toString() {
    if (this.isEmpty()) {
      return '';
    }
    const valuePairs = this.keyValues();
    let objString = `${valuePairs[0].toString()}`; // {1}
    for (let i = 1; i < valuePairs.length; i++) {
      objString = `${objString},${valuePairs[i].toString()}`; // {2}
    }
    return objString; // {3}
}
```

在 toString 方法中，如果字典为空，我们就返回一个空字符串，否则调用 valuePair 的 toString 方法来将它的第一个 valuePair 加入结果字符串（行{1}）。然后，如果数组中还有值，我们同样将其加入结果字符串（行{2}），在方法末尾将字符串返回（行{3}）。

8.1.2　使用 Dictionary 类

要使用 Dictionary 类，首先需要创建一个实例，然后给它添加三条电子邮件地址。我们将会使用这个 dictionary 实例来实现一个电子邮件地址簿。

使用我们创建的类来执行如下代码。

```
const dictionary = new Dictionary();
dictionary.set('Gandalf', 'gandalf@email.com');
dictionary.set('John', 'johnsnow@email.com');
dictionary.set('Tyrion', 'tyrion@email.com');
```

如果执行了如下代码，输出结果将会是 true。

```
console.log(dictionary.hasKey('Gandalf'));
```

下面的代码将会输出 3，因为我们向字典实例中添加了三个元素。

```
console.log(dictionary.size());
```

现在，执行下面的几行代码。

```
console.log(dictionary.keys());
console.log(dictionary.values());
console.log(dictionary.get('Tyrion'));
```

输出结果分别如下所示。

```
["Gandalf", "John", "Tyrion"]
["gandalf@email.com", "johnsnow@email.com", "tyrion@email.com"]
tyrion@email.com
```

最后，再执行几行代码。

```
dictionary.remove('John');
```

再执行下面的代码。

```
console.log(dictionary.keys());
console.log(dictionary.values());
console.log(dictionary.keyValues());
```

输出结果如下所示。

```
["Gandalf", "Tyrion"]
["gandalf@email.com", "tyrion@email.com"]
[{key: "Gandalf", value: "gandalf@email.com"}, {key: "Tyrion", value:
"tyrion@email.com"}]
```

移除一个元素后，现在的 dictionary 实例只包含两个元素了。加粗的一行表现了 table 对象的内部结构。

要调用 forEach 方法，可以使用下面的代码。

```
dictionary.forEach((k, v) => {
  console.log('forEach: ', `key: ${k}, value: ${v}`);
});
```

我们会得到下面的输出结果。

```
forEach: key: Gandalf, value: gandalf@email.com
forEach: key: Tyrion, value: tyrion@email.com
```

8.2　散列表

本节，你将会学到 HashTable 类，也叫 HashMap 类，它是 Dictionary 类的一种散列表实现方式。

散列算法的作用是尽可能快地在数据结构中找到一个值。在之前的章节中，你已经知道如果要在数据结构中获得一个值（使用 `get` 方法），需要迭代整个数据结构来找到它。如果使用散列函数，就知道值的具体位置，因此能够快速检索到该值。散列函数的作用是给定一个键值，然后返回值在表中的地址。

散列表有一些在计算机科学中应用的例子。因为它是字典的一种实现，所以可以用作关联数组。它也可以用来对数据库进行索引。当我们在关系型数据库（如 MySQL、Microsoft SQL Server、Oracle，等等）中创建一个新的表时，一个不错的做法是同时创建一个索引来更快地查询到记录的 key。在这种情况下，散列表可以用来保存键和对表中记录的引用。另一个很常见的应用是使用散列表来表示对象。JavaScript 语言内部就是使用散列表来表示每个对象。此时，对象的每个属性和方法（成员）被存储为 key 对象类型，每个 key 指向对应的对象成员。

继续以前一节中使用的电子邮件地址簿为例。我们将使用最常见的散列函数——lose lose 散列函数，方法是简单地将每个键值中的每个字母的 ASCII 值相加，如下图所示。

名称/键	散列函数	散列值	散列表
Gandalf	71 + 97 + 110 + 100 + 97 + 108 + 102	685	[...]
			[399] johnsnow@email.com
John	74 + 111 + 104 + 110	399	[...]
			[645] tyrion@email.com
Tyrion	84 + 121 + 114 + 105 + 111 + 110	645	[...]
			[685] gandalf@email.com
			[...]

8.2.1 创建散列表

我们将使用一个关联数组（对象）来表示我们的数据结构，和我们在 `Dictionary` 类中所做的一样。

和之前一样，我们从搭建类的骨架开始。

```
class HashTable {
  constructor(toStrFn = defaultToString) {
    this.toStrFn = toStrFn;
    this.table = {};
  }
}
```

然后，给类添加一些方法。我们给每个类实现三个基本方法。

❑ put(key,value)：向散列表增加一个新的项（也能更新散列表）。
❑ remove(key)：根据键值从散列表中移除值。
❑ get(key)：返回根据键值检索到的特定的值。

1. 创建散列函数

在实现这三个方法之前，我们要实现的第一个方法是散列函数，它的代码如下。

```
loseloseHashCode(key) {
  if (typeof key === 'number') { // {1}
    return key;
  }
  const tableKey = this.toStrFn(key); // {2}
  let hash = 0; // {3}
  for (let i = 0; i < tableKey.length; i++) {
    hash += tableKey.charCodeAt(i); // {4}
  }
  return hash % 37; // {5}
}

hashCode(key) {
  return this.loseloseHashCode(key);
}
```

hashCode 方法简单地调用了 loseloseHashCode 方法，将 key 作为参数传入。

在 loseloseHashCode 方法中，我们首先检验 key 是否是一个数（行{1}）。如果是，我们直接将其返回。然后，给定一个 key 参数，我们就能根据组成 key 的每个字符的 ASCII 码值的和得到一个数。所以，首先需要将 key 转换为一个字符串（行{2}），防止 key 是一个对象而不是字符串。我们需要一个 hash 变量来存储这个总和（行{3}）。然后，遍历 key 并将从 ASCII 表中查到的每个字符对应的 ASCII 值加到 hash 变量中（行{4}），可以使用 JavaScript 的 String 类中的 charCodeAt 方法。最后，返回 hash 值。为了得到比较小的数值，我们会使用 hash 值和一个任意数做除法的余数（%）（行{5}）——这可以规避操作数超过数值变量最大表示范围的风险。

 要了解更多关于 ASCII 的信息，请访问 http://www.asciitable.com/。

2. 将键和值加入散列表

现在我们有了自己的 hashCode 函数，下面来实现 put 方法。

```
put(key, value) {
  if (key != null && value != null) { // {1}
```

```
    const position = this.hashCode(key); // {2}
    this.table[position] = new ValuePair(key, value); // {3}
    return true;
  }
  return false;
}
```

put 方法和 Dictionary 类中的 set 方法逻辑相似。我们也可以将其命名为 set，但是大多数的编程语言会在 HashTable 数据结构中使用 put 方法，因此我们遵循相同的命名方式。

首先，我们检验 key 和 value 是否合法（行{1}），如果不合法就返回 false，表示这个值没有被添加（或更新）。对于给出的 key 参数，我们需要用所创建的 hashCode 函数在表中找到一个位置（行{2}）。然后，用 key 和 value 创建一个 ValuePair 实例（行{3}）。和 Dictionary 类相似，我们会为了信息备份将原始的 key 保存下来。

3. 从散列表中获取一个值

从 HashTable 实例中获取一个值也很简单。我们像下面这样实现一个 get 方法。

```
get(key) {
  const valuePair = this.table[this.hashCode(key)];
  return valuePair == null ? undefined : valuePair.value;
}
```

首先，我们会用所创建的 hashCode 方法获取 key 参数的位置。该函数会返回对应值的位置，我们要做的就是到 table 数组中对应的位置取到值并返回。

> HashTable 和 Dictionary 类很相似。不同之处在于在 Dictionary 类中，我们将 valuePair 保存在 table 的 key 属性中（在它被转化为字符串之后），而在 HashTable 类中，我们由 key（hash）生成一个数，并将 valuePair 保存在 hash 位置（或属性）。

4. 从散列表中移除一个值

我们要为 HashTable 实现的最后一个方法是 remove 方法，代码如下。

```
remove(key) {
  const hash = this.hashCode(key); // {1}
  const valuePair = this.table[hash]; // {2}
  if (valuePair != null) {
    delete this.table[hash]; // {3}
    return true;
  }
  return false;
}
```

要从 HashTable 中移除一个值，首先需要知道值所在的位置，因此我们使用 hashCode 函数来获取 hash（行{1}）。我们在 hash 的位置获取到 valuePair（行{2}），如果 valuePair

不是 null 或 undefined，就使用 JavaScript 的 delete 运算符将其删除（行{3}）。如果删除成功，就返回 true，否则返回 false。

 除了使用 JavaScript 的 delete 运算符，我们还可以将删除的 hash 位置赋值为 null 或 undefined。

8.2.2   使用 **HashTable** 类

让我们执行一些代码来测试 HashTable 类。

```
const hash = new HashTable();
hash.put('Gandalf', 'gandalf@email.com');
hash.put('John', 'johnsnow@email.com');
hash.put('Tyrion', 'tyrion@email.com');

console.log(hash.hashCode('Gandalf') + ' - Gandalf');
console.log(hash.hashCode('John') + ' - John');
console.log(hash.hashCode('Tyrion') + ' - Tyrion');
```

执行上述代码，会在控制台中获得如下输出。

```
19 - Gandalf
29 - John
16 - Tyrion
```

下图展现了包含这三个元素的 HashTable 数据结构。

名称/键	散列函数	散列表	
Gandalf	19	[...]	
		[16]	tyrion@email.com
John	29	[...]	
		[19]	gandalf@email.com
Tyrion	16	[...]	
		[29]	johnsnow@email.com
		[...]	

执行如下代码来测试 get 方法。

```
console.log(hash.get('Gandalf')); // gandalf@email.com
console.log(hash.get('Loiane')); // undefined
```

由于 Gandalf 是一个在散列表中存在的键，get 方法将会返回它的值。而由于 Loiane 是一个不存在的键，当我们试图在数组中根据位置获取值的时候（一个由散列函数生成的位置），返回值将会是 undefined（即不存在）。

然后，我们试试从散列表中移除 Gandalf。

```
hash.remove('Gandalf');
console.log(hash.get('Gandalf'));
```

由于 Gandalf 不再存在于表中，hash.get('Gandalf')方法将会在控制台上给出 undefined 的输出结果。

8.2.3 散列表和散列集合

散列表和散列映射是一样的，我们已经在本章中介绍了这种数据结构。

在一些编程语言中，还有一种叫作**散列集合**的实现。散列集合由一个集合构成，但是插入、移除或获取元素时，使用的是 hashCode 函数。我们可以复用本章中实现的所有代码来实现散列集合，不同之处在于，不再添加键值对，而是只插入值而没有键。例如，可以使用散列集合来存储所有的英语单词（不包括它们的定义）。和集合相似，散列集合只存储不重复的唯一值。

8.2.4 处理散列表中的冲突

有时候，一些键会有相同的散列值。不同的值在散列表中对应相同位置的时候，我们称其为冲突。例如，我们看看下面的代码会得到怎样的输出结果。

```
const hash = new HashTable();
hash.put('Ygritte', 'ygritte@email.com');
hash.put('Jonathan', 'jonathan@email.com');
hash.put('Jamie', 'jamie@email.com');
hash.put('Jack', 'jack@email.com');
hash.put('Jasmine', 'jasmine@email.com');
hash.put('Jake', 'jake@email.com');
hash.put('Nathan', 'nathan@email.com');
hash.put('Athelstan', 'athelstan@email.com');
hash.put('Sue', 'sue@email.com');
hash.put('Aethelwulf', 'aethelwulf@email.com');
hash.put('Sargeras', 'sargeras@email.com');
```

通过对每个提到的名字调用 hash.hashCode 方法，输出结果如下。

```
4 - Ygritte
5 - Jonathan
5 - Jamie
7 - Jack
8 - Jasmine
9 - Jake
```

```
10 - Nathan
7 - Athelstan
5 - Sue
5 - Aethelwulf
10 - Sargeras
```

 注意，Nathan 和 Sargeras 有相同的散列值（10）。Jack 和 Athelstan 有相同
的散列值（7），Jonathan、Jamie、Sue 和 Aethelwulf 也有相同的散列值（5）。

那 HashTable 实例会怎样呢？执行之前的代码后散列表中会有哪些值呢？

为了获得结果，我们来实现 toString 方法。

```
toString() {
  if (this.isEmpty()) {
    return '';
  }
  const keys = Object.keys(this.table);
  let objString = `{${keys[0]} => ${this.table[keys[0]].toString()}}`;
  for (let i = 1; i < keys.length; i++) {
    objString = `${objString},{${keys[i]} =>
${this.table[keys[i]].toString()}}`;
  }
  return objString;
}
```

由于我们不知道表数组中的哪些位置有值，可以使用和 Dictionary 的 toString 方法相
似的逻辑。

在调用 console.log(hashTable.toString()) 后，我们会在控制台中得到下面的输出
结果。

```
{4 => [#Ygritte: ygritte@email.com]}
{5 => [#Aethelwulf: aethelwulf@email.com]}
{7 => [#Athelstan: athelstan@email.com]}
{8 => [#Jasmine: jasmine@email.com]}
{9 => [#Jake: jake@email.com]}
{10 => [#Sargeras: sargeras@email.com]}
```

Jonathan、Jamie、Sue 和 Aethelwulf 有相同的散列值，也就是 5。由于 Aethelwulf
是最后一个被添加的，它将是在 HashTable 实例中占据位置 5 的元素。首先 Jonathan 会占据
这个位置，然后 Jamie 会覆盖它，Sue 会再次覆盖，最后 Aethelwulf 会再覆盖一次。这对于
其他发生冲突的元素来说也是一样的。

使用一个数据结构来保存数据的目的显然不是丢失这些数据，而是通过某种方法将它们全部
保存起来。因此，当这种情况发生的时候就要去解决。处理冲突有几种方法：分离链接、线性探
查和双散列法。在本书中，我们会介绍前两种方法。

1. 分离链接

分离链接法包括为散列表的每一个位置创建一个链表并将元素存储在里面。它是解决冲突的最简单的方法，但是在 HashTable 实例之外还需要额外的存储空间。

例如，我们在之前的测试代码中使用分离链接并用图表示的话，输出结果将会是如下这样（为了简化，图表中的值被省略了）。

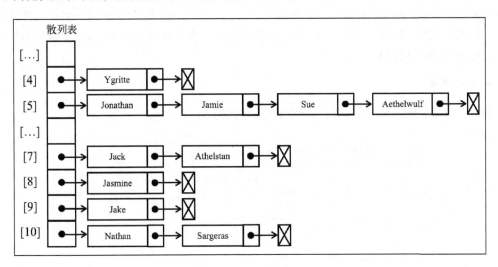

在位置 5 上，将会有包含四个元素的 LinkedList 实例；在位置 7 和 10 上，将会有包含两个元素的 LinkedList 实例；在位置 4、8 和 9 上，将会有包含单个元素的 LinkedList 实例。

对于分离链接和线性探查来说，只需要重写三个方法：put、get 和 remove。这三个方法在每种技术实现中都是不同的。

和之前一样，我们来声明 HashTableSeparateChaining 的基本结构。

```
class HashTableSeparateChaining {
  constructor(toStrFn = defaultToString) {
    this.toStrFn = toStrFn;
    this.table = {};
  }
}
```

● **put 方法**

我们来实现第一个方法，即 put 方法，代码如下。

```
put(key, value) {
  if (key != null && value != null) {
    const position = this.hashCode(key);
    if (this.table[position] == null) { // {1}
```

```
      this.table[position] = new LinkedList(); // {2}
    }
    this.table[position].push(new ValuePair(key, value)); // {3}
    return true;
  }
  return false;
}
```

在这个方法中，我们将验证要加入新元素的位置是否已经被占据（行{1}）。如果是第一次向该位置加入元素，我们会在该位置上初始化一个 LinkedList 类的实例（行{2}——你已经在第 6 章中学习过）。然后，使用第 6 章中实现的 push 方法向 LinkedList 实例中添加一个 ValuePair 实例（键和值）（行{3}）。

● **get 方法**

然后，我们实现 get 方法，用来获取给定键的值。

```
get(key) {
  const position = this.hashCode(key);
  const linkedList = this.table[position]; // {1}
  if (linkedList != null && !linkedList.isEmpty()) { // {2}
    let current = linkedList.getHead(); // {3}
    while (current != null) { // {4}
      if (current.element.key === key) { // {5}
        return current.element.value; // {6}
      }
      current = current.next; // {7}
    }
  }
  return undefined; // {8}
}
```

首先要验证的是在特定的位置上是否有元素存在。我们在 position 位置检索 linkedList（行{1}），并检验是否存在 linkedList 实例（行{2}）。如果没有，则返回一个 undefined 表示在 HashTable 实例中没有找到这个值（行{8}）。如果该位置上有值存在，我们知道这是一个 LinkedList 实例。现在要做的是迭代这个链表来寻找我们需要的元素。在迭代之前先要获取链表表头的引用（行{3}），然后就可以从链表的头部迭代到尾部（行{4}，最后 current.next 将会是 null）。

Node 链表包含 next 指针和 element 属性。而 element 属性又是 ValuePair 的实例，所以它又有 value 和 key 属性。可以通过 current.element.key 来获得 Node 链表的 key 属性，并通过比较它来确定它是否就是我们要找的键（行{5}）。如果 key 值相同，就返回 Node 的值（行{6}）；如果不相同，就继续迭代链表，访问下一个节点（行{7}）。这段逻辑允许我们搜索链表任意位置的任意 key 属性。

另一个实现算法的思路如下：除了在 get 方法内部搜索 key，还可以在 put 方法中实例化 LinkedList，向 LinkedList 的构造函数传入自定义的 equalsFn，只用它来比较元素的 key

属性（即 ValuePair 实例）。我们要记住，默认情况下，LinkedList 会使用===运算符来比较它的元素实例，也就是说会比较 ValuePair 实例的引用。这种情况下，在 get 方法中，我们要使用 indexOf 方法来搜索目标 key，如果返回大于或等于零的位置，则说明元素存在于链表中。有了该位置，我们就可以使用 getElementAt 方法来从链表中获取 ValuePair 实例。

● **remove 方法**

从 HashTableSeparateChaining 实例中移除一个元素和之前在本章实现的 remove 方法有一些不同。现在使用的是链表，我们需要从链表中移除一个元素。来看看 remove 方法的实现。

```
remove(key) {
  const position = this.hashCode(key);
  const linkedList = this.table[position];
  if (linkedList != null && !linkedList.isEmpty()) {
    let current = linkedList.getHead();
    while (current != null) {
      if (current.element.key === key) { // {1}
        linkedList.remove(current.element); // {2}
        if (linkedList.isEmpty()) { // {3}
          delete this.table[position]; // {4}
        }
        return true; // {5}
      }
      current = current.next; // {6}
    }
  }
  return false; // {7}
}
```

在 remove 方法中，我们使用和 get 方法一样的步骤找到要找的元素。迭代 LinkedList 实例时，如果链表中的 current 元素就是要找的元素（行{1}），使用 remove 方法将其从链表中移除（行{2}）。然后进行一步额外的验证：如果链表为空了（行{3}——链表中不再有任何元素了），就使用 delete 运算符将散列表的该位置删除（行{4}），这样搜索一个元素的时候，就可以跳过这个位置了。最后，返回 true 表示该元素已经被移除（行{5}），或者在最后返回 false 表示该元素在散列表中不存在（行{7}）。如果不是我们要找的元素，那么和 get 方法中一样继续迭代下一个元素（行{6}）。

重写了这三个方法后，我们就拥有了一个使用分离链接法来处理冲突的 HashTable-SeparateChaining 实例。

2. 线性探查

另一种解决冲突的方法是**线性探查**。之所以称作线性，是因为它处理冲突的方法是将元素直接存储到表中，而不是在单独的数据结构中。

当想向表中某个位置添加一个新元素的时候，如果索引为 position 的位置已经被占据了，就尝试 position+1 的位置。如果 position+1 的位置也被占据了，就尝试 position+2 的位置，以此类推，直到在散列表中找到一个空闲的位置。想象一下，有一个已经包含一些元素的散列表，我们想要添加一个新的键和值。我们计算这个新键的 hash，并检查散列表中对应的位置是否被占据。如果没有，我们就将该值添加到正确的位置。如果被占据了，我们就迭代散列表，直到找到一个空闲的位置。

下图展现了这个过程。

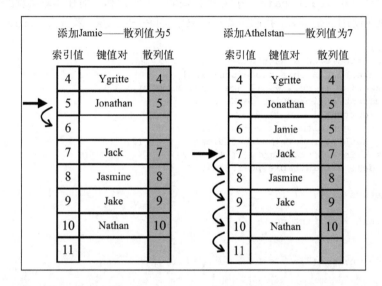

当我们从散列表中移除一个键值对的时候，仅将本章之前的数据结构所实现位置的元素移除是不够的。如果我们只是移除了元素，就可能在查找有相同 hash（位置）的其他元素时找到一个空的位置，这会导致算法出现问题。

线性探查技术分为两种。第一种是**软删除**方法。我们使用一个特殊的值（标记）来表示键值对被删除了（惰性删除或软删除），而不是真的删除它。经过一段时间，散列表被操作过后，我们会得到一个标记了若干删除位置的散列表。这会逐渐降低散列表的效率，因为搜索键值会随时间变得更慢。能快速访问并找到一个键是我们使用散列表的一个重要原因。下图展示了这个过程。

索引值	键值对	散列值	
4	Ygritte	4	
5	已删除		
6	已删除		寻找Athelstan——散列值为7
7	已删除		已删除，前往下一个位置
8	Jasmine	8	被占据，且不是该键，前往下一个位置
9	已删除		已删除，前往下一个位置
10	已删除		已删除，前往下一个位置
11	Athelstan	7	找到了！

第二种方法需要检验是否有必要将一个或多个元素移动到之前的位置。当搜索一个键的时候，这种方法可以避免找到一个空位置。如果移动元素是必要的，我们就需要在散列表中挪动键值对。下图展现了这个过程。

索引值	键值对	散列值
4	Ygritte	4
5	Jonathan	5
6	Jamie	5
7	Jack	7
8	Jasmine	8
9	Jake	9
10	Nathan	10
11	Athelstan	7
12	Sue	5
13	Aethelwulf	5
14	Sargeras	10
15		

两种方法都有各自的优缺点。本章会实现第二种方法（移动一个或多个元素到之前的位置）。要查看惰性删除的实现（HashTableLinearProbingLazy 类），请参考本书源代码。源代码的下载链接可以在本书前言中找到，你也可以访问 http://github.com/loiane/javascript-datastructures-algorithms 来查看。

● **put 方法**

让我们继续实现需要重写的三个方法。第一个是 put 方法。

```
put(key, value) {
  if (key != null && value != null) {
    const position = this.hashCode(key);
    if (this.table[position] == null) { // {1}
      this.table[position] = new ValuePair(key, value); // {2}
    } else {
      let index = position + 1; // {3}
      while (this.table[index] != null) { // {4}
        index++; // {5}
      }
      this.table[index] = new ValuePair(key, value); // {6}
    }
    return true;
  }
  return false;
}
```

和之前一样，先获得由散列函数生成的位置，然后验证这个位置是否有元素存在（行{1}）。如果没有元素存在（这是最简单的场景），就在这个位置添加新元素（行{2}——一个 ValuePair 的实例）。

如果该位置已经被占据了，需要找到下一个没有被占据的位置（position 的值是 undefined 或 null），因此我们声明一个 index 变量并赋值为 position+1（行{3}）。然后验证该位置是否被占据（行{4}），如果被占据了，继续将 index 递增（行{5}），直到找到一个没有被占据的位置。然后我们要做的，就是将值分配到该位置（行{6}）。

在一些编程语言中，我们需要定义数组的大小。如果使用线性探查的话，需要注意的一个问题是数组的可用位置可能会被用完。当算法到达数组的尾部时，它需要循环回到开头并继续迭代元素。如果必要的话，我们还需要创建一个更大的数组并将元素复制到新数组中。在 JavaScript 中，不需要担心这个问题。我们不需要定义数组的大小，因为它可以根据需要自动改变——这是 JavaScript 内置的一个功能。

让我们来模拟一下散列表中的插入操作。

(1) 试着插入 Ygritte。它的散列值是 4，由于散列表刚刚被创建，位置 4 还是空的，可以在这里插入数据。

(2) 试着在位置 5 插入 Jonathan。它也是空的，所以可以插入这个姓名。

(3) 试着在位置 5 插入 Jamie，因为它的散列值也是 5。位置 5 已经被 Jonathan 占据了，所以需要检查索引值为 position+1 的位置（5+1），位置 6 是空的，所以可以在位置 6 插入 Jamie。

(4) 试着在位置 7 插入 Jack。它是空的，所以可以插入这个姓名，不会有冲突。

(5) 试着在位置 8 插入 Jasmine。它是空的，所以可以插入这个姓名，不会有冲突。

(6) 试着在位置 9 插入 Jake。它是空的，所以可以插入这个姓名，不会有冲突。

(7) 试着在位置 10 插入 Nathan。它是空的，所以可以插入这个姓名，不会有冲突。

(8) 试着在位置 7 插入 Athelstan。位置 7 已经被 Jack 占据了，所以需要检查索引值为 position+1 的位置（7+1）。位置 8 也被占据了，所以迭代到下一个空位置，也就是位置 11，并插入 Athelstan。

(9) 试着在位置 5 插入 Sue，位置 5 到 11 都被占据了，所以我们在位置 12 插入 Sue。

(10) 试着在位置 5 插入 Aethelwulf，位置 5 到 12 都被占据了，所以我们在位置 13 插入 Aethelwulf。

(11) 试着在位置 10 插入 Sargeras，位置 10 到 13 都被占据了，所以我们在位置 14 插入 Sargeras。

● get 方法

现在插入了所有的元素，让我们实现 get 方法来获取它们的值吧。

```
get(key) {
  const position = this.hashCode(key);
  if (this.table[position] != null) { // {1}
    if (this.table[position].key === key) { // {2}
      return this.table[position].value; // {3}
    }
    let index = position + 1; // {4}
    while (this.table[index] != null && this.table[index].key !== key) { // {5}
      index++;
    }
    if (this.table[index] != null && this.table[index].key === key) { // {6}
      return this.table[position].value; // {7}
    }
  }
  return undefined; // {8}
}
```

要获得一个键对应的值，先要确定这个键存在（行{1}）。如果这个键不存在，说明要查找的值不在散列表中，因此可以返回 undefined（行{8}）。如果这个键存在，需要检查我们要找的值是否就是原始位置上的值（行{2}）。如果是，就返回这个值（行{3}）。

如果不是，就在 HashTableLinearProbing 的下一个位置继续查找（行{4}），我们会按位置递增的顺序查找散列表上的元素直到找到我们要找的元素，或者找到一个空位置（行{5}）。当从 while 循环跳出的时候，我们要验证元素的键是否是我们要找的键（行{6}），如果是，就返回它的值（行{7}）。如果迭代完整个散列表并且 index 的位置上是 undefined 或 null 的话，说明要找的键不存在，返回 undefined（行{8}）。

● **remove 方法**

remove 方法和 get 方法基本相同，代码如下。

```
remove(key) {
  const position = this.hashCode(key);
  if (this.table[position] != null) {
    if (this.table[position].key === key) {
      delete this.table[position]; // {1}
      this.verifyRemoveSideEffect(key, position); // {2}
      return true;
    }
    let index = position + 1;
    while (this.table[index] != null && this.table[index].key !== key ) {
      index++;
    }
    if (this.table[index] != null && this.table[index].key === key) {
      delete this.table[index]; // {3}
      this.verifyRemoveSideEffect(key, index); // {4}
      return true;
    }
  }
  return false;
}
```

在 get 方法中，当我们找到了要找的 key 后，返回它的值。在 remove 方法中，我们会从散列表中删除元素。可以直接从原始 hash 位置找到元素（行{1}），如果有冲突并被处理了，我们可以在另一个位置找到元素（行{3}）。由于我们不知道在散列表的不同位置上是否存在具有相同 hash 的元素，需要验证删除操作是否有副作用。如果有，就需要将冲突的元素移动至一个之前的位置，这样就不会产生空位置（行{2}和行{4}）。要完成这项工作，我们将会创建一个工具方法，声明如下。

```
verifyRemoveSideEffect(key, removedPosition) {
  const hash = this.hashCode(key); // {1}
  let index = removedPosition + 1; // {2}
  while (this.table[index] != null) { // {3}
    const posHash = this.hashCode(this.table[index].key); // {4}
    if (posHash <= hash || posHash <= removedPosition) { // {5}
      this.table[removedPosition] = this.table[index]; // {6}
      delete this.table[index];
      removedPosition = index;
    }
    index++;
  }
}
```

verifyRemoveSideEffect 方法接收两个参数：被删除的 key 和该 key 被删除的位置。首先，我们要获取被删除的 key 的 hash 值（行{1}——也可以将该值作为一个参数传入这个方法）。然后，我们会从下一个位置开始迭代散列表（行{2}）直到找到一个空位置（行{3}）。当空位置被找到后，表示元素都在合适的位置上，不需要进行移动（或更多的移动）。当迭代随后的元素时，我们需要计算当前位置上元素的 hash 值（行{4}）。如果当前元素的 hash 值小于或等于原始的 hash 值（行{5}）或者当前元素的 hash 值小于或等于 removedPosition（也就是上一个被移除 key 的 hash 值），表示我们需要将当前元素移动至 removedPosition 的位置（行{6}）。移动完成后，我们可以删除当前的元素（因为它已经被复制到 removedPosition 的位置了）。我们还需要将 removedPosition 更新为当前的 index，然后重复这个过程。

我们来考虑演示 put 方法所创建的散列表。假设我们想要从散列表中移除 Jonathan 元素。下面来模拟一下删除的过程。

(1) 我们可以在位置 5 找到并删除 Jonathan。位置 5 现在空闲了。我们将验证一下是否有副作用。

(2) 我们来到存储 Jamie 的位置 6，现在的散列值为 5，它的散列值 5 小于等于散列值 5，所以要将 Jamie 复制到位置 5 并删除 Jamie。位置 6 现在空闲了，我们来验证下一个位置。

(3) 我们来到位置 7，这里保存了 Jack，散列值为 7。它的散列值 7 大于散列值 5，并且散列值 7 大于 removedPosition 的值 6，所以我们不需要移动它。下一个位置也被占据了，那么我们来验证下一个位置。

(4) 我们来到位置 8，此处保存了 Jasmine，散列值为 8。散列值 8 大于 Jasmine 的散列值 5，并且散列值 8 大于 removedPosition 的值 6，因此不需要移动它。下一个位置也被占了，那么我们来验证下一个位置。

(5) 我们来到位置 9，这里保存了 Jake，它的散列值是 9。散列值 9 大于散列值 5，并且散列值 9 大于 removedPosition 的值 6，所以不需要移动它。下一个位置也被占了，那么我们来验证下一个位置。

(6) 我们重复相同的过程，直到位置 12。

(7) 我们来到位置 12，此处保存了 Sue，它的散列值为 5。散列值 5 小于等于散列值 5，并且散列值 5 小于等于 removedPosition 的值 6，因此我们将 Sue 复制到位置 6，并删除位置 12 的 Sue。位置 12 现在空闲了。下一个位置也被占据了，那么我们来验证下一个位置。

(8) 我们来到位置 13，此处保存了 Aethelwulf，它的散列值为 5。散列值 5 小于等于散列值 5，并且散列值 5 小于等于 removedPosition 的值 12，因此我们需要将 Aethelwulf 复制到位置 12 并删除位置 13 的值。位置 13 现在空闲了。下一个位置也被占据了，那么我们来验证下一个位置。

(9) 我们来到位置 14，此处保存了 Sargeras，散列值为 10。散列值 10 大于 Aethelwulf 的散列值 5，但是散列值 10 小于等于 removedPosition 的值 13，因此我们要将 Sargeras 复制到位置 13 并删除位置 14 的值。位置 14 现在空闲了。下一个位置也是空闲的，那么本次执行完成了。

8.2.5 创建更好的散列函数

我们实现的 lose lose 散列函数并不是一个表现良好的散列函数，因为它会产生太多的冲突。一个表现良好的散列函数是由几个方面构成的：插入和检索元素的时间（即性能），以及较低的冲突可能性。我们可以在网上找到一些不同的实现方法，也可以实现自己的散列函数。

另一个可以实现的、比 lose lose 更好的散列函数是 djb2。

```
djb2HashCode(key) {
  const tableKey = this.toStrFn(key); // {1}
  let hash = 5381; // {2}
  for (let i = 0; i < tableKey.length; i++) { // {3}
    hash = (hash * 33) + tableKey.charCodeAt(i); // {4}
  }
  return hash % 1013; // {5}
}
```

在将键转化为字符串之后（行{1}），djb2HashCode 方法包括初始化一个 hash 变量并赋值为一个质数（行{2}——大多数实现都使用 5381），然后迭代参数 key（行{3}），将 hash 与 33 相乘（用作一个幻数①），并和当前迭代到的字符的 ASCII 码值相加（行{4}）。

最后，我们将使用相加的和与另一个随机质数相除的余数（行{5}），比我们认为的散列表大小要大。在本例中，我们认为散列表的大小为 1000。

如果再次执行 8.2.4 节中插入数据的代码，这将是使用 djb2HashCode 代替 loseloseHash-Code 的最终结果。

```
807 - Ygritte
288 - Jonathan
962 - Jamie
619 - Jack
275 - Jasmine
877 - Jake
223 - Nathan
925 - Athelstan
502 - Sue
149 - Aethelwulf
711 - Sargeras
```

没有冲突！

这并不是最好的散列函数，但这是最受社区推崇的散列函数之一。

 也有一些为数字键值准备的散列函数，你可以在 http://t.cn/Eqg1yb0 找到一系列的实现。

---

① 幻数在编程中指直接使用的常数。——编者注

8.3 ES2015 `Map` 类

ECMAScript 2015 新增了 `Map` 类。可以基于 ES2015 的 `Map` 类开发我们的 `Dictionary` 类。

 关于 ECMAScript 6 的 `Map` 类的实现细节，请查阅 https://developer.mozilla.org/zh-CN/docs/Web/JavaScript/Reference/Global_Objects/Map。

我们看看原生的 `Map` 类怎么用。还是用我们原来测试 `Dictionary` 类的例子。

```
const map = new Map();

map.set('Gandalf', 'gandalf@email.com');
map.set('John', 'johnsnow@email.com');
map.set('Tyrion', 'tyrion@email.com');

console.log(map.has('Gandalf')); // true
console.log(map.size); // 3
console.log(map.keys()); // 输出{"Gandalf", "John", "Tyrion"}
console.log(map.values()); // 输出{"gandalf@email.com", "johnsnow@email.com",
"tyrion@email.com"}
console.log(map.get('Tyrion')); // tyrion@email.com
```

和我们的 `Dictionary` 类不同，ES2015 的 `Map` 类的 values 方法和 keys 方法都返回 `Iterator`（第 3 章提到过），而不是值或键构成的数组。另一个区别是，我们实现的 size 方法返回字典中存储的值的个数，而 ES2015 的 `Map` 类则有一个 size 属性。

删除 map 中的元素可以用 delete 方法。

```
map.delete('John');
```

clear 方法会重置 map 数据结构，这跟我们在 `Dictionary` 类里实现的一样。

8.4 ES2105 `WeakMap` 类和 `WeakSet` 类

除了 Set 和 Map 这两种新的数据结构，ES2015 还增加了它们的弱化版本，WeakSet 和 WeakMap。

基本上，Map 和 Set 与其弱化版本之间仅有的区别是：

❑ WeakSet 或 WeakMap 类没有 entries、keys 和 values 等方法；
❑ 只能用对象作为键。

创建和使用这两个类主要是为了性能。WeakSet 和 WeakMap 是弱化的（用对象作为键），没有强引用的键。这使得 JavaScript 的垃圾回收器可以从中清除整个入口。

另一个优点是，必须用键才可以取出值。这些类没有 entries、keys 和 values 等迭代器方法，因此，除非你知道键，否则没有办法取出值。这印证了我们在第 4 章的做法，即使用 WeakMap 类封装 ES2015 类的私有属性。

使用 WeakMap 类的例子如下。

```
const map = new WeakMap();

const ob1 = { name: 'Gandalf' }; // {1}
const ob2 = { name: 'John' };
const ob3 = { name: 'Tyrion' };

map.set(ob1, 'gandalf@email.com'); // {2}
map.set(ob2, 'johnsnow@email.com');
map.set(ob3, 'tyrion@email.com');

console.log(map.has(ob1)); // true {3}
console.log(map.get(ob3)); // tyrion@email.com {4}
map.delete(ob2); // {5}
```

WeakMap 类也可以用 set 方法（行{2}），但不能使用数、字符串、布尔值等基本数据类型，需要将名字转换为对象（行{1}）。

搜索（行{3}）、读取（行{4}）和删除值（行{5}），也要传入作为键的对象。

同样的逻辑也适用于 WeakSet 类。

8.5 小结

在本章中，我们学习了字典的相关知识，了解了如何添加、移除和获取元素以及其他一些方法。我们还了解了字典和集合的不同之处。

我们也学习了散列运算，怎样创建一个散列表（或者说散列映射）数据结构，如何添加、移除和获取元素，以及如何创建散列函数。我们学习了怎样使用两种不同的方法解决散列表中的冲突问题。

我们还介绍了如何使用 ES2015 的 Map、WeakMap 和 WeakSet 类。

在下一章中，我们将学习递归。

第 9 章

递 归

在之前的章节中，我们学习了不同的可迭代数据结构。从下一章开始，我们要使用一种特殊的方法使操作**树**和**图**数据结构变得更简单，那就是**递归**。但是学习树和图之前，我们需要先理解递归是如何工作的。

本章内容包括：

❑ 理解递归
❑ 计算一个数的阶乘
❑ 斐波那契数列
❑ JavaScript 调用栈

9.1 理解递归

有一句编程的至理名言是这样的：

"要理解递归，首先要理解递归。"

——佚名

递归是一种解决问题的方法，它从解决问题的各个小部分开始，直到解决最初的大问题。递归通常涉及函数调用自身。

递归函数是像下面这样能够直接调用自身的方法或函数。

```
function recursiveFunction(someParam){
  recursiveFunction(someParam);
}
```

能够像下面这样间接调用自身的函数，也是递归函数。

```
function recursiveFunction1(someParam){
  recursiveFunction2(someParam);
```

```
}

function recursiveFunction2(someParam){
  recursiveFunction1(someParam);
}
```

假设现在必须要执行 recursiveFunction，结果是什么？单就上述情况而言，它会一直执行下去。因此，每个递归函数都必须有**基线条件**，即一个不再递归调用的条件（**停止点**），以防止无限递归。

回到之前的编程至理名言，在理解了什么是递归之后，我们也就解决了最初的问题。如果我们把这句话翻译成 JavaScript 代码的话，可以写成下面这样。

```
function understandRecursion(doIunderstandRecursion) {
  const recursionAnswer = confirm('Do you understand recursion?');
  if (recursionAnswer === true) { // 基线条件或停止点
    return true;
  }
  understandRecursion(recursionAnswer); // 递归调用
}
```

understandRecursion 函数会不断地调用自身，直到 recursionAnswer 为真（true）。recursionAnswer 为真就是上述代码的基线条件。

下面来看看一些著名的递归算法。

9.2　计算一个数的阶乘

作为递归的第一个例子，我们来看看如何计算一个数的阶乘。数 n 的阶乘，定义为 $n!$，表示从 1 到 n 的整数的乘积。

5 的阶乘表示为 5!，和 $5 \times 4 \times 3 \times 2 \times 1$ 相等，结果是 120。

9.2.1　迭代阶乘

如果尝试表示计算任意数 n 的阶乘的步骤，可以将步骤定义如下：(n) * (n - 1) * (n - 2) * (n - 3) * ... * 1。

可以使用循环来写一个计算一个数阶乘的函数，如下所示。

```
function factorialIterative(number) {
  if (number < 0) return undefined;
  let total = 1;
  for (let n = number; n > 1; n--) {
    total = total * n;
  }
```

```
  return total;
}
console.log(factorialIterative(5)); // 120
```

我们可以从给定的 number 开始计算阶乘, 并减少 n, 直到它的值为 2, 因为 1 的阶乘还是 1, 而且它已经被包含在 total 变量中了。零的阶乘也是 1。负数的阶乘不会被计算。

9.2.2 递归阶乘

现在我们试着用递归来重写 factorialIterative 函数, 但是首先使用递归的定义来定义所有的步骤。

5 的阶乘用 $5 \times 4 \times 3 \times 2 \times 1$ 来计算。$4(n-1)$ 的阶乘用 $4 \times 3 \times 2 \times 1$ 来计算。计算 $n-1$ 的阶乘是我们计算原始问题 $n!$ 的一个子问题, 因此可以像下面这样定义 5 的阶乘。

(1) factorial(5) = 5 * factorial(4): 我们可以用 $5 \times 4!$ 来计算 5!。

(2) factorial(5) = 5 * (4 * factorial(3)): 我们需要计算子问题 4!, 它可以用 $4 \times 3!$ 来计算。

(3) factorial(5) = 5 * 4 * (3 * factorial(2)): 我们需要计算子问题 3!, 它可以用 $3 \times 2!$ 来计算。

(4) factorial(5) = 5 * 4 * 3 * (2 * factorial(1)): 我们需要计算子问题 2!, 它可以用 $2 \times 1!$ 来计算。

(5) factorial(5) = 5 * 4 * 3 * 2 * (1): 我们需要计算子问题 1!。

(6) factorial(1) 或 factorial(0) 返回 1。1! 等于 1。我们也可以说 $1! = 1 \times 0!$, 0! 也等于 1。

使用递归的 factorial 函数定义如下。

```
function factorial(n) {
  if (n === 1 || n === 0) { // 基线条件
    return 1;
  }
  return n * factorial(n - 1); // 递归调用
}
console.log(factorial(5)); // 120
```

1. 调用栈

我们在第 4 章学习了栈数据结构。我们来看看在实际应用中用递归形式使用它的例子。每当一个函数被一个算法调用时, 该函数会进入**调用栈**的顶部。当使用递归的时候, 每个函数调用都会堆叠在调用栈的顶部, 这是因为每个调用都可能依赖前一个调用的结果。

我们可以用浏览器看到**调用栈**的行为, 如下图所示。

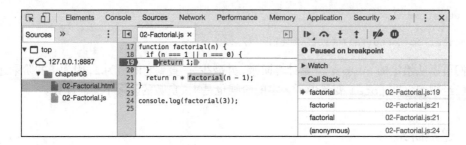

如果执行 `factorial(3)`，打开浏览器的开发者工具，打开 **Sources** 标签页，在 Factorial.js 文件中增加一个断点，当 n 的值为 1 时，我们可以看到 **Call Stack** 里有三个 `factorial` 函数的调用。如果继续执行，会看到当 `factorial(1)` 被返回后，**Call Stack** 开始弹出 `factorial` 的调用。

我们也可以在函数开头添加 `console.trace()` 来在浏览器的控制台中查看结果。

```
function factorial(n) {
  console.trace();
  // 函数逻辑
}
```

当 `factorial(3)` 被调用时，我们能在控制台中得到下面的结果。

```
factorial @ 02-Factorial.js:18
(anonymous) @ 02-Factorial.js:25 // console.log(factorial(3))调用
```

当 `factorial(2)` 被调用时，我们能在控制台中得到下面的结果。

```
factorial @ 02-Factorial.js:18
factorial @ 02-Factorial.js:22 // factorial(3)在等待 factorial(2)
(anonymous) @ 02-Factorial.js:25 // console.log(factorial(3))调用
```

最后，当 `factorial(1)` 被调用时，我们能在控制台中得到下面的结果。

```
factorial @ 02-Factorial.js:18
factorial @ 02-Factorial.js:22 // factorial(2)在等待 factorial(1)
factorial @ 02-Factorial.js:22 // factorial(3)在等待 factorial(2)
(anonymous) @ 02-Factorial.js:25 // console.log(factorial(3))调用
```

下图展示了执行的各个步骤和调用栈中的行为。

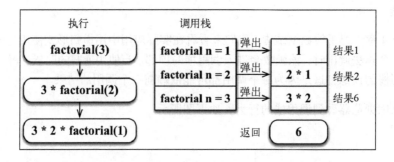

当 factorial(1) 返回 1 时，调用栈会开始弹出调用，返回结果，直到 3 * factorial(2) 被计算。

2. JavaScript 调用栈大小的限制

如果忘记加上用以停止函数递归调用的基线条件，会发生什么呢？递归并不会无限地执行下去，浏览器会抛出错误，也就是所谓的**栈溢出错误**（stack overflow error）。

每个浏览器都有自己的上限，可用以下代码测试。

```
let i = 0;
function recursiveFn() {
  i++;
  recursiveFn();
}

try {
  recursiveFn();
} catch (ex) {
  console.log('i = ' + i + ' error: ' + ex);
}
```

在 **Chrome v65** 中，该函数执行了 15 662 次，而后浏览器抛出错误 RangeError: Maximum call stack size exceeded（超限错误：超过最大调用栈大小）。在 **Firefox v59** 中，该函数执行了 188 641 次，然后浏览器抛出错误 InternalError: too much recursion（内部错误：递归次数过多）。在 **Edge v41** 中，该函数执行了 17 654 次。

 根据操作系统和浏览器的不同，具体数值会所有不同，但区别不大。

ECMAScript 2015 有**尾调用优化**（tail call optimization）。如果函数内的最后一个操作是调用函数（就像示例中加粗的那行），会通过"跳转指令"（jump）而不是"子程序调用"（subroutine call）来控制。也就是说，在 ECMAScript 2015 中，这里的代码可以一直执行下去。因此，具有停止递归的基线条件非常重要。

 有关尾调用优化的更多相关信息，请访问 https://www.chromestatus.com/feature/5516876633341952。

9.3　斐波那契数列

斐波那契数列是另一个可以用递归解决的问题。它是一个由 0、1、1、2、3、5、8、13、21、34 等数组成的序列。数 2 由 1 + 1 得到，数 3 由 1 + 2 得到，数 5 由 2 + 3 得到，以此类推。斐波那契数列的定义如下。

- 位置 0 的斐波那契数是零。
- 1 和 2 的斐波那契数是 1。
- n（此处 $n>2$）的斐波那契数是（$n-1$）的斐波那契数加上（$n-2$）的斐波那契数。

9.3.1　迭代求斐波那契数

我们用迭代的方法实现了 `fibonacci` 函数，如下所示。

```
function fibonacciIterative(n) {
  if (n < 1) return 0;
  if (n <= 2) return 1;

  let fibNMinus2 = 0;
  let fibNMinus1 = 1;
  let fibN = n;
  for (let i = 2; i <= n; i++) { // n >= 2
    fibN = fibNMinus1 + fibNMinus2; // f(n-1) + f(n-2)
    fibNMinus2 = fibNMinus1;
    fibNMinus1 = fibN;
  }
  return fibN;
}
```

9.3.2　递归求斐波那契数

`fibonacci` 函数可以写成下面这样。

```
function fibonacci(n){
  if (n < 1) return 0; // {1}
  if (n <= 2) return 1; // {2}
  return fibonacci(n - 1) + fibonacci(n - 2); // {3}
}
```

在上面的代码中，有基线条件（行{1}和行{2}）以及计算 $n>2$ 的斐波那契数的逻辑（行{3}）。

如果我们试着寻找 `fibonacci(5)`，下面是调用情况的结果。

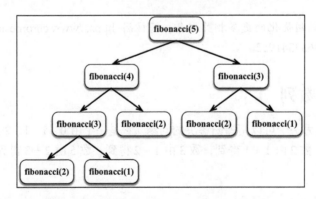

9.3.3 记忆化斐波那契数

还有第三种写 `fibonacci` 函数的方法，叫作**记忆化**。记忆化是一种保存前一个结果的值的优化技术，类似于缓存。如果我们分析在计算 `fibonacci(5)` 时的调用，会发现 `fibonacci(3)` 被计算了两次，因此可以将它的结果存储下来，这样当需要再次计算它的时候，我们就已经有它的结果了。

下面的代码展示了使用记忆化的 `fibonacci` 函数。

```
function fibonacciMemoization(n) {
  const memo = [0, 1]; // {1}
  const fibonacci = (n) => {
    if (memo[n] != null) return memo[n]; // {2}
    return memo[n] = fibonacci(n - 1, memo) + fibonacci(n - 2, memo); // {3}
  };
  return fibonacci;
}
```

在上面的代码中，我们声明了一个 `memo` 数组来缓存所有的计算结果（行{1}）。如果结果已经被计算了，我们就返回它（行{2}），否则计算该结果并将它加入缓存（行{3}）。

9.4 为什么要用递归？它更快吗

我们运行一个检测程序来测试本章三种不同的 `fibonacci` 函数。

	Test	Ops/sec
Iterative	`fibonacciIterative(25)`	38,699,512 ±2.11% fastest
Recursive	`fibonacci(25)`	1,420 ±1.01% 100% slower
Memoization	`fibonacciMemoization(25)`	27,697,365 ±3.16% 29% slower

迭代的版本比**递归**的版本快很多，所以这表示递归更慢。但是，再看看三个不同版本的代码。递归版本更容易理解，需要的代码通常也更少。另外，对一些算法来说，**迭代**的解法可能不可用，而且有了尾调用优化，递归的多余消耗甚至可能被消除。

所以，我们经常使用递归，因为用它来解决问题会更简单。

9.5　小结

本章，我们学习了怎样写两种著名算法的迭代版本和递归版本：数的阶乘和斐波那契数列。我们学习了一种叫作记忆化的优化技术，它可以防止递归算法重复计算一个相同的值。

我们还比较了斐波那契算法的迭代版本和递归版本的性能，了解了尽管迭代版本可能更快，但是递归算法会使人更容易阅读和理解它正在做什么。

在下一章，我们将会学习树数据结构。我们会创建 Tree 类，而它的大部分方法会使用递归。

第 10 章

树

到目前为止，本书已经介绍了一些顺序数据结构，而第一个非顺序数据结构是**散列表**。在本章，我们将要学习另一种非顺序数据结构——**树**，它对于存储需要快速查找的数据非常有用。

本章内容包括：

- 树的相关术语
- 创建二叉搜索树
- 树的遍历
- 添加和移除节点
- AVL 树

10.1 树数据结构

树是一种分层数据的抽象模型。现实生活中最常见的树的例子是家谱，或是公司的组织架构图，如下图所示。

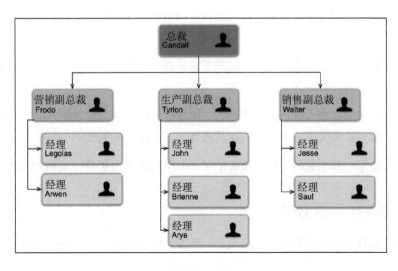

10.2　树的相关术语

一个树结构包含一系列存在父子关系的节点。每个节点都有一个父节点（除了顶部的第一个节点）以及零个或多个子节点：

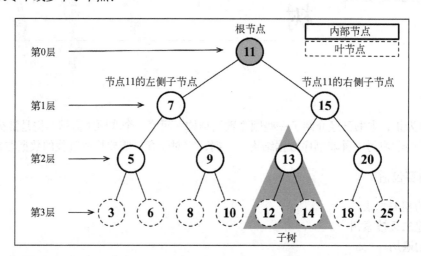

位于树顶部的节点叫作**根节点**（11）。它没有父节点。树中的每个元素都叫作节点，节点分为**内部节点**和**外部节点**。至少有一个子节点的节点称为内部节点（7、5、9、15、13 和 20 是内部节点）。没有子元素的节点称为外部节点或叶节点（3、6、8、10、12、14、18 和 25 是叶节点）。

一个节点可以有祖先和后代。一个节点（除了根节点）的祖先包括父节点、祖父节点、曾祖父节点等。一个节点的后代包括子节点、孙子节点、曾孙节点等。例如，节点 5 的祖先有节点 7 和节点 11，后代有节点 3 和节点 6。

有关树的另一个术语是**子树**。子树由节点和它的后代构成。例如，节点 13、12 和 14 构成了上图中树的一棵子树。

节点的一个属性是深度，节点的深度取决于它的祖先节点的数量。比如，节点 3 有 3 个祖先节点（5、7 和 11），它的深度为 3。

树的高度取决于所有节点深度的最大值。一棵树也可以被分解成层级。根节点在第 0 层，它的子节点在第 1 层，以此类推。上图中的树的高度为 3（最大高度已在图中表示——第 3 层）。

现在我们知道了与树相关的一些最重要的概念，下面来学习更多有关树的知识。

10.3　二叉树和二叉搜索树

二叉树中的节点最多只能有两个子节点：一个是左侧子节点，另一个是右侧子节点。这个定义有助于我们写出更高效地在树中插入、查找和删除节点的算法。二叉树在计算机科学中的应用非常广泛。

二叉搜索树（BST）是二叉树的一种，但是只允许你在左侧节点存储（比父节点）小的值，在右侧节点存储（比父节点）大的值。上一节的图中就展现了一棵二叉搜索树。

二叉搜索树将是我们要在本章研究的数据结构。

10.3.1 创建 BinarySearchTree 类

我们先来创建 Node 类来表示二叉搜索树中的每个节点，代码如下。

```
export class Node {
  constructor(key) {
    this.key = key; // {1} 节点值
    this.left = null; // 左侧子节点引用
    this.right = null; // 右侧子节点引用
  }
}
```

下图展现了二叉搜索树数据结构的组织方式。

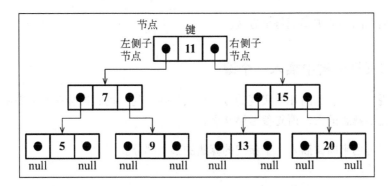

和链表一样，我们将通过指针（引用）来表示节点之间的关系（树相关的术语称其为**边**）。在双向链表中，每个节点包含两个指针，一个指向下一个节点，另一个指向上一个节点。对于树，使用同样的方式（也使用两个指针），但是一个指向**左侧子节点**，另一个指向**右侧子节点**。因此，将声明一个 Node 类来表示树中的每个节点。值得注意的一个小细节是，不同于在之前的章节中将节点本身称作节点或项，我们将会称其为键（行{1}）。键是树相关的术语中对节点的称呼。

下面，我们会声明 BinarySearchTree 类的基本结构。

```
import { Compare, defaultCompare } from '../util';
import { Node } from './models/node';

export default class BinarySearchTree {
```

```
constructor(compareFn = defaultCompare) {
  this.compareFn = compareFn; // 用来比较节点值
  this.root = null; // {1} Node 类型的根节点
}
}
```

我们将会遵循和 LinkedList 类中相同的模式（第 6 章），这表示也将声明一个变量以控制此数据结构的第一个节点。在树中，它不再是 head，而是 root（行{1}）。

然后，我们需要实现一些方法。下面是将要在 BinarySearchTree 类中实现的方法。

❑ insert(key)：向树中插入一个新的键。

❑ search(key)：在树中查找一个键。如果节点存在，则返回 true；如果不存在，则返回 false。

❑ inOrderTraverse()：通过中序遍历方式遍历所有节点。

❑ preOrderTraverse()：通过先序遍历方式遍历所有节点。

❑ postOrderTraverse()：通过后序遍历方式遍历所有节点。

❑ min()：返回树中最小的值/键。

❑ max()：返回树中最大的值/键。

❑ remove(key)：从树中移除某个键。

我们将在后面的小节中实现每个方法。

10.3.2　向二叉搜索树中插入一个键

本章要实现的方法会比前几章实现的方法稍微复杂一些。我们将会在方法中使用很多递归。如果你对递归还不熟悉的话，请先参考第 9 章。

下面的代码是用来向树插入一个新键的算法的第一部分。

```
insert(key) {
  if (this.root == null) { // {1}
    this.root = new Node(key); // {2}
  } else {
    this.insertNode(this.root, key); // {3}
  }
}
```

要向树中插入一个新的节点（或键），要经历两个步骤。

第一步是验证插入操作是否是特殊情况。对于二叉搜索树的特殊情况是，我们尝试插入的树节点是否为第一个节点（行{1}）。如果是，我们要做的就是创建一个 Node 类的实例并将它赋值给 root 属性来将 root 指向这个新节点（行{2}）。因为在 Node 构建函数的属性里，只需要向构造函数传递我们想用来插入树的节点值（key），它的左指针和右指针的值会由构造函数自动设置为 null。

　　第二步是将节点添加到根节点以外的其他位置。在这种情况下，我们需要一个辅助方法（行
{3}）来帮助我们做这件事，它的声明如下。

```
insertNode(node, key) {
  if (this.compareFn(key, node.key) === Compare.LESS_THAN) { // {4}
    if (node.left == null) { // {5}
      node.left = new Node(key); // {6}
    } else {
      this.insertNode(node.left, key); // {7}
    }
  } else {
    if (node.right == null) { // {8}
      node.right = new Node(key); // {9}
    } else {
      this.insertNode(node.right, key); // {10}
    }
  }
}
```

insertNode 方法会帮助我们找到新节点应该插入的正确位置。下面是这个函数实现的步骤。

- 如果树非空，需要找到插入新节点的位置。因此，在调用 insertNode 方法时要通过参
  数传入树的根节点和要插入的节点。
- 如果新节点的键小于当前节点的键（现在，当前节点就是根节点）（行{4}），那么需要检
  查当前节点的左侧子节点。注意在这里，由于键可能是复杂的对象而不是数，我们使用
  传入二叉搜索树构造函数的 compareFn 函数来比较值。如果它没有左侧子节点(行{5})，
  就在那里插入新的节点（行{6}）。如果有左侧子节点，需要通过递归调用 insertNode
  方法（行{7}）继续找到树的下一层。在这里，下次要比较的节点将会是当前节点的左侧
  子节点（左侧节点子树）。
- 如果节点的键比当前节点的键大，同时当前节点没有右侧子节点（行{8}），就在那里插
  入新的节点（行{9}）。如果有右侧子节点，同样需要递归调用 insertNode 方法，但是
  要用来和新节点比较的节点将会是右侧子节点（右侧节点子树）（行{10}）。

　　我们来将这个逻辑应用在一个例子中，以便更好地理解这个过程。考虑下面的情景：我们有
一棵新的树，并且想要向它插入第一个值。在这个例子中，我们执行下面的代码。

```
const tree = new BinarySearchTree();
tree.insert(11);
```

这种情况下，树中有一个单独的节点，根指针将会指向它。源代码的行{1}和行{2}将会执行。

　　现在，来考虑下图所示树结构的情况。

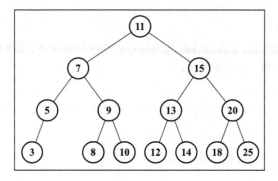

创建上图所示的树的代码如下，它们接着上面一段代码（插入了键为 11 的节点）之后输入执行。

```
tree.insert(7);
tree.insert(15);
tree.insert(5);
tree.insert(3);
tree.insert(9);
tree.insert(8);
tree.insert(10);
tree.insert(13);
tree.insert(12);
tree.insert(14);
tree.insert(20);
tree.insert(18);
tree.insert(25);
```

同时，我们想要插入一个值为 6 的键，执行下面的代码。

```
tree.insert(6);
```

下面的步骤将会被执行。

(1) 树不是空的，行{3}的代码将会执行。insertNode 方法将会被调用（root，key[6]）。

(2) 算法将会检测行{4}（key[6] < root[11]为真），并继续检测行{5}（node.left[7]不是 null），然后将到达行{7}并调用 insertNode（node.left[7]，key[6]）。

(3) 再次进入 insertNode 方法内部，但是使用了不同的参数。它会再次检测行{4}（key[6]< node[7]为真），然后再检测行{5}（node.left[5]不是 null），接着到达行{7}，调用 insertNode（node.left[5]，key[6]）。

(4) 将再一次进入 insertNode 方法内部。它会再次检测行{4}（key[6] < node[5]为假），然后到达行{8}（node.right 是 null——节点 5 没有任何右侧的子节点），然后将会执行行{9}，在节点 5 的右侧子节点位置插入键 6。

(5) 然后，方法调用会依次出栈，代码执行过程结束。

下图是插入键 6 后的结果。

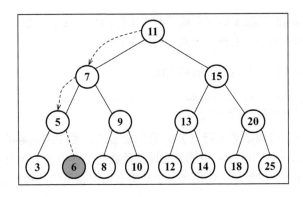

10.4 树的遍历

遍历一棵树是指访问树的每个节点并对它们进行某种操作的过程。但是我们应该怎么去做呢？应该从树的顶端还是底端开始呢？从左开始还是从右开始呢？访问树的所有节点有三种方式：中序、先序和后序。

在后面的小节中，我们将会深入了解这三种遍历方式的用法和实现。

10.4.1 中序遍历

中序遍历是一种以上行顺序访问 BST 所有节点的遍历方式，也就是以从最小到最大的顺序访问所有节点。中序遍历的一种应用就是对树进行排序操作。我们来看看它的实现。

```
inOrderTraverse(callback) {
  this.inOrderTraverseNode(this.root, callback); // {1}
}
```

`inOrderTraverse` 方法接收一个回调函数作为参数。回调函数用来定义我们对遍历到的每个节点进行的操作（这也叫作访问者模式，要了解更多关于访问者模式的信息，请参考 http://en.wikipedia.org/wiki/Visitor_pattern）。由于我们在 BST 中最常实现的算法是递归，这里使用了一个辅助方法，来接收一个节点和对应的回调函数作为参数（行{1}）。辅助方法如下所示。

```
inOrderTraverseNode(node, callback) {
  if (node != null) { // {2}
    this.inOrderTraverseNode(node.left, callback); // {3}
    callback(node.key); // {4}
    this.inOrderTraverseNode(node.right, callback); // {5}
  }
}
```

要通过中序遍历的方法遍历一棵树，首先要检查以参数形式传入的节点是否为 null（行{2}——这就是停止递归继续执行的判断条件，即递归算法的基线条件）。

然后，递归调用相同的函数来访问左侧子节点（行{3}）。接着对根节点（行{4}）进行一些操作（callback），然后再访问右侧子节点（行{5}）。

我们试着在之前展示的树上执行下面的方法。

```
const printNode = (value) => console.log(value); // {6}
tree.inOrderTraverse(printNode); // {7}
```

首先，需要创建一个回调函数（行{6}）。我们要做的，是在浏览器的控制台上输出节点的值。然后，调用 inOrderTraverse 方法并将回调函数作为参数传入（行{7}）。当执行上面的代码后，下面的结果将会在控制台上输出（每个数将会输出在不同的行上）。

3 5 6 7 8 9 10 11 12 13 14 15 18 20 25

下图描绘了 inOrderTraverse 方法的访问路径。

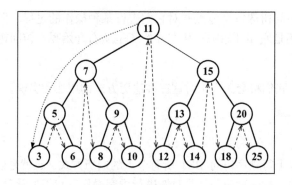

10.4.2　先序遍历

先序遍历是以优先于后代节点的顺序访问每个节点的。先序遍历的一种应用是打印一个结构化的文档。

我们来看其实现。

```
preOrderTraverse(callback) {
  this.preOrderTraverseNode(this.root, callback);
}
```

preOrderTraverseNode 方法的实现如下。

```
preOrderTraverseNode(node, callback) {
  if (node != null) {
    callback(node.key); // {1}
    this.preOrderTraverseNode(node.left, callback); // {2}
    this.preOrderTraverseNode(node.right, callback); // {3}
  }
}
```

先序遍历和中序遍历的不同点是，先序遍历会先访问节点本身（行{1}），然后再访问它的左侧子节点（行{2}），最后是右侧子节点（行{3}），而中序遍历的执行顺序是：{2}、{1}和{3}。

下面是控制台上的输出结果（每个数将会输出在不同的行上）。

`11 7 5 3 6 9 8 10 15 13 12 14 20 18 25`

下图描绘了 `preOrderTraverse` 方法的访问路径：

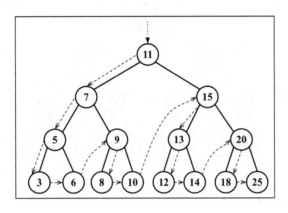

10.4.3　后序遍历

后序遍历则是先访问节点的后代节点，再访问节点本身。后序遍历的一种应用是计算一个目录及其子目录中所有文件所占空间的大小。

我们来看它的实现。

```
postOrderTraverse(callback) {
  this.postOrderTraverseNode(this.root, callback);
}
```

`postOrderTraverseNode` 方法的实现如下。

```
postOrderTraverseNode(node, callback) {
  if (node != null) {
    this.postOrderTraverseNode(node.left, callback); // {1}
    this.postOrderTraverseNode(node.right, callback); // {2}
    callback(node.key); // {3}
  }
}
```

这个例子中，后序遍历会先访问左侧子节点（行{1}），然后是右侧子节点（行{2}），最后是父节点本身（行{3}）。

你会发现，中序、先序和后序遍历的实现方式是很相似的，唯一不同的是行{1}、{2}和{3}

的执行顺序。

下面是控制台的输出结果（每个数将会输出在不同行上）。

3 6 5 8 10 9 7 12 14 13 18 25 20 15 11

下图描绘了 `postOrderTraverse` 方法的访问路径。

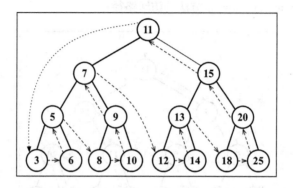

10.5 搜索树中的值

在树中，有三种经常执行的搜索类型：

- ❑ 搜索最小值
- ❑ 搜索最大值
- ❑ 搜索特定的值

我们依次来看。

10.5.1 搜索最小值和最大值

我们使用下面的树作为示例。

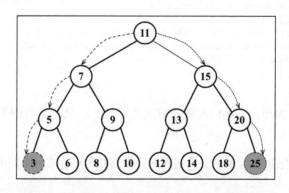

只用眼睛看这张图，你能立刻找到树中的最小值和最大值吗？

如果你看一眼树最后一层最左侧的节点，会发现它的值为 3，这是这棵树中最小的键。如果你再看一眼树最右端的节点（同样是树的最后一层），会发现它的值为 25，这是这棵树中最大的键。这条信息在我们实现搜索树节点的最小值和最大值的方法时能给予我们很大的帮助。

首先，我们来看寻找树的最小键的方法。

```
min() {
  return this.minNode(this.root); // {1}
}
```

min 方法将会暴露给用户。这个方法调用了 minNode 方法（行{1}）。

```
minNode(node) {
  let current = node;
  while (current != null && current.left != null) { // {2}
    current = current.left; // {3}
  }
  return current; // {4}
}
```

minNode 方法允许我们从树中任意一个节点开始寻找最小的键。我们可以使用它来找到一棵树或其子树中最小的键。因此，我们在调用 minNode 方法的时候传入树的根节点（行{1}），因为我们想要找到整棵树的最小键。

在 minNode 方法内部，我们会遍历树的左边（行{2}和行{3}）直到找到树的最下层（最左端）。

> minNode 方法中使用的逻辑和我们在第 6 章中用来遍历到最后一个节点使用的代码很相似。这里的不同之处在于我们遍历到树最左端的节点。

以相似的方式，可以实现 max 方法。

```
max() {
  return this.maxNode(this.root);
}
maxNode(node) {
  let current = node;
  while (current != null && current.right != null) { // {5}
    current = current.right;
  }
  return current;
}
```

要找到最大的键，我们要沿着树的右边进行遍历（行{5}）直到找到最右端的节点。

因此，对于寻找最小值，总是沿着树的左边；而对于寻找最大值，总是沿着树的右边。

10.5.2　搜索一个特定的值

在之前的章节中，我们同样实现了 find、search 或 get 方法来查找数据结构中的一个特定的值。我们将同样在 BST 中实现搜索的方法，来看它的实现。

```
search(key) {
  return this.searchNode(this.root, key); // {1}
}
searchNode(node, key) {
  if (node == null) { // {2}
    return false;
  }
  if (this.compareFn(key, node.key) === Compare.LESS_THAN) { // {3}
    return this.searchNode(node.left, key); // {4}
  } else if (
      this.compareFn(key, node.key) === Compare.BIGGER_THAN
  ) { // {5}
    return this.searchNode(node.right, key); // {6}
  } else {
    return true; // {7}
  }
}
```

我们要做的第一件事，是声明 search 方法。和 BST 中声明的其他方法的模式相同，我们将会使用一个辅助方法（行{1}）。

searchNode 方法可以用来寻找一棵树或其任意子树中的一个特定的值。这也是为什么在行{1}中调用它的时候传入树的根节点作为参数。

在开始算法之前，要验证作为参数传入的 node 是否合法（不是 null 或 undefined）。如果不合法，说明要找的键没有找到，返回 false。

如果传入的节点不是 null，需要继续验证。如果要找的键比当前的节点小（行{3}），那么继续在左侧的子树上搜索（行{4}）。如果要找的键比当前的节点大（行{5}），那么就从右侧子节点开始继续搜索（行{6}），否则就说明要找的键和当前节点的键相等，返回 true 来表示找到了这个键（行{7}）。

可以通过下面的代码来测试这个方法。

```
console.log(tree.search(1) ? 'Key 1 found.' : 'Key 1 not found.');
console.log(tree.search(8) ? 'Key 8 found.' : 'Key 8 not found.');
```

输出结果如下所示。

```
Value 1 not found.
Value 8 found.
```

让我们详细展示是如何执行该方法来查找 1 这个键的。

(1) 调用 searchNode 方法，传入根节点作为参数（行{1}）。node[root[11]]不为 null（行{2}），因此我们执行到行{3}。

(2) key[1] < node[11]为真（行{3}），因此来到行{4}并再次调用 searchNode 方法，传入 node[7]，key[1]作为参数。

(3) node[7]不为 null（行{2}），因此继续执行行{3}。

(4) key[1] < node[7]为真（行{3}），因此来到行{4}并再次调用 searchNode 方法，传入 node[5]，key[1]作为参数。

(5) node[5]不为 null（行{2}），因此继续执行行{3}。

(6) key[1] < node[5]为真（行{3}），因此来到行{4}并再次调用 searchNode 方法，传入 node[3]，key[1]作为参数。

(7) node[3]不为 null（行{2}），因此来到行{3}。

(8) key[1] < node[3]为真（行{3}），因此来到行{4}并再次调用 searchNode 方法，传入 null，key[1]作为参数。null 被作为参数传入是因为 node[3]是一个叶节点（它没有子节点，所以它的左侧子节点的值为 null）。

(9) 节点的值为 null（行{2}，这时要搜索的节点为 null），因此返回 false。

(10) 然后，方法调用会依次出栈，代码执行过程结束。

让我们再来查找值为 8 的节点。

(1) 调用 searchNode 方法，传入 root 作为参数（行{1}）。node[root[11]]不为 null（行{2}），因此我们来到行{3}。

(2) key[8] < node[11]为真（行{3}），因此执行到行{4}并再次调用 searchNode 方法，传入 node[7]，key[8]作为参数。

(3) node[7]不为 null，因此来到行{3}。

(4) key[8] < node[7]为假（行{3}），因此来到行{5}。

(5) key[8] > node[7]为真（行{5}），因此来到行{6}并再次调用 searchNode 方法，传入 node[9]，key[8]作为参数。

(6) node[9]不为 null（行{2}），因此来到行{3}。

(7) key[8] < node[9]为真（行{3}），因此来到行{4}并再次调用 searchNode 方法，传入 node[8]，key[8]作为参数。

(8) node[8]不为 null（行{2}），因此来到行{3}。

(9) key[8] < node[8]为假（行{3}），因此来到行{5}。

(10) key[8] > node[8]为假（行{5}），因此来到行{7}并返回 true，因为 node[8]就是要找的键。

(11) 然后，方法调用会依次出栈，代码执行过程结束。

10

10.5.3　移除一个节点

我们要为 BST 实现的下一个、也是最后一个方法是 remove 方法。这是我们在本书中要实现的最复杂的方法。我们先创建这个方法，使它能够在树的实例上被调用。

```
remove(key) {
  this.root = this.removeNode(this.root, key); // {1}
}
```

这个方法接收要移除的键并且调用了 removeNode 方法，传入 root 和要移除的键作为参数（行{1}）。我要提醒大家的一件非常重要的事情：root 被赋值为 removeNode 方法的返回值。我们稍后会明白其中的原因。

removeNode 方法的复杂之处在于我们要处理不同的运行场景，当然也因为它同样是通过递归来实现的。

我们来看 removeNode 方法的实现。

```
removeNode(node, key) {
  if (node == null) { // {2}
    return null;
  }
  if (this.compareFn(key, node.key) === Compare.LESS_THAN) { // {3}
    node.left = this.removeNode(node.left, key); // {4}
    return node; // {5}
  } else if (
        this.compareFn(key, node.key) === Compare.BIGGER_THAN
  ) { // {6}
    node.right = this.removeNode(node.right, key); // {7}
    return node; // {8}
  } else {
    // 键等于 node.key
    // 第一种情况
    if (node.left == null && node.right == null) { // {9}
      node = null; // {10}
      return node; // {11}
    }
    // 第二种情况
    if (node.left == null) { // {12}
      node = node.right; // {13}
      return node; // {14}
    } else if (node.right == null) { // {15}
      node = node.left; // {16}
      return node; // {17}
    }
    // 第三种情况
    const aux = this.minNode(node.right); // {18}
    node.key = aux.key; // {19}
    node.right = this.removeNode(node.right, aux.key); // {20}
    return node; // {21}
  }
}
```

我们来看行{2}，如果正在检测的节点为 null，那么说明键不存在于树中，所以返回 null。

如果不为 null，我们需要在树中找到要移除的键。因此，如果要找的键比当前节点的值小（行{3}），就沿着树的左边找到下一个节点（行{4}）。如果要找的键比当前节点的值大（行{6}），那么就沿着树的右边找到下一个节点（行{7}），也就是说我们要分析它的子树。

如果我们找到了要找的键（键和 node.key 相等），就需要处理三种不同的情况。

1. 移除一个叶节点

第一种情况是该节点是一个没有左侧或右侧子节点的叶节点——行{9}。在这种情况下，我们要做的就是给这个节点赋予 null 值来移除它（行{9}）。但是当学习了链表的实现之后，我们知道仅仅赋一个 null 值是不够的，还需要处理引用（指针）。在这里，这个节点没有任何子节点，但是它有一个父节点，需要通过返回 null 来将对应的父节点指针赋予 null 值（行{11}）。

现在节点的值已经是 null 了，父节点指向它的指针也会接收到这个值，这也是我们为什么要在函数中返回节点的值。父节点总是会接收到函数的返回值。另一种可行的办法是将父节点和节点本身都作为参数传入方法内部。

如果回头来看方法的前几行代码，会发现我们在行{4}和行{7}更新了节点左右指针的值，同样也在行{5}和行{8}返回了更新后的节点。

下图展现了移除一个叶节点的过程。

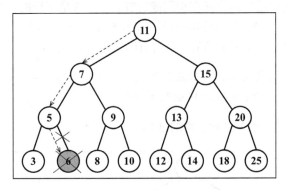

2. 移除有一个左侧或右侧子节点的节点

现在我们来看第二种情况，移除有一个左侧子节点或右侧子节点的节点。这种情况下，需要跳过这个节点，直接将父节点指向它的指针指向子节点。

如果这个节点没有左侧子节点（行{12}），也就是说它有一个右侧子节点。因此我们把对它的引用改为对它右侧子节点的引用（行{13}）并返回更新后的节点（行{14}）。如果这个节点没有右侧子节点，也是一样——把对它的引用改为对它左侧子节点的引用（行{16}）并返回更新后的值（行{17}）。

下图展现了移除只有一个左侧子节点或右侧子节点的节点的过程。

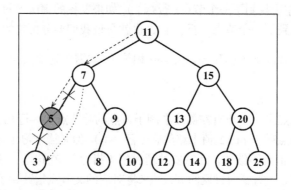

3. 移除有两个子节点的节点

现在是第三种情况，也是最复杂的情况，那就是要移除的节点有两个子节点——左侧子节点和右侧子节点。要移除有两个子节点的节点，需要执行四个步骤。

(1) 当找到了要移除的节点后，需要找到它右边子树中最小的节点（它的继承者——行{18}）。

(2) 然后，用它右侧子树中最小节点的键去更新这个节点的值（行{19}）。通过这一步，我们改变了这个节点的键，也就是说它被移除了。

(3) 但是，这样在树中就有两个拥有相同键的节点了，这是不行的。要继续把右侧子树中的最小节点移除，毕竟它已经被移至要移除的节点的位置了（行{20}）。

(4) 最后，向它的父节点返回更新后节点的引用（行{21}）。

findMinNode 方法的实现和 min 方法的实现方式是一样的。唯一的不同之处在于，在 min 方法中只返回键，而在 findMinNode 中返回了节点。

下图展现了移除有两个子节点的节点的过程。

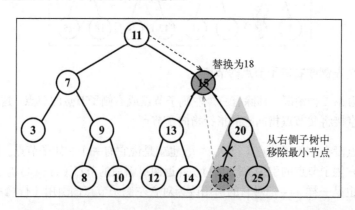

10.6 自平衡树

现在你知道如何使用二叉搜索树了，如果愿意的话，可以继续学习更多关于树的知识。

BST 存在一个问题：取决于你添加的节点数，树的一条边可能会非常深；也就是说，树的一条分支会有很多层，而其他的分支却只有几层，如下图所示。

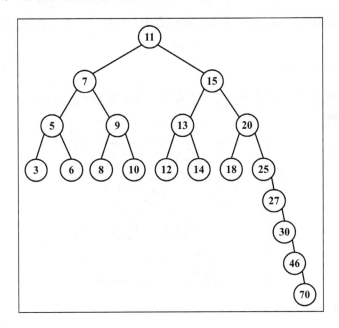

这会在需要在某条边上添加、移除和搜索某个节点时引起一些性能问题。为了解决这个问题，有一种树叫作 Adelson-Velskii-Landi 树（AVL 树）。AVL 树是一种自平衡二叉搜索树，意思是任何一个节点左右两侧子树的高度之差最多为 1。在下一节中，你会学到更多关于 AVL 树的知识。

10.6.1 Adelson-Velskii-Landi 树（AVL 树）

AVL 树是一种自平衡树。添加或移除节点时，AVL 树会尝试保持自平衡。任意一个节点（不论深度）的左子树和右子树高度最多相差 1。添加或移除节点时，AVL 树会尽可能尝试转换为完全树。

从创建我们的 AVLTree 类开始，声明如下。

```
class AVLTree extends BinarySearchTree {
  constructor(compareFn = defaultCompare) {
    super(compareFn);
    this.compareFn = compareFn;
    this.root = null;
  }
}
```

既然 AVL 树是一个 BST，我们可以扩展我们写的 BST 类，只需要覆盖用来维持 AVL 树平衡的方法，也就是 `insert`、`insertNode` 和 `removeNode` 方法。所有其他的 BST 方法将会被 `AVLTree` 类继承。

在 AVL 树中插入或移除节点和 BST 完全相同。然而，AVL 树的不同之处在于我们需要检验它的**平衡因子**，如果有需要，会将其逻辑应用于树的自平衡。

我们将会学习怎样创建 `remove` 和 `insert` 方法，但是首先需要学习 AVL 树的术语和它的旋转操作。

1. 节点的高度和平衡因子

正如本章开头所述，节点的高度是从节点到其任意子节点的边的最大值。下图展示了一个包含每个节点高度的树。

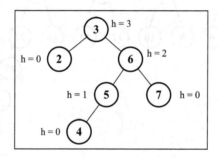

计算一个节点高度的代码如下。

```
getNodeHeight(node) {
  if (node == null) {
    return -1;
  }
  return Math.max(
    this.getNodeHeight(node.left), this.getNodeHeight(node.right)
    ) + 1;
}
```

在 AVL 树中，需要对每个节点计算右子树高度（`hr`）和左子树高度（`hl`）之间的差值，该值（`hr-hl`）应为 0、1 或-1。如果结果不是这三个值之一，则需要平衡该 AVL 树。这就是平衡因子的概念。

下图举例说明了一些树的平衡因子（所有的树都是平衡的）。

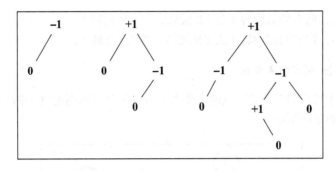

遵循计算一个节点的平衡因子并返回其值的代码如下。

```
getBalanceFactor(node) {
  const heightDifference = this.getNodeHeight(node.left) -
this.getNodeHeight(node.right);
  switch (heightDifference) {
    case -2:
      return BalanceFactor.UNBALANCED_RIGHT;
    case -1:
      return BalanceFactor.SLIGHTLY_UNBALANCED_RIGHT;
    case 1:
      return BalanceFactor.SLIGHTLY_UNBALANCED_LEFT;
    case 2:
      return BalanceFactor.UNBALANCED_LEFT;
    default:
      return BalanceFactor.BALANCED;
  }
}
```

为了避免直接在代码中处理平衡因子的数值，我们还要创建一个用来作为计数器的 JavaScript 常量。

```
const BalanceFactor = {
  UNBALANCED_RIGHT: 1,
  SLIGHTLY_UNBALANCED_RIGHT: 2,
  BALANCED: 3,
  SLIGHTLY_UNBALANCED_LEFT: 4,
  UNBALANCED_LEFT: 5
};
```

我们会在下面学习到每个 `heightDifference` 表示什么。

2. 平衡操作——AVL 旋转

在对 AVL 树添加或移除节点后，我们要计算节点的高度并验证树是否需要进行平衡。向 AVL 树插入节点时，可以执行单旋转或双旋转两种平衡操作，分别对应四种场景。

❑ **左-左（LL）**：向右的单旋转
❑ **右-右（RR）**：向左的单旋转

□ 左–右（LR）：向右的双旋转（先 LL 旋转，再 RR 旋转）
□ 右–左（RL）：向左的双旋转（先 RR 旋转，再 LL 旋转）

● **左–左（LL）：向右的单旋转**

这种情况出现于节点的左侧子节点的高度大于右侧子节点的高度时，并且左侧子节点也是平衡或左侧较重的，如下图所示。

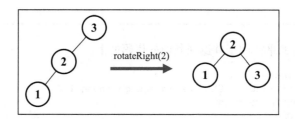

我们来看一个实际的例子，如下图所示。

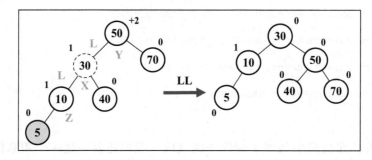

假设向 AVL 树插入节点 5，这会造成树失衡（节点 50-Y 高度为 3），需要恢复树的平衡。下面是我们执行的操作：

□ 与平衡操作相关的节点有三个（X、Y、Z），将节点 X 置于节点 Y（平衡因子为 +2）所在的位置（行{1}）；
□ 节点 X 的左子树 Z 保持不变；
□ 将节点 Y 的左子节点置为节点 X 的右子节点（行{2}）；
□ 将节点 X 的右子节点置为节点 Y（行{3}）。

下面的代码举例说明了整个过程。

```
rotationLL(node) {
  const tmp = node.left; // {1}
  node.left = tmp.right; // {2}
  tmp.right = node; // {3}
  return tmp;
}
```

- **右–右（RR）：向左的单旋转**

右–右的情况和左–左的情况相反。它出现于右侧子节点的高度大于左侧子节点的高度，并且右侧子节点也是平衡或右侧较重的，如下图所示。

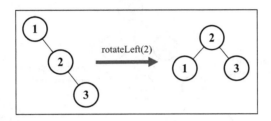

我们来看一个实际的例子，如下图所示。

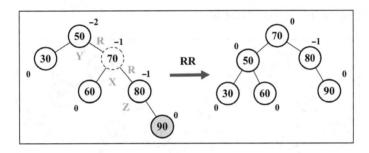

假设向 AVL 树插入节点 90，这会造成树失衡（节点 50-Y 高度为 3），因此需要恢复树的平衡。下面是我们执行的操作：

- ❑ 与平衡操作相关的节点有三个（X、Y、Z），将节点 X 置于节点 Y（平衡因子为–2）所在的位置（行{1}）；
- ❑ 节点 X 的右子树 Z 保持不变；
- ❑ 将节点 Y 的右子节点置为节点 X 的左子节点（行{2}）；
- ❑ 将节点 X 的左子节点置为节点 Y（行{3}）。

下面的代码举例说明了整个过程。

```
rotationRR(node) {
  const tmp = node.right; // {1}
  node.right = tmp.left; // {2}
  tmp.left = node; // {3}
  return tmp;
}
```

- **左–右（LR）：向右的双旋转**

这种情况出现于左侧子节点的高度大于右侧子节点的高度，并且左侧子节点右侧较重。在这种情况下，我们可以对左侧子节点进行左旋转来修复，这样会形成左–左的情况，然后再对不平衡的节点进行一个右旋转来修复，如下图所示。

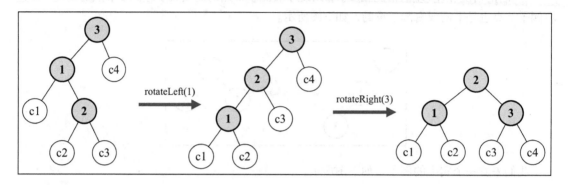

我们来看一个实际的例子，如下图所示。

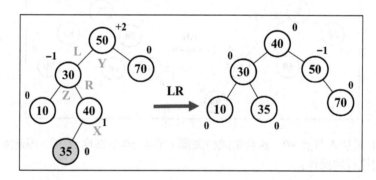

假设向 AVL 树插入节点 35，这会造成树失衡（节点 50-Y 高度为 3），需要恢复树的平衡。下面是我们执行的操作：

- □ 将节点 X 置于节点 Y（平衡因子为+2）所在的位置；
- □ 将节点 Z 的右子节点置为节点 X 的左子节点；
- □ 将节点 Y 的左子节点置为节点 X 的右子节点；
- □ 将节点 X 的右子节点置为节点 Z；
- □ 将节点 X 的左子节点置为节点 Y。

基本上，就是先做一次 RR 旋转，再做一次 LL 旋转。

下面的代码举例说明了整个过程。

```
rotationLR(node) {
  node.left = this.rotationRR(node.left);
  return this.rotationLL(node);
}
```

● **右-左（RL）：向左的双旋转**

右-左的情况和左-右的情况相反。这种情况出现于右侧子节点的高度大于左侧子节点的高度，并且右侧子节点左侧较重。在这种情况下我们可以对右侧子节点进行右旋转来修复，这样会形成右-右的情况，然后我们再对不平衡的节点进行一个左旋转来修复，如下图所示。

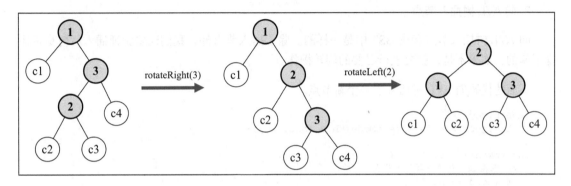

我们来看一个实际的例子，如下图所示。

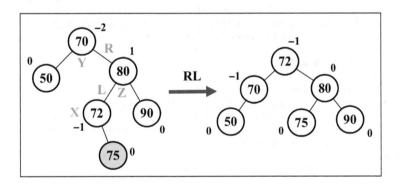

假设向 AVL 树插入节点 75，这会造成树失衡（节点 70-Y 高度为 3），需要恢复树的平衡。下面是我们执行的操作：

- 将节点 X 置于节点 Y（平衡因子为-2）所在的位置；
- 将节点 Z 的左子节点置为节点 X 的右子节点；
- 将节点 Y 的右子节点置为节点 X 的左子节点；
- 将节点 X 的左子节点置为节点 Z；
- 将节点 X 的右子节点置为节点 Y。

基本上，就是先做一次 LL 旋转，再做一次 RR 旋转。

下面的代码举例说明了整个过程。

```
rotationRL(node) {
  node.right = this.rotationLL(node.right);
  return this.rotationRR(node);
}
```

理解了这些概念，我们就可以专注于向树添加阶段和从树移除节点的代码了。

3. 向 AVL 树插入节点

向 AVL 树插入节点和在 BST 中是一样的。除了插入节点外，我们还要验证插入后树是否还是平衡的，如果不是，就要进行必要的旋转操作。

下面的代码向 AVL 树插入了一个新节点。

```
insert(key) {
  this.root = this.insertNode(this.root, key);
}
insertNode(node, key) {
  // 像在BST树中一样插入节点
  if (node == null) {
    return new Node(key);
  } else if (this.compareFn(key, node.key) === Compare.LESS_THAN) {
    node.left = this.insertNode(node.left, key);
  } else if (this.compareFn(key, node.key) === Compare.BIGGER_THAN) {
    node.right = this.insertNode(node.right, key);
  } else {
    return node; // 重复的键
  }
  // 如果需要，将树进行平衡操作
  const balanceFactor = this.getBalanceFactor(node); // {1}
  if (balanceFactor === BalanceFactor.UNBALANCED_LEFT) { // {2}
    if (this.compareFn(key, node.left.key) === Compare.LESS_THAN) { // {3}
      node = this.rotationLL(node); // {4}
    } else {
      return this.rotationLR(node); // {5}
    }
  }
  if (balanceFactor === BalanceFactor.UNBALANCED_RIGHT) { // {6}
    if (
        this.compareFn(key, node.right.key) === Compare.BIGGER_THAN
    ) { // {7}
      node = this.rotationRR(node); // {8}
    } else {
      return this.rotationRL(node); // {9}
    }
  }
  return node;
}
```

在向 AVL 树插入节点后，我们需要检查树是否需要进行平衡，因此要使用递归计算以每个插入树的节点为根的节点的平衡因子（行{1}），然后对每种情况应用正确的旋转。

如果在向左侧子树插入节点后树不平衡了（行{2}），我们需要比较是否插入的键小于左侧子节点的键（行{3}）。如果是，我们要进行 LL 旋转（行{4}）。否则，要进行 LR 旋转（行{5}）。

如果在向右侧子树插入节点后树不平衡了（行{6}），我们需要比较是否插入的键大于右侧子节点的键（行{7}）。如果是，我们要进行 RR 旋转（行{8}）。否则，要进行 RL 旋转（行{9}）。

4. 从 AVL 树中移除节点

从 AVL 树移除节点和在 BST 中是一样的。除了移除节点外，我们还要验证移除后树是否还是平衡的，如果不是，就要进行必要的旋转操作。

下面的代码从 AVL 树移除了一个节点。

```
removeNode(node, key) {
  node = super.removeNode(node, key); // {1}
  if (node == null) {
    return node; // null, 不需要进行平衡
  }
  // 检测树是否平衡
  const balanceFactor = this.getBalanceFactor(node); // {2}
  if (balanceFactor === BalanceFactor.UNBALANCED_LEFT) { // {3}
    const balanceFactorLeft = this.getBalanceFactor(node.left); // {4}
    if (
      balanceFactorLeft === BalanceFactor.BALANCED ||
      balanceFactorLeft === BalanceFactor.SLIGHTLY_UNBALANCED_LEFT
    ) { // {5}
      return this.rotationLL(node); // {6}
    }
    if (
        balanceFactorLeft === BalanceFactor.SLIGHTLY_UNBALANCED_RIGHT
      ) { // {7}
      return this.rotationLR(node.left); // {8}
    }
  }
  if (balanceFactor === BalanceFactor.UNBALANCED_RIGHT) { // {9}
    const balanceFactorRight = this.getBalanceFactor(node.right); // {10}
    if (
      balanceFactorRight === BalanceFactor.BALANCED ||
      balanceFactorRight === BalanceFactor.SLIGHTLY_UNBALANCED_RIGHT
    ) { // {11}
      return this.rotationRR(node); // {12}
    }
    if (
        balanceFactorRight === BalanceFactor.SLIGHTLY_UNBALANCED_LEFT
      ) { // {13}
      return this.rotationRL(node.right); // {14}
    }
  }
  return node;
}
```

10

既然 AVLTree 类是 BinarySearchTree 类的子类，我们也可以使用 BST 的 removeNode 方法来从 AVL 树中移除节点（行{1}）。在从 AVL 树中移除节点后，我们需要检查树是否需要进行平衡，所以使用递归计算以每个移除的节点为根的节点的平衡因子（行{2}），然后需要对每种情况应用正确的旋转。

如果在从左侧子树移除节点后树不平衡了（行{3}），我们要计算左侧子树的平衡因子（行{4}）。如果左侧子树向左不平衡（行{5}），要进行 LL 旋转（行{6}）；如果左侧子树向右不平衡（行{7}），要进行 LR 旋转（行{8}）。

最后一种情况是，如果在从右侧子树移除节点后树不平衡了（行{9}），我们要计算右侧子树的平衡因子（行{10}）。如果右侧子树向右不平衡（行{11}），要进行 RR 旋转（行{12}）；如果右侧子树向左不平衡（行{13}），要进行 RL 旋转（行{14}）。

10.6.2　红黑树

和 AVL 树一样，**红黑树**也是一个自平衡二叉搜索树。我们学习了对 AVL 书插入和移除节点可能会造成旋转，所以我们需要一个包含多次插入和删除的自平衡树，红黑树是比较好的。如果插入和删除频率较低（我们更需要多次进行搜索操作），那么 AVL 树比红黑树更好。

在红黑树中，每个节点都遵循以下规则：

(1) 顾名思义，每个节点不是红的就是黑的；
(2) 树的根节点是黑的；
(3) 所有叶节点都是黑的（用 NULL 引用表示的节点）；
(4) 如果一个节点是红的，那么它的两个子节点都是黑的；
(5) 不能有两个相邻的红节点，一个红节点不能有红的父节点或子节点；
(6) 从给定的节点到它的后代节点（NULL 叶节点）的所有路径包含相同数量的黑色节点。

我们从创建 RedBlackTree 类开始，如下所示。

```
class RedBlackTree extends BinarySearchTree {
  constructor(compareFn = defaultCompare) {
    super(compareFn);
    this.compareFn = compareFn;
    this.root = null;
  }
}
```

由于红黑树也是二叉搜索树，可以扩展我们创建的二叉搜索树类并重写红黑树属性所需的那些方法。我们从 insert 和 insertNode 方法开始。

向红黑树中插入节点

向红黑树插入节点和在二叉搜索树中是一样的。除了插入的代码，我们还要在插入后给节点应用一种颜色，并且验证树是否满足红黑树的条件以及是否还是自平衡的。

下面的代码向红黑树插入了新的节点。

```
insert(key: T) {
  if (this.root == null) { // {1}
    this.root = new RedBlackNode(key); // {2}
    this.root.color = Colors.BLACK; // {3}
  } else {
    const newNode = this.insertNode(this.root, key); // {4}
    this.fixTreeProperties(newNode); // {5}
  }
}
```

如果树是空的（行{1}），那么我们需要创建一个红黑树节点（行{2}）。为了满足规则2，我们要将这个根节点的颜色设为黑色（行{3}）。默认情况下，创建的节点颜色是红色（行{6}）。如果树不是空的，我们会像二叉搜索树一样在正确的位置插入节点（行{4}）。在这种情况下，insertNode 方法需要返回新插入的节点，这样我们可以验证在插入后，红黑树的规则是否得到了满足（行{5}）。

对红黑树来说，节点和之前比起来需要一些额外的属性：节点的颜色（行{6}）和指向父节点的引用（行{7}）。代码如下所示。

```
class RedBlackNode extends Node {
  constructor(key) {
    super(key);
    this.key = key;
    this.color = Colors.RED; // {6}
    this.parent = null; // {7}
  }

  isRed() {
    return this.color === Colors.RED;
  }
}
```

重写的 insertNode 方法如下。

```
insertNode(node, key) {
  if (this.compareFn(key, node.key) === Compare.LESS_THAN) {
    if (node.left == null) {
      node.left = new RedBlackNode(key);
      node.left.parent = node; // {8}
      return node.left; // {9}
    }
    else {
      return this.insertNode(node.left, key);
```

```
        }
    }
    else if (node.right == null) {
        node.right = new RedBlackNode(key);
        node.right.parent = node; // {10}
        return node.right; // {11}
    }
    else {
        return this.insertNode(node.right, key);
    }
}
```

我们可以看到，逻辑和二叉搜索树中的一样。不同之处在于我们保存了指向被插入节点父节点的引用（行{8}和行{10}），并且返回了节点的引用（行{9}和行{11}），这样我们可以在后面验证树的属性。

- **在插入节点后验证红黑树属性**

要验证红黑树是否还是平衡的以及满足它的所有要求，我们需要使用两个概念：重新填色和旋转。

在向树中插入节点后，新节点将会是红色。这不会影响黑色节点数量的规则（规则 6），但会影响规则 5：两个后代红节点不能共存。如果插入节点的父节点是黑色，那没有问题。但是如果插入节点的父节点是红色，那么会违反规则 5。要解决这个冲突，我们只需要改变**父节点**、**祖父节点和叔节点**（因为我们同样改变了父节点的颜色）。

下图描述了这个过程。

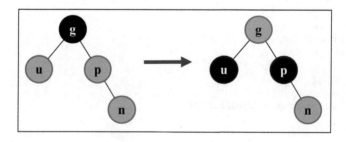

下面是 `fixTreeProperties` 方法的代码。

```
fixTreeProperties(node) {
  while (node && node.parent && node.parent.color.isRed() // {1}
        && node.color !== Colors.BLACK) { // {2}
    let parent = node.parent; // {3}
    const grandParent = parent.parent; // {4}
    // 情形 A：父节点是左侧子节点
    if (grandParent && grandParent.left === parent) { // {5}
      const uncle = grandParent.right; // {6}
```

```
        // 情形 1A: 叔节点也是红色——只需要重新填色
        if (uncle && uncle.color === Colors.RED) { // {7}
            grandParent.color = Colors.RED;
            parent.color = Colors.BLACK;
            uncle.color = Colors.BLACK;
            node = grandParent; // {8}
        }
        else {
            // 情形 2A: 节点是右侧子节点——左旋转
            // 情形 3A: 节点是左侧子节点——右旋转
        }
    }
    else { // 情形 B: 父节点是右侧子节点
        const uncle = grandParent.left; // {9}

        // 情形 1B: 叔节点是红色——只需要重新填色
        if (uncle && uncle.color === Colors.RED) { // {10}
            grandParent.color = Colors.RED;
            parent.color = Colors.BLACK;
            uncle.color = Colors.BLACK;
            node = grandParent;
        }
        else {
            // 情形 2B: 节点是左侧子节点——右旋转
            // 情形 3B: 节点是右侧子节点——左旋转
        }
    }
}
this.root.color = Colors.BLACK; // {11}
}
```

从插入的节点开始，我们要验证它的父节点是否是红色（行{1}），以及这个节点是否不是黑色（行{2}）。为了保证代码的可读性，我们要保存父节点（行{3}）和祖父节点（行{4}）的引用。

接下来，我们要验证父节点是左侧子节点（行{5}——情形 A）还是右侧子节点（情形 B）。对于情形 1A，我们只需要对节点重新填色，父节点是左侧还是右侧子节点没有什么影响，不过在下面的情形中就有影响了。

由于也需要改变叔节点的颜色，我们需要一个指向它的引用（行{6}和行{9}）。如果叔节点的颜色是红色（行{7}和行{10}），就改变祖父节点、父节点和叔节点的颜色，并且将当前节点的引用指向祖父节点（行{8}），继续检查树是否有其他冲突。

为了保证根节点的颜色始终是黑色（规则 2），我们在代码最后设置根节点的颜色（行{11}）。

在节点的叔节点颜色为黑时，也就是说仅仅重新填色是不够的，树是不平衡的，那么我们需要进行旋转操作。

❏ 左-左（LL）：父节点是祖父节点的左侧子节点，节点是父节点的左侧子节点（情形 3A）。

- □ 左-右（LR）：父节点是祖父节点的左侧子节点，节点是父节点的右侧子节点（情形 2A）。
- □ 右-右（RR）：父节点是祖父节点的右侧子节点，节点是父节点的右侧子节点（情形 3B）。
- □ 右-左（RL）：父节点是祖父节点的右侧子节点，节点是父节点的左侧子节点（情形 2B）。

我们来看看情形 2A 和 3A。

```
// 情形 2A：节点是右侧子节点——左旋转
if (node === parent.right) {
  this.rotationRR(parent); // {12}
  node = parent; // {13}
  parent = node.parent; // {14}
}
// 情形 3A：节点是左侧子节点——右旋转
this.rotationLL(grandParent); // {15}
parent.color = Colors.BLACK; // {16}
grandParent.color = Colors.RED; // {17}
node = parent; // {18}
```

如果父节点是左侧子节点并且节点是右侧子节点，我们要进行两次旋转，首先是右-右旋转（行{12}），并更新节点（行{13}）和父节点（行{14}）的引用。在第一次旋转后，我们要再次旋转，以祖父节点为基准（行{15}），并在旋转过程中更新父节点（行{16}）和祖父节点（行{17}）的颜色。最后，我们更新当前节点的引用（行{18}），以便继续检查树的其他冲突。

情形 2A 如下图所示。

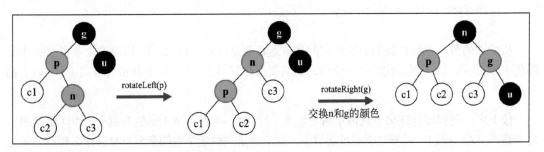

节点是左侧子节点时，我们直接来到行{15}进行左-左旋转。情形 3A 如下图所示。

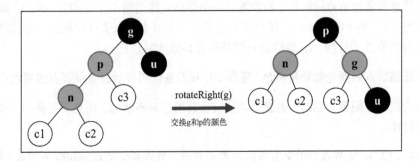

现在，我们来看看情形 2B 和 3B。

```
// 情形 2B：节点是左侧子节点——左旋转
if (node === parent.left) {
  this.rotationLL(parent); // {19}
  node = parent;
  parent = node.parent;
}
// 情形 3B：节点是右侧子节点——左旋转
this.rotationRR(grandParent); // {20}
parent.color = Colors.BLACK;
grandParent.color = Colors.RED;
node = parent;
```

逻辑是一样的，不同之处在于选择会这样进行：先进行左–左旋转（行{19}），再进行右–右旋转（行{20}）。情形 2B 如下图所示。

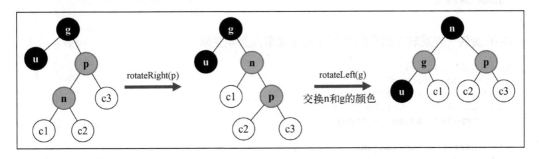

最后，情形 3B 如下图所示。

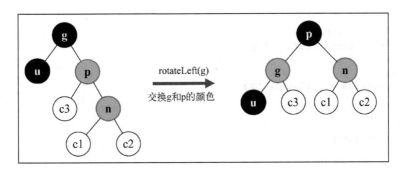

- **红黑树旋转**

在插入算法中，我们只使用了右–右旋转和左–左旋转。逻辑和 AVL 树是一样，但是，由于我们保存了父节点的引用，需要将引用更新为旋转后的新父节点。

左–左旋转（右旋转）的代码如下（更新父节点加粗显示）。

```
rotationLL(node) {
  const tmp = node.left;
```

```
    node.left = tmp.right;
    if (tmp.right && tmp.right.key) {
        tmp.right.parent = node;
    }
    tmp.parent = node.parent;
    if (!node.parent) {
        this.root = tmp;
    }
    else {
        if (node === node.parent.left) {
            node.parent.left = tmp;
        }
        else {
            node.parent.right = tmp;
        }
    }
    tmp.right = node;
    node.parent = tmp;
}
```

右–右旋转（左旋转）的代码如下（更新父节点加粗显示）。

```
rotationRR(node) {
    const tmp = node.right;
    node.right = tmp.left;
    if (tmp.left && tmp.left.key) {
        tmp.left.parent = node;
    }
    tmp.parent = node.parent;
    if (!node.parent) {
        this.root = tmp;
    }
    else {
        if (node === node.parent.left) {
            node.parent.left = tmp;
        }
        else {
            node.parent.right = tmp;
        }
    }
    tmp.left = node;
    node.parent = tmp;
}
```

10.7　小结

在本章中，我们介绍了在计算机科学中被广泛使用的基本树数据结构——二叉搜索树，以及在其中添加、搜索和移除键的算法。我们同样介绍了访问树中每个节点的三种遍历方式，还学习了如何开发名叫 AVL 的自平衡树和为其添加、移除键的方法，以及红黑树。

下一章中，我们会学习一种名为堆（或优先队列）的特殊数据结构。

第 11 章

二叉堆和堆排序

11

在上一章，我们学习了**树**数据结构。在本章中，我们将要学习一种特殊的二叉树，也就是**堆数据结构**，也叫作**二叉堆**。二叉堆是计算机科学中一种非常著名的数据结构，由于它能高效、快速地找出最大值和最小值，常被应用于**优先队列**。它也被用于著名的**堆排序算法**中。

本章的内容包括：

- ❑ 二叉堆数据结构
- ❑ 最大和最小堆
- ❑ 堆排序算法

11.1　二叉堆数据结构

二叉堆是一种特殊的二叉树，有以下两个特性。

- ❑ 它是一棵完全二叉树，表示树的每一层都有左侧和右侧子节点（除了最后一层的叶节点），并且最后一层的叶节点尽可能都是左侧子节点，这叫作**结构特性**。
- ❑ 二叉堆不是最小堆就是最大堆。最小堆允许你快速导出树的最小值，最大堆允许你快速导出树的最大值。所有的节点都大于等于（最大堆）或小于等于（最小堆）每个它的子节点。这叫作**堆特性**。

下图展示了一些合法的和不合法的堆。

11

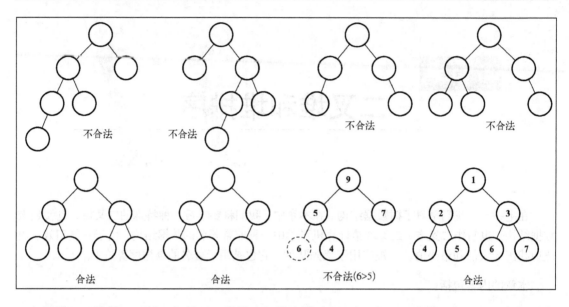

尽管二叉堆是二叉树，但并不一定是二叉搜索树（BST）。在二叉堆中，每个子节点都要大于等于父节点（最小堆）或小于等于父节点（最大堆）。然而在二叉搜索树中，左侧子节点总是比父节点小，右侧子节点也总是更大。

11.1.1　创建最小堆类

我们先来创建 MinHeap 类，如下所示。

```
import { defaultCompare } from '../util';

export class MinHeap {
  constructor(compareFn = defaultCompare) {
    this.compareFn = compareFn; // {1}
    this.heap = []; // {2}
  }
}
```

要比较储存在数据结构中的值，我们要使用 compareFn（行{1}），在没有传入自定义函数的时候进行基本的比较，和之前的章节一样。

我们将会使用数组来存储数据（行{2}）。

1. 二叉树的数组表示

二叉树有两种表示方式。第一种是使用一个动态的表示方式，也就是指针（用节点表示），在上一章使用过。第二种是使用一个数组，通过索引值检索父节点、左侧和右侧子节点的值。下图展示了两种不同的表示方式。

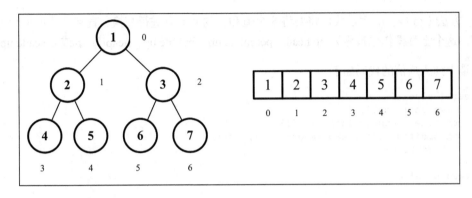

要访问使用普通数组的二叉树**节点**，我们可以用下面的方式操作 index。

对于给定位置 index 的节点：

❑ 它的左侧子节点的位置是 2 * index + 1（如果位置可用）；
❑ 它的右侧子节点的位置是 2 * index + 2（如果位置可用）；
❑ 它的父节点位置是 index / 2（如果位置可用）。

用上面的方法来访问特定节点，我们可以把下面的方法加入 MinHeap 类。

```
getLeftIndex(index) {
  return 2 * index + 1;
}
getRightIndex(index) {
  return 2 * index + 2;
}
getParentIndex(index) {
  if (index === 0) {
    return undefined;
  }
  return Math.floor((index - 1) / 2);
}
```

我们可以在堆数据结构中进行三个主要操作。

❑ insert(value)：这个方法向堆中插入一个新的值。如果插入成功，它返回 true，否则返回 false。
❑ extract()：这个方法移除最小值（最小堆）或最大值（最大堆），并返回这个值。
❑ findMinimum()：这个方法返回最小值（最小堆）或最大值（最大堆）且不会移除这个值。

我们来依次学习每个方法。

2. 向堆中插入值

向堆中插入值是指将值插入堆的底部叶节点（数组的最后一个位置——行{1}）再执行

siftUp 方法（行{2}），表示我们将要将这个值和它的父节点进行交换，直到父节点小于这个插入的值。这个上移操作也被称为 up head、percolate up、bubble up、heapify up 或 cascade up。

向堆中插入新值的代码如下。

```
insert(value) {
  if (value != null) {
    this.heap.push(value); // {1}
    this.siftUp(this.heap.length - 1); // {2}
    return true;
  }
  return false;
}
```

● 上移操作

上移操作的代码如下。

```
siftUp(index) {
  let parent = this.getParentIndex(index); // {1}
  while (
      index > 0 &&
      this.compareFn(this.heap[parent], this.heap[index]) >
Compare.BIGGER_THAN
  ) { // {2}
    swap(this.heap, parent, index); // {3}
    index = parent;
    parent = this.getParentIndex(index); // {4}
  }
}
```

siftUp 方法接收插入值的位置作为参数。我们同样需要获取其父节点的位置（行{1}）。

如果插入的值小于它的父节点（行{2}——在最小堆中，或在最大堆中比父节点大），那么我们将这个元素和父节点交换（行{3}）。我们重复这个过程直到堆的根节点也经过了交换节点和父节点位置的操作（行{4}）。

交换函数如下所示。

```
function swap(array, a, b) {
  const temp = array[a]; // {5}
  array[a] = array[b]; // {6}
  array[b] = temp; // {7}
}
```

要交换数组中的两个值，我们需要一个辅助变量来复制要交换的第一个元素（行{5}）。然后，将第二个元素赋值到第一个元素的位置（行{6}）。最后，将复制的第一个元素的值（行{5}）覆盖到第二个元素的位置（行{7}）。

swap 函数在第 13 章中会经常用到。

我们也可以使用 ECMAScript 2015（ES6）的语法来重写 swap 函数。

```
const swap = (array, a, b) => [array[a], array[b]] = [array[b], array[a]];
```

 我们在第 2 章学习过，ES2015 中包含对象和数组解构的功能 [a, b] = [b, a]。但是，在写这本书的时候，有一个公开的问题表示解构操作比正常的赋值操作性能更差。要了解更多有关这个问题的信息，请访问 https://bugzilla.mozilla.org/show_bug.cgi?id=1177319。

我们来看看 insert 方法的实际操作。考虑下面的堆数据结构。

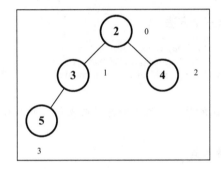

假设我们想要向堆中插入一个值 1。算法会进行一些少量的上移操作，如下图所示。

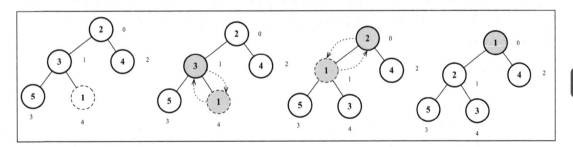

下面的代码展示了堆的创建和上图的操作。

```
const heap = new MinHeap();

heap.insert(2);
heap.insert(3);
heap.insert(4);
heap.insert(5);

heap.insert(1);
```

3. 从堆中找到最小值或最大值

在最小堆中，最小值总是位于数组的第一个位置（堆的根节点）。代码如下所示。

```
size() {
  return this.heap.length;
}
isEmpty() {
  return this.size() === 0;
}
findMinimum() {
  return this.isEmpty() ? undefined : this.heap[0]; // {1}
}
```

因此如果堆不为空，我们返回数组的第一个值（行{1}）。我们同样可以创建 MinHeap 类的 size 和 empty 方法。

下面的代码可用来测试这三个方法。

```
console.log('Heap size: ', heap.size()); // 5
console.log('Heap is empty: ', heap.isEmpty()); // false
console.log('Heap min value: ', heap.findMinimum()); // 1
```

 在最大堆中，数组的第一个元素保存了最大值，所以我们可以使用相同的代码。

4. 导出堆中的最小值或最大值

移除最小值（最小堆）或最大值（最大堆）表示移除数组中的第一个元素（堆的根节点）。在移除后，我们将堆的最后一个元素移动至根部并执行 siftDown 函数，表示我们将交换元素直到堆的结构正常。这个下移操作也被称为 sink down、percolate down、bubble down、heapify down 或 cascade down。

代码如下。

```
extract() {
  if (this.isEmpty()) {
    return undefined; // {1}
  }
  if (this.size() === 1) {
    return this.heap.shift(); // {2}
  }
  const removedValue = this.heap.shift(); // {3}
  this.heap[0] = this.heap.pop()
  this.siftDown(0); // {4}
  return removedValue; // {5}
}
```

如果堆为空，也就是没有值可以导出，那么我们可以返回 undefined（行{1}）。如果堆中只有一个值，我们可以直接移除并返回它（行{2}）。但是，如果堆中有不止一个值，我们需要将第一个值移除(行{3}),存储到一个临时变量中以便在执行完下移操作后(行{4})返回它(行{5})。

● **下移操作（堆化）**

下移操作的代码如下所示。

```
siftDown(index) {
  let element = index;
  const left = this.getLeftIndex(index); // {1}
  const right = this.getRightIndex(index); // {2}
  const size = this.size();
  if (
    left < size &&
    this.compareFn(this.heap[element], this.heap[left]) >
Compare.BIGGER_THAN
  ) { // {3}
    element = left; // {4}
  }
  if (
    right < size &&
    this.compareFn(this.heap[element], this.heap[right]) >
Compare.BIGGER_THAN
  ) { // {5}
    element = right; // {6}
  }
  if (index !== element) { // {7}
    swap(this.heap, index, element); // {8}
    this.siftDown(element); // {9}
  }
}
```

siftDown 方法接收移除元素的位置作为参数。我们会将 index 复制到 element 变量中。我们同样要获取左侧子节点（行{1}）和右侧子节点（行{2}）的值。

下移操作表示将元素和最小子节点（最小堆）和最大子节点（最大堆）进行交换。如果元素比左侧子节点要大（行{3}——且 index 合法），我们就交换元素和它的左侧子节点（行{4}）。如果元素大于它的右侧子节点（行{5}——且 index 合法），我们就交换元素和它的右侧子节点（行{6}）。

在找到最小子节点的位置后，我们要检验它的值是否和 element 相同（传入 siftDown 方法——行{7}）——和自己交换是没有意义的！如果不是，就将它和最小的 element 交换（行{8}），并且重复这个过程（行{9}）直到 element 被放在正确的位置上。

假设我们从堆中进行导出操作。算法会进行一些下移操作，如下图所示。

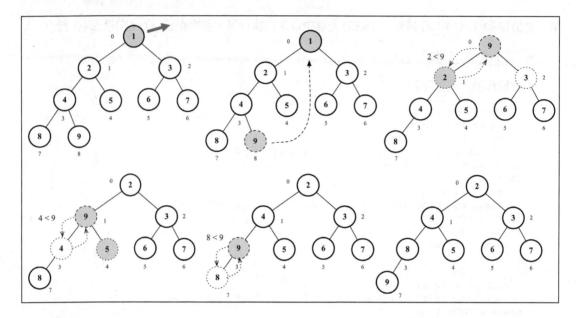

代码如下。

```
heap = new MinHeap();
for (let i = 1; i < 10; i++) {
  heap.insert(i);
}

console.log('Extract minimum: ', heap.extract()); // 1
```

11.1.2　创建最大堆类

MaxHeap 类的算法和 MinHeap 类的算法一模一样。不同之处在于我们要把所有>（大于）的比较换成<（小于）的比较。

MaxHeap 类的代码如下。

```
export class MaxHeap extends MinHeap {
  constructor(compareFn = defaultCompare) {
    super(compareFn);
    this.compareFn = reverseCompare(compareFn); // {1}
  }
}
```

但是不同于复制代码，可以扩展 MinHeap 类来继承我们在本章创建的所有代码，并在需要时进行反向的比较。要将比较反转，不将 a 和 b 进行比较，而是将 b 和 a 进行比较（行{1}），如下面代码所示。

```
function reverseCompare(compareFn) {
  return (a, b) => compareFn(b, a);
}
```

我们可以使用测试最小堆的代码来测试最大堆。不同点是最大的值会是堆的根节点，而不是最小的值。

```
const maxHeap = new MaxHeap();

maxHeap.insert(2);
maxHeap.insert(3);
maxHeap.insert(4);
maxHeap.insert(5);

maxHeap.insert(1);

console.log('Heap size: ', maxHeap.size()); // 5
console.log('Heap min value: ', maxHeap.findMinimum()); // 5
```

11.2　堆排序算法

我们可以使用二叉堆数据结构来帮助我们创建一个非常著名的排序算法：堆排序算法。它包含下面三个步骤。

(1) 用数组创建一个最大堆用作源数据。

(2) 在创建最大堆后，最大的值会被存储在堆的第一个位置。我们要将它替换为堆的最后一个值，将堆的大小减 1。

(3) 最后，我们将堆的根节点下移并重复步骤 2 直到堆的大小为 1。

我们用最大堆得到一个升序排列的数组（从最小到最大）。如果我们想要这个数组按降序排列，可以用最小堆代替。

下面是堆排序算法的代码。

```
function heapSort(array, compareFn = defaultCompare) {
  let heapSize = array.length;
  buildMaxHeap(array, compareFn); // 步骤1
  while (heapSize > 1) {
    swap(array, 0, --heapSize); // 步骤2
    heapify(array, 0, heapSize, compareFn); // 步骤3
  }
  return array;
}
```

要构建最大堆，可以使用下面的函数。

```
function buildMaxHeap(array, compareFn) {
  for (let i = Math.floor(array.length / 2); i >= 0; i -= 1) {
    heapify(array, i, array.length, compareFn);
```

```
    }
    return array;
}
```

最大堆函数会重新组织数组的顺序。归功于要进行的所有比较，我们只需要对后半部分数组执行 heapify（下移）函数（前半部分会被自动排好序，所以不需要对已经知道排好序的部分执行函数）。

heapify 函数和我们创建的 siftDown 方法有相同的代码。不同之处是我们会将堆本身、堆的大小和要使用的比较函数传入作为参数。这是因为我们不会直接使用堆数据结构，而是使用它的逻辑来开发 heapSort 算法。

下图展示了堆排序算法。

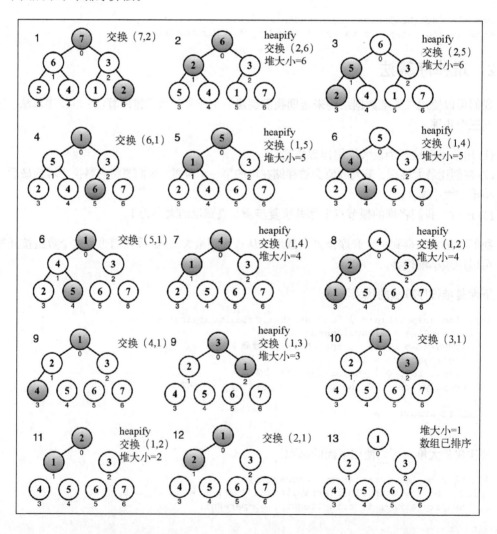

下面的代码可以用来测试 heapSort 算法：

```
const array = [7, 6, 3, 5, 4, 1, 2];

console.log('Before sorting: ', array);
console.log('After sorting: ', heapSort(array));
```

 堆排序算法不是一个稳定的排序算法，也就是说如果数组没有排好序，可能会得到不一样的结果。我们会在第 13 章探索更好的排序算法。

11.3　小结

在本章，我们学习了二叉堆数据结构和它的两个变体：最小堆和最大堆。我们学习了怎样插入值，怎样查看或找到最小值或最大值，以及怎样从堆中导出一个值。我们同样学习了上移和下移操作来帮助我们维护堆的结构。

我们也学习了怎样用堆数据结构来创建堆排序算法。

在下一章，我们会学习图的基本概念，它是一种非线性数据结构。

11

第 12 章

图

在本章，你将学习另一种非线性数据结构——图。这是我们要讲的最后一种数据结构，下一章将深入学习排序和搜索算法。

本章将会包含不少图的巧妙运用。图是一个庞大的主题，深入探索图的奇妙世界就足够写一本书了。

在本章中，我们将会讨论下面的话题：

☐ 图的相关术语
☐ 图的三种不同表示
☐ 图数据结构
☐ 图的搜索算法
☐ 最短路径算法
☐ 最小生成树算法

12.1 图的相关术语

图是网络结构的抽象模型。图是一组由**边**连接的**节点**（或**顶点**）。学习图是重要的，因为任何二元关系都可以用图来表示。

任何社交网络，例如 Facebook、Twitter 和 Google+，都可以用图来表示。

我们还可以使用图来表示道路、航班以及通信，如下图所示。

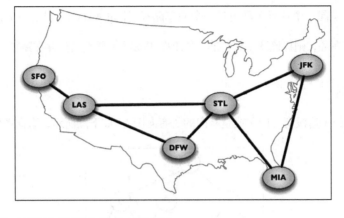

让我们来学习一下图在数学及技术上的概念。

一个图 $G = (V, E)$ 由以下元素组成。

❑ V：一组顶点
❑ E：一组边，连接 V 中的顶点

下图表示一个图。

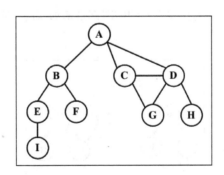

在着手实现算法之前，让我们先了解一下图的一些术语。

由一条边连接在一起的顶点称为**相邻顶点**。比如，A 和 B 是相邻的，A 和 D 是相邻的，A 和 C 是相邻的，A 和 E 不是相邻的。

一个顶点的**度**是其相邻顶点的数量。比如，A 和其他三个顶点相连接，因此 A 的度为 3；E 和其他两个顶点相连，因此 E 的度为 2。

路径是顶点 $v_1, v_2, \cdots, v_k$ 的一个连续序列，其中 v_i 和 v_{i+1} 是相邻的。以上一示意图中的图为例，其中包含路径 A B E I 和 A C D G。

简单路径要求不包含重复的顶点。举个例子，A D G 是一条简单路径。除去最后一个顶点（因

为它和第一个顶点是同一个顶点），**环**也是一个简单路径，比如 A D C A（最后一个顶点重新回到 A）。

如果图中不存在环，则称该图是**无环的**。如果图中每两个顶点间都存在路径，则该图是**连通的**。

有向图和无向图

图可以是无向的（边没有方向）或是有向的（有向图）。如下图所示，有向图的边有一个方向。

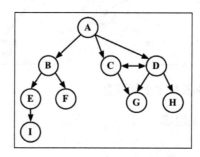

如果图中每两个顶点间在双向上都存在路径，则该图是**强连通的**。例如，C 和 D 是强连通的，而 A 和 B 不是强连通的。

图还可以是**未加权的**（目前为止我们看到的图都是未加权的）或是**加权的**。如下图所示，加权图的边被赋予了权值。

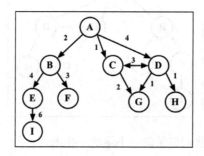

我们可以使用图来解决计算机科学世界中的很多问题，比如搜索图中的一个特定顶点或搜索一条特定边，寻找图中的一条路径（从一个顶点到另一个顶点），寻找两个顶点之间的最短路径，以及环检测。

12.2 图的表示

从数据结构的角度来说，我们有多种方式来表示图。在所有的表示法中，不存在绝对正确的方式。图的正确表示法取决于待解决的问题和图的类型。

12.2.1　邻接矩阵

图最常见的实现是**邻接矩阵**。每个节点都和一个整数相关联，该整数将作为数组的索引。我们用一个二维数组来表示顶点之间的连接。如果索引为 `i` 的节点和索引为 `j` 的节点相邻，则 `array[i][j] === 1`，否则 `array[i][j] === 0`，如下图所示。

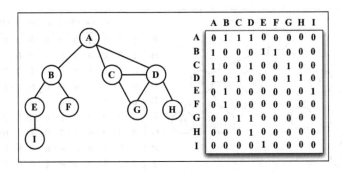

不是强连通的图（**稀疏图**）如果用邻接矩阵来表示，则矩阵中将会有很多 0，这意味着我们浪费了计算机存储空间来表示根本不存在的边。例如，找给定顶点的相邻顶点，即使该顶点只有一个相邻顶点，我们也不得不迭代一整行。邻接矩阵表示法不够好的另一个理由是，图中顶点的数量可能会改变，而二维数组不太灵活。

12.2.2　邻接表

我们也可以使用一种叫作**邻接表**的动态数据结构来表示图。邻接表由图中每个顶点的相邻顶点列表所组成。存在好几种方式来表示这种数据结构。我们可以用列表（数组）、链表，甚至是散列表或是字典来表示相邻顶点列表。下面的示意图展示了邻接表数据结构。

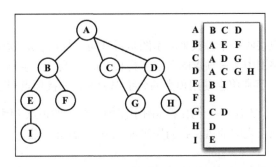

尽管邻接表可能对大多数问题来说都是更好的选择，但以上两种表示法都很有用，且它们有着不同的性质（例如，要找出顶点 v 和 w 是否相邻，使用邻接矩阵会比较快）。在本书的示例中，我们将会使用邻接表表示法。

12

12.2.3　关联矩阵

还可以用**关联矩阵**来表示图。在关联矩阵中，矩阵的行表示顶点，列表示边。如下图所示，使用二维数组来表示两者之间的连通性，如果顶点 *v* 是边 *e* 的入射点，则 array[v][e] === 1；否则，array[v][e] === 0。

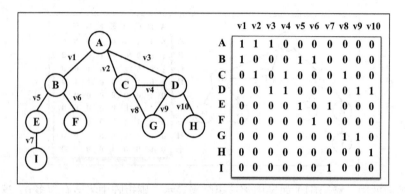

关联矩阵通常用于边的数量比顶点多的情况，以节省空间和内存。

12.3　创建 Graph 类

照例，我们声明类的骨架。

```
class Graph {
  constructor(isDirected = false) {
    this.isDirected = isDirected; // {1}
    this.vertices = []; // {2}
    this.adjList = new Dictionary(); // {3}
  }
}
```

Graph 构造函数可以接收一个参数来表示图是否有向（行{1}），默认情况下，图是无向的。我们使用一个数组来存储图中所有顶点的名字（行{2}），以及一个字典（在第 8 章中已经实现）来存储邻接表（行{3}）。字典将会使用顶点的名字作为键，邻接顶点列表作为值。

接着，我们将实现两个方法：一个用来向图中添加一个新的顶点（因为图实例化后是空的），另外一个方法用来添加顶点之间的边。我们先实现 addVertex 方法。

```
addVertex(v) {
  if (!this.vertices.includes(v)) { // {5}
    this.vertices.push(v); // {6}
    this.adjList.set(v, []); // {7}
  }
}
```

这个方法接收顶点 v 作为参数。只有在这个顶点不存在于图中时（行{5}）我们将该顶点添加到顶点列表中（行{6}），并且在邻接表中，设置顶点 v 作为键对应的字典值为一个空数组（行{7}）。

现在，我们来实现 addEdge 方法。

```
addEdge(v, w) {
  if (!this.adjList.get(v)) {
    this.addVertex(v); // {8}
  }
  if (!this.adjList.get(w)) {
    this.addVertex(w); // {9}
  }
  this.adjList.get(v).push(w); // {10}
  if (!this.isDirected) {
    this.adjList.get(w).push(v); // {11}
  }
}
```

这个方法接收两个顶点作为参数，也就是我们要建立连接的两个顶点。在连接顶点之前，需要验证顶点是否存在于图中。如果顶点 v 或 w 不存在于图中，要将它们加入顶点列表（行{8}和行{9}）。

然后，通过将 w 加入到 v 的邻接表中，我们添加了一条自顶点 v 到顶点 w 的边（行{10}）。如果你想实现一个有向图，则行{10}就足够了。由于本章中大多数的例子都是基于无向图的，我们需要添加一条自 w 到 v 的边（行{11}）。

 请注意我们只是往数组里新增元素，因为数组已经在行{7}被初始化了。

要完成创建 Graph 类，我们还要声明两个取值的方法：一个返回顶点列表，另一个返回邻接表。

```
getVertices() {
  return this.vertices;
}
getAdjList() {
  return this.adjList;
}
```

让我们测试这段代码。

```
const graph = new Graph();

const myVertices = ['A', 'B', 'C', 'D', 'E', 'F', 'G', 'H', 'I']; // {12}

for (let i = 0; i < myVertices.length; i++) { // {13}
  graph.addVertex(myVertices[i]);
}
graph.addEdge('A', 'B'); // {14}
```

12

```
graph.addEdge('A', 'C');
graph.addEdge('A', 'D');
graph.addEdge('C', 'D');
graph.addEdge('C', 'G');
graph.addEdge('D', 'G');
graph.addEdge('D', 'H');
graph.addEdge('B', 'E');
graph.addEdge('B', 'F');
graph.addEdge('E', 'I');
```

为方便起见，我们创建了一个数组，包含所有想添加到图中的顶点（行{12}）。接下来，只要遍历 myVertices 数组并将其中的值逐一添加到我们的图中（行{13}）。最后，我们添加想要的边（行{14}）。这段代码将会创建一个图，也就是到目前为止本章的示意图所使用的。

为了更方便一些，让我们来实现 Graph 类的 toString 方法，以便在控制台输出图。

```
toString() {
  let s = '';
  for (let i = 0; i < this.vertices.length; i++) { // {15}
    s += `${this.vertices[i]} -> `;
    const neighbors = this.adjList.get(this.vertices[i]); // {16}
    for (let j = 0; j < neighbors.length; j++) { // {17}
      s += `${neighbors[j]} `;
    }
    s += '\n'; // {18}
  }
  return s;
}
```

我们为邻接表表示法构建了一个字符串。首先，迭代 vertices 数组列表（行{15}），将顶点的名字加入字符串中。接着，取得该顶点的邻接表（行{16}），同样迭代该邻接表（行{17}），将相邻顶点加入我们的字符串。邻接表迭代完成后，给我们的字符串添加一个换行符（行{18}），这样就可以在控制台看到一个漂亮的输出了。运行如下代码：

```
console.log(graph.toString());
```

输出如下。

```
A -> B C D
B -> A E F
C -> A D G
D -> A C G H
E -> B I
F -> B
G -> C D
H -> D
I -> E
```

一个漂亮的邻接表！从该输出中，我们知道顶点 A 有这几个相邻顶点：B、C 和 D。

12.4　图的遍历

和树数据结构类似，我们可以访问图的所有节点。有两种算法可以对图进行遍历：**广度优先搜索**（breadth-first search，BFS）和**深度优先搜索**（depth-first search，DFS）。图遍历可以用来寻找特定的顶点或寻找两个顶点之间的路径，检查图是否连通，检查图是否含有环，等等。

在实现算法之前，让我们来更好地理解一下图遍历的思想。

图遍历算法的思想是必须追踪每个第一次访问的节点，并且追踪有哪些节点还没有被完全探索。对于两种图遍历算法，都需要明确指出第一个被访问的顶点。

完全探索一个顶点要求我们查看该顶点的每一条边。对于每一条边所连接的没有被访问过的顶点，将其标注为被发现的，并将其加进待访问顶点列表中。

为了保证算法的效率，务必访问每个顶点至多两次。连通图中每条边和顶点都会被访问到。

广度优先搜索算法和深度优先搜索算法基本上是相同的，只有一点不同，那就是待访问顶点列表的数据结构，如下表所示。

算　　法	数据结构	描　　述
深度优先搜索	栈	将顶点存入栈（在第 4 章中学习过），顶点是沿着路径被探索的，存在新的相邻顶点就去访问
广度优先搜索	队列	将顶点存入队列（在第 5 章中学习过），最先入队列的顶点先被探索

当要标注已经访问过的顶点时，我们用三种颜色来反映它们的状态。

- ❏ **白色**：表示该顶点还没有被访问。
- ❏ **灰色**：表示该顶点被访问过，但并未被探索过。
- ❏ **黑色**：表示该顶点被访问过且被完全探索过。

这就是之前提到的务必访问每个顶点最多两次的原因。

为了有助于在广度优先和深度优先算法中标记顶点，我们要使用 `Colors` 变量（作为一个枚举器），声明如下。

```
const Colors = {
  WHITE: 0,
  GREY: 1,
  BLACK: 2
};
```

两个算法还需要一个辅助对象来帮助存储顶点是否被访问过。在每个算法的开头，所有的顶点会被标记为未访问（白色）。我们要用下面的函数来初始化每个顶点的颜色。

12

```
const initializeColor = vertices => {
  const color = {};
  for (let i = 0; i < vertices.length; i++) {
    color[vertices[i]] = Colors.WHITE;
  }
  return color;
};
```

 我们使用第 2 章学习到的 ES2015 中的 const 和箭头函数来声明函数。我们也可
以使用如 function initializeColor(vertices) {}的函数语法来声明
initializeColor 函数。

12.4.1 广度优先搜索

广度优先搜索算法会从指定的第一个顶点开始遍历图，先访问其所有的邻点（相邻顶点），
就像一次访问图的一层。换句话说，就是先宽后深地访问顶点，如下图所示。

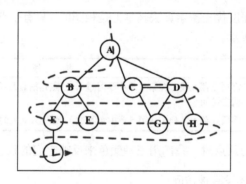

以下是从顶点 v 开始的广度优先搜索算法所遵循的步骤。

(1) 创建一个队列 Q。

(2) 标注 v 为被发现的（灰色），并将 v 入队列 Q。

(3) 如果 Q 非空，则运行以下步骤：

    (a) 将 u 从 Q 中出队列；

    (b) 标注 u 为被发现的（灰色）；

    (c) 将 u 所有未被访问过的邻点（白色）入队列；

    (d) 标注 u 为已被探索的（黑色）。

让我们来实现广度优先搜索算法。

```
export const breadthFirstSearch = (graph, startVertex, callback) => {
  const vertices = graph.getVertices();
  const adjList = graph.getAdjList();
  const color = initializeColor(vertices); // {1}
```

```
const queue = new Queue(); // {2}

queue.enqueue(startVertex); // {3}

while (!queue.isEmpty()) { // {4}
  const u = queue.dequeue(); // {5}
  const neighbors = adjList.get(u); // {6}
  color[u] = Colors.GREY; // {7}
  for (let i = 0; i < neighbors.length; i++) { // {8}
    const w = neighbors[i]; // {9}
    if (color[w] === Colors.WHITE) { // {10}
      color[w] = Colors.GREY; // {11}
      queue.enqueue(w); // {12}
    }
  }
  color[u] = Colors.BLACK; // {13}
  if (callback) { // {14}
    callback(u);
  }
}
};
```

让我们深入学习广度优先搜索方法的实现。我们要做的第一件事情是用 initializeColor 函数来将 color 数组初始化为白色（行{1}）。我们还需要声明和创建一个 Queue 实例（行{2}），它将会存储待访问和待探索的顶点。

照着本章开头解释过的步骤，breadthFirstSearch 方法接收一个图实例和顶点作为算法的起始点。起始顶点是必要的，我们将此顶点入队列（行{3}）。

如果队列非空（行{4}），我们将通过出队列（行{5}）操作从队列中移除一个顶点，并取得一个包含其所有邻点的邻接表（行{6}）。该顶点将被标注为灰色（行{7}），表示我们发现了它（但还未完成对其的探索）。

对于 u（行{8}）的每个邻点，我们取得其值（该顶点的名字——行{9}），如果它还未被访问过（颜色为白色——行{10}），则将其标注为我们已经发现了它（颜色设置为灰色——行{11}），并将这个顶点加入队列（行{12}）。这样当其从队列中出列的时候，我们可以完成对其的探索。

当完成探索该顶点和其相邻顶点后，我们将该顶点标注为已探索过的（颜色设置为黑色——行{13}）。

我们实现的这个 breadthFirstSearch 方法也接收一个回调（我们在第 10 章中遍历树时使用了一个相似的方法）。这个参数是可选的，如果我们传递了回调函数（行{14}），就会用到它。

让我们执行下面这段代码来测试一下该算法。

```
const printVertex = (value) => console.log('Visited vertex: ' + value); // {15}
breadthFirstSearch(graph, myVertices[0], printVertex);
```

首先，我们声明了一个回调函数（行{15}），它仅仅在浏览器控制台上输出已经被完全探索过的顶点的名字。接着，我们会调用 breadthFirstSearch 方法，给它传递图（和我们在本章之前用来测试 Graph 类的示例一样），第一个顶点（A——来自本章开头声明的 myVertices 数组）和回调函数（printVertex）。当我们执行这段代码时，该算法会在浏览器控制台输出如下所示的结果。

```
Visited vertex: A
Visited vertex: B
Visited vertex: C
Visited vertex: D
Visited vertex: E
Visited vertex: F
Visited vertex: G
Visited vertex: H
Visited vertex: I
```

如你所见，顶点被访问的顺序和本节开头的示意图中所展示的一致。

1. 使用 BFS 寻找最短路径

到目前为止，我们只展示了 BFS 算法的工作原理。我们可以用该算法做更多事情，而不只是输出被访问顶点的顺序。例如，考虑如何来解决下面这个问题。

给定一个图 G 和源顶点 v，找出每个顶点 u 和 v 之间最短路径的距离（以边的数量计）。

对于给定顶点 v，广度优先算法会访问所有与其距离为 1 的顶点，接着是距离为 2 的顶点，以此类推。所以，可以用广度优先算法来解这个问题。我们可以修改 breadthFirstSearch 方法以返回给我们一些信息：

❑ 从 v 到 u 的距离 distances[u]；
❑ 前溯点 predecessors[u]，用来推导出从 v 到其他每个顶点 u 的最短路径。

让我们来看看改进过的广度优先方法的实现。

```
const BFS = (graph, startVertex) => {
  const vertices = graph.getVertices();
  const adjList = graph.getAdjList();
  const color = initializeColor(vertices);
  const queue = new Queue();
  const distances = {}; // {1}
  const predecessors = {}; // {2}
  queue.enqueue(startVertex);

  for (let i = 0; i < vertices.length; i++) { // {3}
    distances[vertices[i]] = 0; // {4}
    predecessors[vertices[i]] = null; // {5}
  }

  while (!queue.isEmpty()) {
```

```
      const u = queue.dequeue();
      const neighbors = adjList.get(u);
      color[u] = Colors.GREY;
      for (let i = 0; i < neighbors.length; i++) {
        const w = neighbors[i];
        if (color[w] === Colors.WHITE) {
          color[w] = Colors.GREY;
          distances[w] = distances[u] + 1; // {6}
          predecessors[w] = u; // {7}
          queue.enqueue(w);
        }
      }
      color[u] = Colors.BLACK;
    }
    return { // {8}
      distances,
      predecessors
    };
};
```

这个版本的 BFS 方法有些什么改变?

我们还需要声明数组 distances（行{1}）来表示距离, 以及 predecessors 数组（行{2}）来表示前溯点。下一步则是对于图中的每一个顶点（行{3}）, 用 0 来初始化数组 distances（行{4}）, 用 null 来初始化数组 predecessors（行{5}）。

当我们发现顶点 u 的邻点 w 时, 则设置 w 的前溯点值为 u（行{7}）。我们还通过给 distances[u] 加 1 来增加 v 和 w 之间的距离(u 是 w 的前溯点, distances[u] 的值已经有了)。

方法最后返回了一个包含 distances 和 predecessors 的对象（行{8}）。

现在, 我们可以再次执行 BFS 方法, 并将其返回值存在一个变量中。

```
const shortestPathA = BFS(graph, myVertices[0]);
console.log(shortestPathA);
```

对顶点 A 执行 BFS 方法, 以下将会是输出。

distances: [A: 0, B: 1, C: 1, D: 1, E: 2, F: 2, G: 2, H: 2 , I: 3],
predecessors: [A: null, B: "A", C: "A", D: "A", E: "B", F: "B", G: "C", H: "D", I: "E"]

这意味着顶点 A 与顶点 B、C 和 D 的距离为 1; 与顶点 E、F、G 和 H 的距离为 2; 与顶点 I 的距离为 3。

通过前溯点数组, 我们可以用下面这段代码来构建从顶点 A 到其他顶点的路径。

```
const fromVertex = myVertices[0]; // {9}

for (i = 1; i < myVertices.length; i++) { // {10}
  const toVertex = myVertices[i]; // {11}
  const path = new Stack(); // {12}
  for (let v = toVertex;
```

12

```
      v !== fromVertex;
      v = shortestPathA.predecessors[v]) { // {13}
    path.push(v); // {14}
  }
  path.push(fromVertex); // {15}
  let s = path.pop(); // {16}
  while (!path.isEmpty()) { // {17}
    s += ' - ' + path.pop(); // {18}
  }
  console.log(s); // {19}
}
```

我们用顶点 A 作为源顶点（行{9}）。对于每个其他顶点（除了顶点 A——行{10}），我们会计算顶点 A 到它的路径。我们从 myVertices 数组得到值（行{11}），然后会创建一个栈来存储路径值（行{12}）。

接着，我们追溯 toVertex 到 fromVertex 的路径（行{13}）。变量 v 被赋值为其前溯点的值，这样我们能够反向追溯这条路径。将变量 v 添加到栈中（行{14}）。最后，源顶点也会被添加到栈中（行{15}），以得到完整路径。

之后，我们创建了一个 s 字符串，并将源顶点赋值给它（它是最后一个加入栈中的，所以是第一个被弹出的项——行{16}）。当栈是非空的（行{17}），我们就从栈中移出一个项并将其拼接到字符串 s 的后面（行{18}）。最后，在控制台上输出路径（行{19}）。

执行该代码段，我们会得到如下输出。

```
A - B
A - C
A - D
A - B - E
A - B - F
A - C - G
A - D - H
A - B - E - I
```

这里，我们得到了从顶点 A 到图中其他顶点的最短路径（衡量标准是边的数量）。

2. 深入学习最短路径算法

本章中的图不是加权图。如果要计算加权图中的最短路径（例如，城市 A 和城市 B 之间的最短路径——GPS 和 Google Maps 中用到的算法），广度优先搜索未必合适。

举几个例子，Dijkstra 算法解决了单源最短路径问题。Bellman-Ford 算法解决了边权值为负的单源最短路径问题。A*搜索算法解决了求仅一对顶点间的最短路径问题，用经验法则来加速搜索过程。Floyd-Warshall 算法解决了求所有顶点对之间的最短路径这一问题。

我们会在本章后面学习 Dijkstra 算法和 Floyd-Warshall 算法。

12.4.2　深度优先搜索

深度优先搜索算法将会从第一个指定的顶点开始遍历图，沿着路径直到这条路径最后一个顶点被访问了，接着原路回退并探索下一条路径。换句话说，它是先深度后广度地访问顶点，如下图所示。

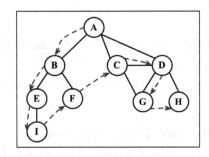

深度优先搜索算法不需要一个源顶点。在深度优先搜索算法中，若图中顶点 v 未访问，则访问该顶点 v。

要访问顶点 v，照如下步骤做：

(1) 标注 v 为被发现的（灰色）；
(2) 对于 v 的所有未访问（白色）的邻点 w，访问顶点 w；
(3) 标注 v 为已被探索的（黑色）。

如你所见，深度优先搜索的步骤是递归的，这意味着深度优先搜索算法使用栈来存储函数调用（由递归调用所创建的栈）。

让我们来实现一下深度优先算法。

```
const depthFirstSearch = (graph, callback) => { // {1}
  const vertices = graph.getVertices();
  const adjList = graph.getAdjList();
  const color = initializeColor(vertices);

  for (let i = 0; i < vertices.length; i++) { // {2}
    if (color[vertices[i]] === Colors.WHITE) { // {3}
      depthFirstSearchVisit(vertices[i], color, adjList, callback); // {4}
    }
  }
};

const depthFirstSearchVisit = (u, color, adjList, callback) => {
  color[u] = Colors.GREY; // {5}
  if (callback) { // {6}
    callback(u);
  }
```

```
const neighbors = adjList.get(u); // {7}
for (let i = 0; i < neighbors.length; i++) { // {8}
  const w = neighbors[i]; // {9}
  if (color[w] === Colors.WHITE) { // {10}
    depthFirstSearchVisit(w, color, adjList, callback); // {11}
  }
}
color[u] = Colors.BLACK; // {12}
};
```

depthFirstSearch 函数接收一个 Graph 类实例和回调函数作为参数（行{1}）。在初始化每个顶点的颜色后，对于图实例中每一个未被访问过的顶点（行{2}和行{3}），我们调用私有的递归函数 depthFirstSearchVisit，传递的参数为要访问的顶点 u、颜色数组以及回调函数（行{4}）。

当访问顶点 u 时，我们标注其为被发现的（灰色——行{5}）。如果有 callback 函数的话（行{6}），则执行该函数输出已访问过的顶点。接下来的一步是取得包含顶点 u 所有邻点的列表（行{7}）。对于顶点 u 的每一个未被访问过（颜色为白色——行{10}和行{8}）的邻点 w（行{9}），我们将调用 depthFirstSearchVisit 函数，传递 w 和其他参数（行{11}——添加顶点 w 入栈，这样接下来就能访问它）。最后，在该顶点和邻点按深度访问之后，我们回退，意思是该顶点已被完全探索，并将其标注为黑色（行{12}）。

让我们执行下面的代码段来测试一下 depthFirstSearch 方法。

```
depthFirstSearch(graph, printVertex);
```

输出如下。

```
Visited vertex: A
Visited vertex: B
Visited vertex: E
Visited vertex: I
Visited vertex: F
Visited vertex: C
Visited vertex: D
Visited vertex: G
Visited vertex: H
```

这个顺序和本节开头处示意图所展示的一致。下面这个示意图展示了该算法每一步的执行过程。

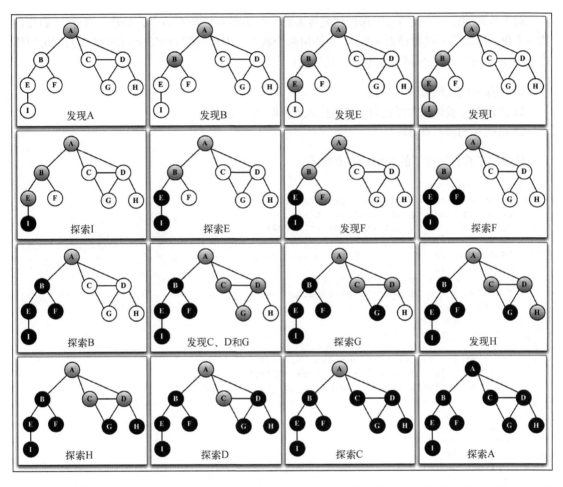

在我们示例所用的图中，行{4}只会被执行一次，因为所有其他的顶点都有路径到第一个调用 depthFirstSearchVisit 函数的顶点（顶点 A）。如果顶点 B 第一个调用函数，则行{4}将会为其他顶点再执行一次（比如顶点 A）。

Angular（版本 2+）在探测变更（验证 HTML 模板是否需要更新）方面使用的算法和深度优先搜索算法非常相似。要了解更多，请访问 http://t.cn/E532diz。数据结构和算法对于理解前端框架是怎样工作的以及将你的知识提升到更高的层次也是很重要的。

1. 探索深度优先算法

到目前为止，我们只是展示了深度优先搜索算法的工作原理。我们可以用该算法做更多的事情，而不只是输出被访问顶点的顺序。

对于给定的图 *G*，我们希望深度优先搜索算法遍历图 *G* 的所有节点，构建 "森林"（有根树的一个集合）以及一组源顶点（根），并输出两个数组：发现时间和完成探索时间。我们可以修改 depthFirstSearch 函数来返回一些信息：

- 顶点 u 的发现时间 d[u]；
- 当顶点 u 被标注为黑色时，u 的完成探索时间 f[u]；
- 顶点 u 的前溯点 p[u]。

让我们来看看改进了的 DFS 方法的实现。

```
export const DFS = graph => {
  const vertices = graph.getVertices();
  const adjList = graph.getAdjList();
  const color = initializeColor(vertices);
  const d = {};
  const f = {};
  const p = {};
  const time = { count : 0}; // {1}
  for (let i = 0; i < vertices.length; i++) { // {2}
    f[vertices[i]] = 0;
    d[vertices[i]] = 0;
    p[vertices[i]] = null;
  }
  for (let i = 0; i < vertices.length; i++) {
    if (color[vertices[i]] === Colors.WHITE) {
      DFSVisit(vertices[i], color, d, f, p, time, adjList);
    }
  }
  return { // {3}
    discovery: d,
    finished: f,
    predecessors: p
  };
};

const DFSVisit = (u, color, d, f, p, time, adjList) => {
  color[u] = Colors.GREY;
  d[u] = ++time.count; // {4}
  const neighbors = adjList.get(u);
  for (let i = 0; i < neighbors.length; i++) {
    const w = neighbors[i];
    if (color[w] === Colors.WHITE) {
      p[w] = u; // {5}
      DFSVisit(w, color, d, f, p, time, adjList);
    }
  }
  color[u] = Colors.BLACK;
  f[u] = ++time.count; // {6}
};
```

我们需要声明一个变量来追踪发现时间和完成探索时间（行{1}）。

我们声明一个 time 对象，包含 count 属性，这跟 JavaScript 中的方法按值或按引用传递参数有关。在一些语言中，按值或按引用传递参数是有区别的。原始数据类型是按值传递的，也就是说值的作用域只存在于函数的执行过程中。如果修改了值，只会在函数的作用域内生效。如果参数以引用形式（对象）传递，并修改了对象中的任意属性，将会影响对象的原始值。对象以引用形式传递是因为只有内存的引用被传递了函数或方法。在这个例子中，我们希望次数统计在这个算法执行过程中是**全局**使用的，所以需要将参数以对象传递，而不是原始值。

接下来，我们声明数组 d、f 和 p（行{2}），还需要为图的每一个顶点来初始化这些数组。在这个方法结尾处返回这些值（行{3}），之后我们要用到它们。

当一个顶点第一次被发现时，我们追踪其发现时间（行{4}）。当它是由引自顶点 u 的边而被发现的，我们追踪它的前溯点（行{5}）。最后，当这个顶点被完全探索后，我们追踪其完成时间（行{6}）。

深度优先算法背后的思想是什么？边是从最近发现的顶点 u 处被向外探索的。只有连接到未发现的顶点的边被探索了。当 u 所有的边都被探索了，该算法回退到 u 被发现的地方去探索其他的边。这个过程持续到我们发现了所有从原始顶点能够触及的顶点。如果还留有任何其他未被发现的顶点，我们对新源顶点重复这个过程。重复该算法，直到图中所有的顶点都被探索了。

对于改进过的深度优先搜索，有两点需要我们注意：

- 时间（time）变量值的范围只可能在图顶点数量的一倍到两倍（2|V|）之间；
- 对于所有的顶点 u，d[u]<f[u]（意味着，发现时间的值比完成时间的值小，完成时间意思是所有顶点都已经被探索过了）。

在这两个假设下，我们有如下的规则。

```
1 <= d [u] < f [u] <= 2|V|
```

如果对同一个图再跑一遍新的深度优先搜索方法，对图中每个顶点，我们会得到如下的发现/完成时间。

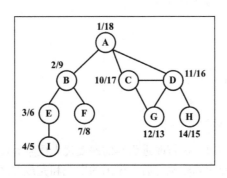

但我们能用这些新信息来做什么呢？来看下一节。

2. 拓扑排序——使用深度优先搜索

给定下图，假定每个顶点都是一个我们需要去执行的任务。

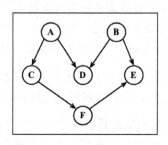

 这是一个有向图，意味着任务的执行是有顺序的。例如，任务 F 不能在任务 A 之前执行。注意这个图没有环，意味着这是一个无环图。所以，我们可以说该图是一个**有向无环图**（DAG）。

当我们需要编排一些任务或步骤的执行顺序时，这称为**拓扑排序**（topological sorting，英文亦写作 topsort 或是 toposort）。在日常生活中，这个问题在不同情形下都会出现。例如，当我们开始学习一门计算机科学课程，在学习某些知识之前得按顺序完成一些知识储备（你不可以在上算法 I 课程前先上算法 II 课程）。当我们在开发一个项目时，需要按顺序执行一些步骤。例如，首先从客户那里得到需求，接着开发客户要求的东西，最后交付项目。你不能先交付项目再去收集需求。

拓扑排序只能应用于 DAG。那么，如何使用深度优先搜索来实现拓扑排序呢？让我们在本节开头的示意图上执行一下深度优先搜索。

```
graph = new Graph(true); // 有向图

myVertices = ['A', 'B', 'C', 'D', 'E', 'F'];
for (i = 0; i < myVertices.length; i++) {
  graph.addVertex(myVertices[i]);
}
graph.addEdge('A', 'C');
graph.addEdge('A', 'D');
graph.addEdge('B', 'D');
graph.addEdge('B', 'E');
graph.addEdge('C', 'F');
graph.addEdge('F', 'E');

const result = DFS(graph);
```

这段代码将创建图，添加边，执行改进版本的深度优先搜索算法，并将结果保存到 result 变量。下图展示了深度优先搜索算法执行后，该图的发现和完成时间。

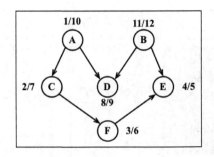

现在要做的仅仅是以倒序来排序完成时间数组，这便得出了该图的拓扑排序，如下所示。

```
const fTimes = result.finished;
s = '';
for (let count = 0; count < myVertices.length; count++) {
  let max = 0;
  let maxName = null;
  for (i = 0; i < myVertices.length; i++) {
    if (fTimes[myVertices[i]] > max) {
      max = fTimes[myVertices[i]];
      maxName = myVertices[i];
    }
  }
  s += ' - ' + maxName;
  delete fTimes[maxName];
}
console.log(s);
```

执行了上述代码后，我们会得到下面的输出。

```
B - A - D - C - F - E
```

注意之前的拓扑排序结果仅是多种可能性之一。如果我们稍微修改一下算法，就会有不同的结果。比如下面这个结果也是众多其他可能性中的一个。

```
A - B - C - D - F - E
```

这也是一个可以接受的结果。

12.5 最短路径算法

设想你要从街道地图上的 A 点出发，通过可能的最短路径到达 B 点。举例来说，从洛杉矶的圣莫尼卡大道到好莱坞大道，如下图所示。

这种问题在生活中非常常见，我们（特别是生活在大城市的人们）会求助于苹果地图、谷歌地图、Waze 等应用程序。当然，我们也有其他的考虑，如时间或路况，但根本的问题仍然是：从 A 到 B 的最短路径是什么？

我们可以用图来解决这个问题，相应的算法被称为最短路径。下节我们将介绍两种非常著名的算法，即 Dijkstra 算法和 Floyd-Warshall 算法。

12.5.1 Dijkstra 算法

Dijkstra 算法是一种计算从单个源到所有其他源的最短路径的贪心算法（你可以在第 14 章了解到更多关于贪心算法的内容），这意味着我们可以用它来计算从图的一个顶点到其余各顶点的最短路径。

考虑下面这个图。

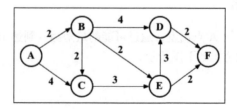

我们来看看如何找到顶点 A 和其余顶点之间的最短路径。但首先，我们需要声明表示上图的邻接矩阵，如下所示。

```
var graph = [[0, 2, 4, 0, 0, 0],
             [0, 0, 2, 4, 2, 0],
             [0, 0, 0, 0, 3, 0],
             [0, 0, 0, 0, 0, 2],
             [0, 0, 0, 3, 0, 2],
             [0, 0, 0, 0, 0, 0]];
```

现在，通过下面的代码来看看 Dijkstra 算法是如何工作的。

```
const INF = Number.MAX_SAFE_INTEGER;

const dijkstra = (graph, src) => {
  const dist = [];
  const visited = [];
  const { length } = graph;
  for (let i = 0; i < length; i++) { // {1}
    dist[i] = INF;
    visited[i] = false;
  }
  dist[src] = 0; // {2}
  for (let i = 0; i < length - 1; i++) { // {3}
    const u = minDistance(dist, visited); // {4}
    visited[u] = true; // {5}
    for (let v = 0; v < length; v++) {
      if (!visited[v] &&
          graph[u][v] !== 0 &&
          dist[u] !== INF &&
          dist[u] + graph[u][v] < dist[v]) { // {6}
        dist[v] = dist[u] + graph[u][v]; // {7}
      }
    }
  }
  return dist; // {8}
};
```

下面是对算法过程的描述。

❑ 行{1}：首先，把所有的距离（dist）初始化为无限大（JavaScript 最大的数 INF = Number.MAX_SAFE_INTEGER），将 visited[] 初始化为 false。

❑ 行{2}：然后，把源顶点到自己的距离设为 0。

❑ 行{3}：接下来，要找出到其余顶点的最短路径。

❑ 行{4}：为此，我们需要从尚未处理的顶点中选出距离最近的顶点。

❑ 行{5}：把选出的顶点标为 visited，以免重复计算。

❑ 行{6}：如果找到更短的路径，则更新最短路径的值（行{7}）。

❑ 行{8}：处理完所有顶点后，返回从源顶点（src）到图中其他顶点最短路径的结果。

要计算顶点间的 minDistance，就要搜索 dist 数组中的最小值，返回它在数组中的索引。

12

```
const minDistance = (dist, visited) => {
  let min = INF;
  let minIndex = -1;
  for (let v = 0; v < dist.length; v++) {
    if (visited[v] === false && dist[v] <= min) {
      min = dist[v];
      minIndex = v;
    }
  }
  return minIndex;
};
```

对本节开始的图执行以上算法，会得到如下输出。

```
0        0
1        2
2        4
3        6
4        4
5        6
```

 也可以修改算法，将最短路径的值和路径一同返回。

12.5.2 Floyd-Warshall 算法

Floyd-Warshall 算法是一种计算图中所有最短路径的动态规划算法（你可以在第 14 章了解到更多关于动态规划算法的内容）。通过该算法，我们可以找出从所有源到所有顶点的最短路径。

Floyd-Warshall 算法实现如下所示。

```
const floydWarshall = graph => {
  const dist = [];
  const { length } = graph;
  for (let i = 0; i < length; i++) { // {1}
    dist[i] = [];
    for (let j = 0; j < length; j++) {
      if (i === j) {
        dist[i][j] = 0; // {2}
      } else if (!isFinite(graph[i][j])) {
        dist[i][j] = Infinity; // {3}
      } else {
        dist[i][j] = graph[i][j]; // {4}
      }
    }
  }
  for (let k = 0; k < length; k++) { // {5}
    for (let i = 0; i < length; i++) {
      for (let j = 0; j < length; j++) {
        if (dist[i][k] + dist[k][j] < dist[i][j]) { // {6}
          dist[i][j] = dist[i][k] + dist[k][j]; // {7}
        }
```

```
        }
      }
    }
  return dist;
};
```

下面是对算法过程的描述。

首先，把 distance 数组初始化为每个顶点之间的权值（行{1}），因为 i 到 j 可能的最短距离就是这些顶点间的权值（行{4}）。顶点到自身的距离为 0（行{2}）。如果两个顶点之间没有边，就将其表示为 Infinity（行{3}）。将顶点 0 到 k 作为中间点（行{5}），从 i 到 j 的最短路径经过 k。行{6}给出的公式用来计算通过顶点 k 的 i 和 j 之间的最短路径。如果一个最短路径的新的值被找到，我们要使用并存储它（行{7}）。

行{6}是 Floyd-Warshall 算法的核心。对本节开始的图执行以上算法，会得到如下输出。

```
0   2   4   6   4   6
INF 0   2   4   2   4
INF INF 0   6   3   5
INF INF INF 0   INF 2
INF INF INF 3   0   2
INF INF INF INF INF 0
```

这里的 INF 代表顶点 i 到 j 的最短路径不存在。

对图中每一个顶点执行 Dijkstra 算法，也可以得到相同的结果。

12.6　最小生成树

最小生成树（MST）问题是网络设计中常见的问题。想象一下，你的公司有几间办公室，要以最低的成本实现办公室电话线路相互连通，以节省资金，最好的办法是什么？

这也可以应用于岛桥问题。设想你要在 n 个岛屿之间建造桥梁，想用最低的成本实现所有岛屿相互连通。

这两个问题都可以用 MST 算法来解决，其中的办公室或者岛屿可以表示为图中的一个顶点，边代表成本。下面有一个图的例子，其中较粗的边是一个 MST 的解决方案。

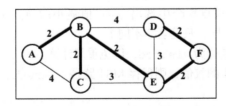

本节我们将学习两种主要的求最小生成树的算法：Prim 算法和 Kruskal 算法。

12.6.1 Prim 算法

Prim 算法是一种求解加权无向连通图的 MST 问题的贪心算法。它能找出某种边的子集，使得其构成的树包含图中所有顶点，且边的权值之和最小。

Prim 算法如下所示。

```
const INF = Number.MAX_SAFE_INTEGER;

const prim = graph => {
  const parent = [];
  const key = [];
  const visited = [];
  const { length } = graph;
  for (let i = 0; i < length; i++) { // {1}
    key[i] = INF;
    visited[i] = false;
  }
  key[0] = 0; // {2}
  parent[0] = -1;
  for (let i = 0; i < length - 1; i++) { // {3}
    const u = minKey(graph, key, visited); // {4}
    visited[u] = true; // {5}
    for (let v = 0; v < length; v++) {
      if (graph[u][v] && !visited[v] && graph[u][v] < key[v]) { // {6}
        parent[v] = u; // {7}
        key[v] = graph[u][v]; // {8}
      }
    }
  }
  return parent; // {9}
};
```

下面是对算法过程的描述。

❑ 行{1}：首先，把所有顶点（key）初始化为无限大（JavaScript 最大的数 INF = Number.MAX_SAFE_INTEGER），visited[]初始化为 false。

❑ 行{2}：其次，选择第一个 key 作为第一个顶点，同时，因为第一个顶点总是 MST 的根节点，所以 parent[0] = -1。

❑ 行{3}：然后，对所有顶点求 MST。

❑ 行{4}：从未处理的顶点集合中选出 key 值最小的顶点（与 Dijkstra 算法中使用的 minDistance 函数一样，只是名字不同）。

❑ 行{5}：把选出的顶点标为 visited，以免重复计算。

❑ 行{6}：如果得到更小的权值，则保存 MST 路径（parent，行{7}）并更新其权值（行{8}）。

❑ 行{9}：处理完所有顶点后，返回包含 MST 的结果。

比较 Prim 算法和 Dijkstra 算法，我们会发现除了行{7}和行{8}之外，两者非常相似。行{7}用 parent 数组保存 MST 的结果。行{8}用 key 数组保存权值最小的边，而在 Dijkstra 算法中，用 dist 数组保存距离。我们可以修改 Dijkstra 算法，加入 parent 数组。这样，就可以在求出距离的同时得到路径。

对如下的图执行以上算法。

```
var graph = [[0, 2, 4, 0, 0, 0],
             [2, 0, 2, 4, 2, 0],
             [4, 2, 0, 0, 3, 0],
             [0, 4, 0, 0, 3, 2],
             [0, 2, 3, 3, 0, 2],
             [0, 0, 0, 2, 2, 0]];
```

我们会得到如下输出。

```
Edge    Weight
0 - 1     2
1 - 2     2
5 - 3     2
1 - 4     2
4 - 5     2
```

12.6.2 Kruskal 算法

和 Prim 算法类似，Kruskal 算法也是一种求加权无向连通图的 MST 的贪心算法。

现在，通过下面的代码来看看 Kruskal 算法。

```
const kruskal = graph => {
  const { length } = graph;
  const parent = [];
  let ne = 0;
  let a; let b; let u; let v;
  const cost = initializeCost(graph); // {1}
  while (ne < length - 1) { // {2}
    for (let i = 0, min = INF; i < length; i++) { // {3}
      for (let j = 0; j < length; j++) {
        if (cost[i][j] < min) {
          min = cost[i][j];
          a = u = i;
          b = v = j;
        }
      }
    }
    u = find(u, parent); // {4}
    v = find(v, parent); // {5}
    if (union(u, v, parent)) { // {6}
      ne++;
    }
    cost[a][b] = cost[b][a] = INF; // {7}
```

12

```
  }
  return parent;
};
```

下面是对算法过程的描述。

- ❑ 行{1}：首先，把邻接矩阵的值复制到 cost 数组，以方便修改且可以保留原始值行{7}。
- ❑ 行{2}：当 MST 的边数小于顶点总数减 1 时。
- ❑ 行{3}：找出权值最小的边。
- ❑ 行{4}和行{5}：检查 MST 中是否已存在这条边，以避免环路。
- ❑ 行{6}：如果 u 和 v 是不同的边，则将其加入 MST。
- ❑ 行{7}：从列表中移除这些边，以免重复计算。
- ❑ 行{8}：返回 MST。

下面是 find 函数的定义。它能防止 MST 出现环路。

```
const find = (i, parent) => {
  while (parent[i]) {
    i = parent[i];
  }
  return i;
};
```

union 函数的定义如下所示。

```
const union = (i, j, parent) => {
  if (i !== j) {
    parent[j] = i;
    return true;
  }
  return false;
};
```

这个算法有几种变体。这取决于对边的权值排序时所使用的数据结构（如优先队列），以及图是如何表示的。

12.7　小结

本章涵盖了图的基本概念。我们学习了几种不同的方式来表示这一数据结构，并实现了用邻接表表示图的算法。你还学到了如何用广度优先搜索和深度优先搜索来遍历图。本章还包括了广度优先搜索和深度优先搜索的两个实际应用，它们分别是使用广度优先搜索来找到最短路径，以及使用深度优先搜索来做拓扑排序。

本章还介绍了一些著名的算法，如计算最短路径的 Dijkstra 算法和 Floyd-Warshall 算法，以及计算图的最小生成树的 Prim 算法和 Kruskal 算法。

下一章，我们将会学习计算机科学中最常用的排序算法。

第 13 章

排序和搜索算法

假设我们有一个没有任何排列顺序的电话号码簿（或笔记本）。当需要添加联络人和电话时，你只能将其写在下一个空位上。假定你的联系人列表上有很多人。某天，你要找某个联系人及其电话号码。但是由于联系人列表没有按照任何顺序来组织，你只能逐个检查，直到找到那个你想要的联系人为止。这个方法太吓人了，难道你不这么认为吗？想象一下你要在黄页上搜寻一个联系人，但是那本黄页没有进行任何组织，那得花多长时间啊？！

因此（还有其他原因），我们需要组织信息集，比如那些存储在数据结构里的信息。排序和搜索算法广泛地运用在待解决的日常问题中。

本章，你会学到最常用的排序和搜索算法，如冒泡排序、选择排序、插入排序、希尔排序、归并排序、快速排序、计数排序、桶排序、基数排序，以及顺序搜索、内插搜索和二分搜索算法。

13.1 排序算法

本节会介绍一些在计算机科学中最著名的排序算法。我们会从最慢的一个开始，接着是一些性能较好的算法。我们要理解：首先要学会如何排序，然后再搜索我们需要的信息。

 你可以在 https://visualgo.net/zh/sorting 和 https://www.toptal.com/developers/sorting-algorithms 查看本章介绍的著名算法的动画演示版本。

我们开始吧！

13

13.1.1 冒泡排序

人们开始学习排序算法时，通常都先学冒泡算法，因为它在所有排序算法中最简单。然而，从运行时间的角度来看，冒泡排序是最差的一个，接下来你会知晓原因。

冒泡排序比较所有相邻的两个项，如果第一个比第二个大，则交换它们。元素项向上移动至正确的顺序，就好像气泡升至表面一样，冒泡排序因此得名。

让我们来实现一下冒泡排序。

```
function bubbleSort(array, compareFn = defaultCompare) {
  const { length } = array; // {1}
  for (let i = 0; i < length; i++) { // {2}
    for (let j = 0; j < length - 1; j++) { // {3}
      if (compareFn(array[j], array[j + 1]) === Compare.BIGGER_THAN) { // {4}
        swap(array, j, j + 1); // {5}
      }
    }
  }
  return array;
}
```

本章创建的**非分布式**排序算法都会接收一个待排序的数组作为参数以及一个比较函数。为了使测试更容易理解，我们会在例子中使用包含数字的数组。不过如果需要对包含复杂对象的数组进行排序（对包含 people 对象的数组按 age 属性排序），我们的算法也可以奏效。默认的比较函数是我们之前使用过的 defaultCompare 函数（return a < b ? Compare.LESS_THAN : Compare.BIGGER_THAN）。

首先，声明一个名为 length 的变量，用来存储数组的长度（行{1}）。这一步可选，它能帮助我们在行{2}和行{3}时直接使用数组的长度。接着，外循环（行{2}）会从数组的第一位迭代至最后一位，它控制了在数组中经过多少轮排序（应该是数组中每项都经过一轮，轮数和数组长度一致）。然后，内循环将从第一位迭代至倒数第二位，内循环实际上进行当前项和下一项的比较（行{4}）。如果这两项顺序不对（当前项比下一项大），则交换它们（行{5}），意思是位置为 j+1 的值将会被换置到位置 j 处，反之亦然。

我们在第 11 章创建了 swap 函数。为了提醒我们自己，swap 函数的代码如下。

```
function swap(array, a, b) {
  /* const temp = array[a];
  array[a] = array[b];
  array[b] = temp; */ // 经典方式
  [array[a], array[b]] = [array[b], array[a]]; // ES2015 的方式
}
```

下面的示意图展示了冒泡排序的工作过程。

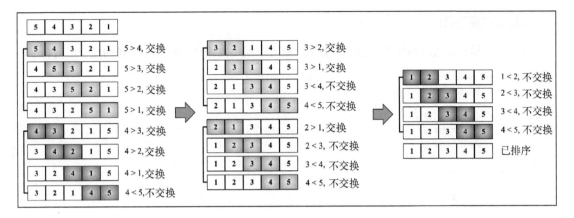

该示意图中每一小段表示外循环的一轮（行{2}），而相邻两项的比较则是在内循环中进行的（行{3}）。

我们将使用下面这段代码来测试冒泡排序算法，看结果是否和示意图所示一致。

```
function createNonSortedArray(size) { // 6
  const array = [];
  for (let i = size; i > 0; i--) {
    array.push(i);
  }
  return array;
}

let array = createNonSortedArray(5); // {7}
console.log(array.join()); // {8}
array = bubbleSort(array); // {9}
console.log(array.join()); //{10}
```

为了辅助测试本章将要学习的排序算法，我们将创建一个函数来自动创建一个未排序的数组，数组的长度由函数参数指定（行{6}）。如果传递 5 作为参数，该函数会创建如下数组：[5，4，3，2，1]。调用这个函数并将返回值存储在一个变量中，该变量将包含这个以某些数字来初始化的数组实例（行{7}）。我们在控制台上输出这个数组内容，确保这是一个未排序数组（行{8}），接着我们调用冒泡排序方法（行{9}）并再次在控制台上输出数组内容以验证数组已被排序了（行{10}）。

 你可以从书本的支持页面（或 GitHub 仓库 https://github.com/loiane/javascript-datastructures-algorithms）所下载的源代码文件中找到更多示例和测试代码。

注意当算法执行外循环的第二轮的时候，数字 4 和 5 已经是正确排序的了。尽管如此，在后续比较中，它们还在一直进行着比较，即使这是不必要的。因此，我们可以稍稍改进一下冒泡排序算法。

13

改进后的冒泡排序

如果从内循环减去外循环中已跑过的轮数，就可以避免内循环中所有不必要的比较（行{1}）。

```
function modifiedBubbleSort(array, compareFn = defaultCompare) {
  const { length } = array;
  for (let i = 0; i < length; i++) {
    for (let j = 0; j < length - 1 - i; j++) { // {1}
      if (compareFn(array[j], array[j + 1]) === Compare.BIGGER_THAN) {
        swap(array, j, j + 1);
      }
    }
  }
  return array;
}
```

下面这个示意图展示了改进后的冒泡排序算法是如何执行的。

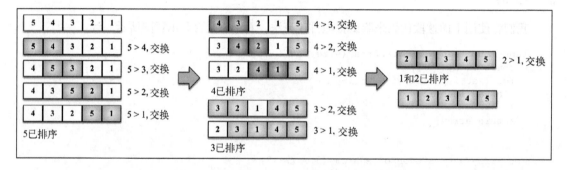

注意，已经在正确位置上的数字没有被比较。即便我们做了这个小改变来改进冒泡排序算法，但还是不推荐该算法，它的复杂度是 $O(n^2)$。

我们将在第 15 章详细介绍大 O 表示法，对算法做更多的讨论。

13.1.2 选择排序

选择排序算法是一种原址比较排序算法。选择排序大致的思路是找到数据结构中的最小值并将其放置在第一位，接着找到第二小的值并将其放在第二位，以此类推。

下面是选择排序算法的源代码。

```
function selectionSort(array, compareFn = defaultCompare) {
  const { length } = array; // {1}
  let indexMin;
  for (let i = 0; i < length - 1; i++) { // {2}
    indexMin = i; // {3}
    for (let j = i; j < length; j++) { // {4}
      if (compareFn(array[indexMin], array[j]) === Compare.BIGGER_THAN) { // {5}
```

```
      indexMin = j; // {6}
    }
  }
  if (i !== indexMin) { // {7}
    swap(array, i, indexMin);
  }
}
return array;
};
```

首先声明一些将在算法内使用的变量（行{1}）。接着，外循环（行{2}）迭代数组，并控制迭代轮次（数组的第 n 个值——下一个最小值）。我们假设本迭代轮次的第一个值为数组最小值（行{3}）。然后，从当前 i 的值开始至数组结束（行{4}），我们比较是否位置 j 的值比当前最小值小（行{5}）；如果是，则改变最小值至新最小值（行{6}）。当内循环结束（行{4}），将得出数组第 n 小的值。最后，如果该最小值和原最小值不同（行{7}），则交换其值。

用以下代码段来测试选择排序算法。

```
let array = createNonSortedArray(5);
console.log(array.join());
array = selectionSort(array);
console.log(array.join());
```

下面的示意图展示了选择排序算法，此例基于之前代码中所用的数组，也就是[5, 4, 3, 2, 1]。

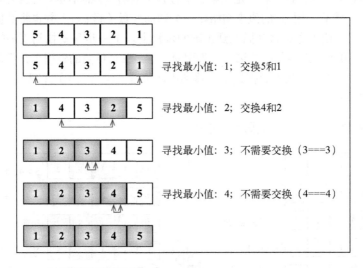

数组底部的箭头指示出当前迭代轮寻找最小值的数组范围（内循环——行{4}），示意图中的每一步则表示外循环（行{2}）。

选择排序同样也是一个复杂度为 $O(n^2)$ 的算法。和冒泡排序一样，它包含有嵌套的两个循环，这导致了二次方的复杂度。然而，接下来要学的插入排序比选择排序性能要好。

13.1.3 插入排序

插入排序每次排一个数组项，以此方式构建最后的排序数组。假定第一项已经排序了。接着，它和第二项进行比较——第二项是应该待在原位还是插到第一项之前呢？这样，头两项就已正确排序，接着和第三项比较（它是该插入到第一、第二还是第三的位置呢），以此类推。

下面这段代码表示插入排序算法。

```
function insertionSort(array, compareFn = defaultCompare) {
  const { length } = array; // {1}
  let temp;
  for (let i = 1; i < length; i++) { // {2}
    let j = i; // {3}
    temp = array[i]; // {4}
    while (j > 0 && compareFn(array[j - 1], temp) === Compare.BIGGER_THAN) { // {5}
      array[j] = array[j - 1]; // {6}
      j--;
    }
    array[j] = temp; // {7}
  }
  return array;
};
```

照例，算法的第一行用来声明代码中使用的变量（行{1}）。接着，迭代数组来给第 i 项找到正确的位置（行{2}）。注意，算法是从第二个位置（索引 1）而不是 0 位置开始的（我们认为第一项已排序了）。然后，用 i 的值来初始化一个辅助变量（行{3}）并也将其值存储在一个临时变量中（行{4}），便于之后将其插入到正确的位置上。下一步是要找到正确的位置来插入项目。只要变量 j 比 0 大（因为数组的第一个索引是 0——没有负值的索引）并且数组中前面的值比待比较的值大（行{5}），我们就把这个值移到当前位置上（行{6}）并减小 j。最终，能将该值插入到正确的位置上。

下面的示意图展示了一个插入排序的实例。

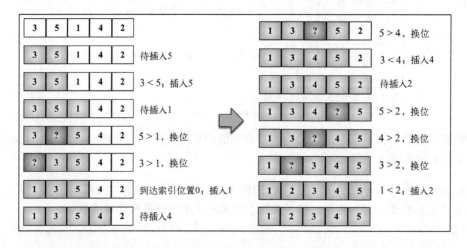

举个例子,假定待排序数组是[3, 5, 1, 4, 2]。这些值将被插入排序算法按照下面的步骤进行排序。

(1) 3 已被排序,所以我们从数组第二个值 5 开始。3 比 5 小,所以 5 待在原位(数组的第二位)。3 和 5 排序完毕。

(2) 下一个待排序和插到正确位置上的值是 1(目前在数组的第三位)。5 比 1 大,所以 5 被移至第三位去了。我们得分析 1 是否应该被插入到第二位——1 比 3 大吗?不,所以 3 被移到第二位去了。接着,我们得证明 1 应该插入到数组的第一位上。因为 0 是第一个位置且没有负数位,所以 1 必须被插入第一位。1、3、5 三个数字已经排序。

(3) 然后看下一个值:4。4 应该在当前位置(索引 3)还是要移动到索引较低的位置上呢?4 比 5 小,所以 5 移动到索引 3 位置上去。那么应该把 4 插到索引 2 的位置上去吗?4 比 3 大,所以把 4 插入数组的位置 3 上。

(4) 下一个待插入的数字是 2(数组的位置 4)。5 比 2 大,所以 5 移动至索引 4。4 比 2 大,所以 4 也得移动(位置 3)。3 也比 2 大,所以 3 还得移动。1 比 2 小,所以 2 插入到数组的第二位置上。至此,数组已排序完成。

排序小型数组时,此算法比选择排序和冒泡排序性能要好。

13.1.4 归并排序

归并排序是第一个可以实际使用的排序算法。你在本书中学到的前三个排序算法性能不好,但归并排序性能不错,其复杂度为 $O(n\log(n))$。

JavaScript 的 Array 类定义了一个 sort 函数(Array.prototype.sort)用以排序 JavaScript 数组(我们不必自己实现这个算法)。ECMAScript 没有定义用哪个排序算法,所以浏览器厂商可以自行去实现算法。例如,Mozilla Firefox 使用归并排序作为 Array.prototype.sort 的实现,而 Chrome(V8引擎)使用了一个快速排序的变体(下面我们会学习)。

归并排序是一种分而治之算法。其思想是将原始数组切分成较小的数组,直到每个小数组只有一个位置,接着将小数组归并成较大的数组,直到最后只有一个排序完毕的大数组。

由于是分治法,归并排序也是递归的。我们要将算法分为两个函数:第一个负责将一个大数组分为多个小数组并调用用来排序的辅助函数。我们来看看在这里声明的主要函数。

```
function mergeSort(array, compareFn = defaultCompare) {
  if (array.length > 1) { // {1}
    const { length } = array;
    const middle = Math.floor(length / 2); // {2}
    const left = mergeSort(array.slice(0, middle), compareFn); // {3}
    const right = mergeSort(array.slice(middle, length), compareFn); // {4}
```

13

```
      array = merge(left, right, compareFn); // {5}
    }
    return array;
}
```

归并排序将一个大数组转化为多个小数组直到其中只有一个项。由于算法是递归的，我们需要一个停止条件，在这里此条件是判断数组的长度是否为 1（行{1}）。如果是，则直接返回这个长度为 1 的数组，因为它已排序了。

如果数组长度比 1 大，那么得将其分成小数组。为此，首先得找到数组的中间位（行{2}），找到后我们将数组分成两个小数组，分别叫作 left（行{3}）和 right（行{4}）。left 数组由索引 0 至中间索引的元素组成，而 right 数组由中间索引至原始数组最后一个位置的元素组成。行{3}和行{4}将会对自身调用 mergeSort 函数直到 left 数组和 right 数组的大小小于等于 1。

下面的步骤是调用 merge 函数（行{6}），它负责合并和排序小数组来产生大数组，直到回到原始数组并已排序完成。merge 函数如下所示。

```
function merge(left, right, compareFn) {
  let i = 0; // {6}
  let j = 0;
  const result = [];
  while (i < left.length && j < right.length) { // {7}
    result.push(
      compareFn(left[i], right[j]) === Compare.LESS_THAN ? left[i++] : right[j++]
    ); // {8}
  }
  return result.concat(i < left.length ? left.slice(i) : right.slice(j)); // {9}
}
```

merge 函数接收两个数组作为参数，并将它们归并至一个大数组。排序发生在归并过程中。首先，需要声明归并过程要创建的新数组以及用来迭代两个数组（left 和 right 数组）所需的两个变量（行{6}）。迭代两个数组的过程中（行{7}），我们比较来自 left 数组的项是否比来自 right 数组的项小。如果是，将该项从 left 数组添加至归并结果数组，并递增用于迭代数组的控制变量（行{8}）；否则，从 right 数组添加项并递增用于迭代数组的控制变量。

接下来，将 left 数组所有剩余的项添加到归并数组中，right 数组也是一样（行{9}）。最后，将归并数组作为结果返回。

如果执行 mergeSort 函数，下图是具体的执行过程。

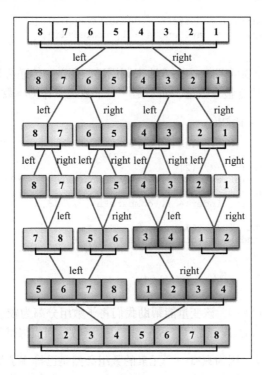

可以看到，算法首先将原始数组分割直至只有一个元素的子数组，然后开始归并。归并过程也会完成排序，直至原始数组完全合并并完成排序。

13.1.5　快速排序

快速排序也许是最常用的排序算法了。它的复杂度为 $O(n\log(n))$，且性能通常比其他复杂度为 $O(n\log(n))$ 的排序算法要好。和归并排序一样，快速排序也使用分而治之的方法，将原始数组分为较小的数组（但它没有像归并排序那样将它们分割开）。

快速排序比目前学过的其他排序算法要复杂一些。让我们一步步地来学习。

(1) 首先，从数组中选择一个值作为**主元**（pivot），也就是数组中间的那个值。

(2) 创建两个指针（引用），左边一个指向数组第一个值，右边一个指向数组最后一个值。移动左指针直到我们找到一个比主元大的值，接着，移动右指针直到找到一个比主元小的值，然后交换它们，重复这个过程，直到左指针超过了右指针。这个过程将使得比主元小的值都排在主元之前，而比主元大的值都排在主元之后。这一步叫作**划分**（partition）操作。

(3) 接着，算法对划分后的小数组（较主元小的值组成的子数组，以及较主元大的值组成的子数组）重复之前的两个步骤，直至数组已完全排序。

让我们开始快速排序的实现吧。

13

```
function quickSort(array, compareFn = defaultCompare) {
  return quick(array, 0, array.length - 1, compareFn);
};
```

就像归并算法那样，开始声明一个主方法来调用递归函数，传递待排序数组，以及索引 0 及其最末的位置（因为我们要排整个数组，而不是一个子数组）作为参数。

下面我们来创建 quick 函数。

```
function quick(array, left, right, compareFn) {
  let index; // {1}
  if (array.length > 1) { // {2}
    index = partition(array, left, right, compareFn); // {3}
    if (left < index - 1) { // {4}
      quick(array, left, index - 1, compareFn); // {5}
    }
    if (index < right) { // {6}
      quick(array, index, right, compareFn); // {7}
    }
  }
  return array;
};
```

首先声明 index（行{1}），该变量能帮助我们将子数组分离为较小值数组和较大值数组。这样就能再次递归地调用 quick 函数了。partition 函数返回值将赋值给 index（行{3}）。

如果数组的长度比 1 大（因为只有一个元素的数组必然是已排序了的——行{2}），我们将对给定子数组执行 partition 操作（第一次调用是针对整个数组）以得到 index（行{3}）。如果子数组存在较小值的元素（行{4}），则对该数组重复这个过程（行{5}）。同理，对存在较大值的子数组也是如此，如果有子数组存在较大值（行{6}），我们也将重复快速排序过程（行{7}）。

1. 划分过程

第一件要做的事情是选择主元，有好几种方式。最简单的一种是选择数组的第一个值（最左边的值）。然而，研究表明对于几乎已排序的数组，这不是一个好的选择，它将导致该算法的最差表现。另外一种方式是随机选择数组的一个值或是选择中间的值。

现在，让我们看看划分过程。

```
function partition(array, left, right, compareFn) {
  const pivot = array[Math.floor((right + left) / 2)]; // {8}
  let i = left; // {9}
  let j = right; // {10}

  while (i <= j) { // {11}
    while (compareFn(array[i], pivot) === Compare.LESS_THAN) { // {12}
      i++;
    }
    while (compareFn(array[j], pivot) === Compare.BIGGER_THAN) { // {13}
      j--;
    }
    if (i <= j) { // {14}
      swap(array, i, j); // {15}
```

```
        i++;
        j--;
    }
  }
  return i; // {16}
}
```

在本实现中，我们选择中间值作为主元（行{8}）。我们初始化两个指针：`left`（低——行{9}），初始化为数组第一个元素；`right`（高——行{10}），初始化为数组最后一个元素。

只要 `left` 和 `right` 指针没有相互交错（行{11}），就执行划分操作。首先，移动 `left` 指针直到找到一个比主元大的元素（行{12}）。对 `right` 指针，我们做同样的事情，移动 `right` 指针直到我们找到一个比主元小的元素（行{13}）。

当左指针指向的元素比主元大且右指针指向的元素比主元小，并且此时左指针索引没有右指针索引大时（行{14}），意思是左项比右项大（值比较），我们交换它们（行{15}），然后移动两个指针，并重复此过程（从行{11}再次开始）。

在划分操作结束后，返回左指针的索引，用来在行{3}处创建子数组。

2. 快速排序实战

让我们来一步步地看一个快速排序的实际例子。

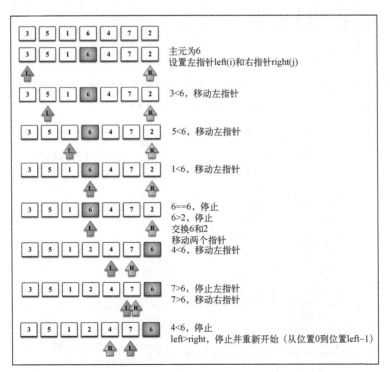

给定数组[3，5，1，6，4，7，2]，前面的示意图展示了划分操作的第一次执行。

下面的示意图展示了对有较小值的子数组执行的划分操作（注意7和6不包含在子数组之内）。

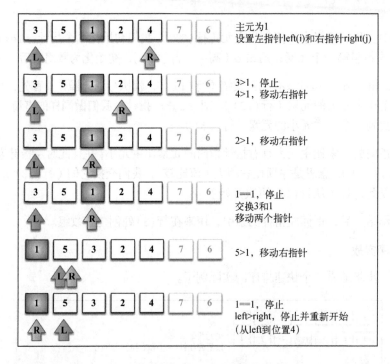

接着，我们继续创建子数组，如下图所示，但是这次操作是针对上图中有较大值的子数组（有1的那个较小子数组不用再划分了，因为它仅含有一个值）。

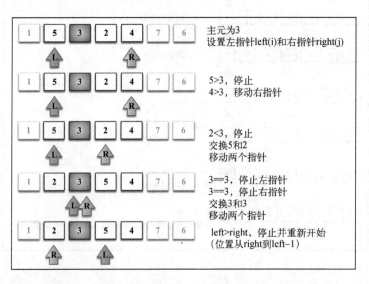

对子数组[2，3，5，4]中的较小子数组[2，3]继续进行划分（算法代码中的行{5}）。

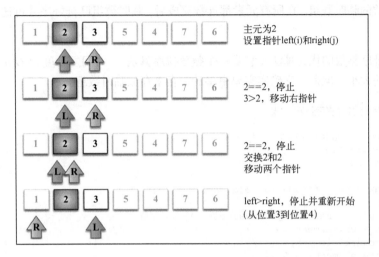

然后子数组[2，3，5，4]中的较大子数组[5，4]也继续进行划分（算法中的行{7}），示意图如下。

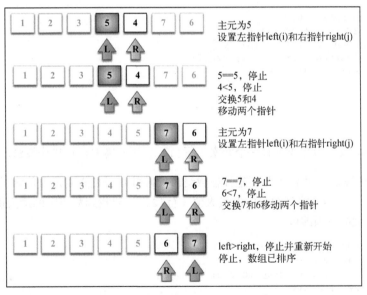

最终，较大子数组[6，7]也会进行划分操作，快速排序算法的操作执行完成。

13.1.6 计数排序

计数排序是我们在本书中学习的第一个分布式排序。分布式排序使用已组织好的辅助数据结构（称为桶），然后进行合并，得到排好序的数组。计数排序使用一个用来存储每个元素在原始数组中出现次数的临时数组。在所有元素都计数完成后，临时数组已排好序并可迭代以构建排序后的结果数组。

它是用来排序整数的优秀算法（它是一个**整数排序算法**），时间复杂度为 $O(n+k)$，其中 k 是临时计数数组的大小；但是，它确实需要更多的内存来存放临时数组。

下面的代码表示计数排序算法。

```
function countingSort(array) {
  if (array.length < 2) { // {1}
    return array;
  }
  const maxValue = findMaxValue(array); // {2}

  const counts = new Array(maxValue + 1); // {3}
  array.forEach(element => {
    if (!counts[element]) { // {4}
      counts[element] = 0;
    }
    counts[element]++; // {5}
  });

  let sortedIndex = 0;
  counts.forEach((count, i) => {
    while (count > 0) { // {6}
      array[sortedIndex++] = i; // {7}
      count--; // {8}
    }
  });
  return array;
}
```

如果待排序的数组为空或只有一个元素（行{1}），则不需要运行排序算法。

对于计数排序算法，我们需要创建计数数组，从索引 0 开始直到最大值索引 *value* + 1（行{3}）。因此，我们还需要找到数组中的最大值（行{2}）。要找到数组中的最大值，我们只需要迭代并找到值最大的一项即可。

```
function findMaxValue(array) {
  let max = array[0];
  for (let i = 1; i < array.length; i++) {
    if (array[i] > max) {
      max = array[i];
    }
  }
  return max;
}
```

然后，我们迭代数组中的每个位置并在 counts 数组中增加元素计数值（行{5}）。为了确保递增操作成功，如果 counts 数组中用来计数某个元素的位置一开始没有用 0 初始化的话，我们将其赋值为 0（行 {4} ）。

 在这个算法中，我们不使用 for 循环来迭代数组。这是用来展示除了用经典的 for 循环来迭代数组之外，我们还有其他的选择，例如使用第 3 章学习的 forEach 方法。

所有元素都计数后，我们要迭代 counts 数组并构建排序后的结果数组。由于可能有多个元素有相同的值，我们要将元素按照在原始数组中的出现次数进行相加。我们要减少计数值（行 {8} ）直到它的值为零（行 {6} ），将值（ i ）加入结果数组。因此，还需要一个辅助索引（ sortedIndex ）帮助我们将值赋值到结果数组中的正确位置。

我们来看看计数排序的实际操作来更好地理解上面的代码。

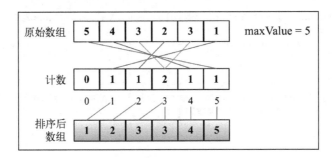

13.1.7　桶排序

桶排序（也被称为箱排序）也是分布式排序算法，它将元素分为不同的桶（较小的数组），再使用一个简单的排序算法，例如插入排序（用来排序小数组的不错的算法），来对每个桶进行排序。然后，它将所有的桶合并为结果数组。

下面的代码展示了桶排序算法。

```
function bucketSort(array, bucketSize = 5) { // {1}
  if (array.length < 2) {
    return array;
  }
  const buckets = createBuckets(array, bucketSize); // {2}
  return sortBuckets(buckets); // {3}
}
```

对于桶排序算法，我们需要指定需要多少桶来排序各个元素（行 {1} ）。默认情况下，我们会使用 5 个桶。桶排序在所有元素平分到各个桶中时的表现最好。如果元素非常稀疏，则使用更多的桶会更好。如果元素非常密集，则使用较少的桶会更好。因此，我们允许 bucketSize 以

13

参数形式传递。

我们将算法分为两个部分：第一个用于创建桶并将元素分布到不同的桶中（行{2}），第二个包含对每个桶执行插入排序算法和将所有桶合并为排序后的结果数组（行{3}）。

我们来看看用于创建桶的代码。

```
function createBuckets(array, bucketSize) {
  let minValue = array[0];
  let maxValue = array[0];
  for (let i = 1; i < array.length; i++) { // {4}
    if (array[i] < minValue) {
      minValue = array[i];
    } else if (array[i] > maxValue) {
      maxValue = array[i];
    }
  }
  const bucketCount = Math.floor((maxValue - minValue) / bucketSize) + 1; // {5}
  const buckets = [];
  for (let i = 0; i < bucketCount; i++) { // {6}
    buckets[i] = [];
  }
  for (let i = 0; i < array.length; i++) { // {7}
    const bucketIndex = Math.floor((array[i] - minValue) / bucketSize); // {8}
    buckets[bucketIndex].push(array[i]);
  }
  return buckets;
}
```

桶排序的第一个重要步骤是计算每个桶中需要分布的元素个数（行{5}）。要计算这个数，我们要使用一个公式，包含计算数组最大值和最小值的差值并与桶的大小进行除法计算。这时，我们还需要迭代原数组并找到最大值和最小值（行{4}）。我们可以使用计数排序中创建的 findMaxValue 函数并另外创建一个 findMinValue 函数，但这意味着迭代两次相同的数组。因此，要优化搜索过程，我们可以只迭代数组一次就找到两个值。

在计算了 bucketCount 后，我们需要初始化每个桶（行{6}）。buckets 数据结构是一个矩阵（多维数组）。buckets 中的每个位置包含了另一个数组。

最后一步是将元素分布到桶中。我们需要迭代数组中的每个元素（行{7}），计算要将元素放到哪个桶中（行{8}），并将元素插入正确的桶中。这个步骤完成了算法的第一个部分。

我们来看看桶排序算法的下一个部分，也就是将每个桶进行排序。

```
function sortBuckets(buckets) {
  const sortedArray = []; // {9}
  for (let i = 0; i < buckets.length; i++) { // {10}
    if (buckets[i] != null) {
      insertionSort(buckets[i]); // {11}
      sortedArray.push(...buckets[i]); // {12}
```

```
    }
  }
  return sortedArray;
}
```

我们要创建一个用作结果数组的新数组（行{9}），这表示原数组不会被修改，我们会返回一个新的数组。接下来，迭代每个可迭代的桶并应用插入排序（行{11}）——根据场景，我们还可以应用其他的排序算法，例如快速排序。最后，我们将排好序的桶中的所有元素加入结果数组中（行{12}）。

注意到在行{12}中，我们使用了在第 2 章学到的 ES2015 中的解构运算符。经典的做法是迭代 buckets[i] 中的每个元素（buckets[i][j]）并将每个元素加入排序后的数组。

下图展现了桶排序算法的过程。

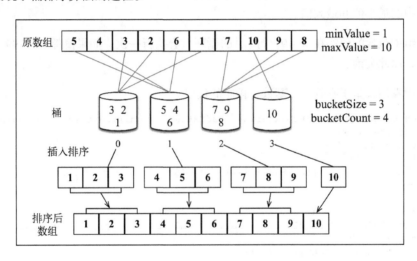

13.1.8　基数排序

基数排序也是一个分布式排序算法，它根据数字的**有效位**或基数（这也是它为什么叫基数排序）将整数分布到桶中。基数是基于数组中值的记数制的。

比如，对于十进制数，使用的基数是 10。因此，算法将会使用 10 个桶用来分布元素并且首先基于个位数字进行排序，然后基于十位数字，然后基于百位数字，以此类推。

下面的代码展示了基数排序算法。

```
function radixSort(array, radixBase = 10) {
  if (array.length < 2) {
    return array;
  }
```

```
  const minValue = findMinValue(array);
  const maxValue = findMaxValue(array);

  let significantDigit = 1; // {1}
  while ((maxValue - minValue) / significantDigit >= 1) { // {2}
    array = countingSortForRadix(array, radixBase, significantDigit, minValue); // {3}
    significantDigit *= radixBase; // {4}
  }
  return array;
}
```

既然基数排序也用来排序整数，我们就从最后一位开始排序所有的数（行{1}）。这个算法也可以被修改成支持排序字母字符。我们首先只会基于最后一位有效位对数字进行排序，在下次迭代时，我们会基于第二个有效位进行排序（十位数字），然后是第三个有效位（百位数字），以此类推（行{4}）。我们继续这个过程直到没有待排序的有效位（行{2}），这也是为什么我们需要知道数组中的最小值和最大值。

如果数组中包含的值都在 1 ~ 9，行{2}的循环只会执行一次。如果值都小于 99，则循环会执行第二次，以此类推。

我们来看看用来基于有效位（基数）排序的代码。

```
function countingSortForRadix(array, radixBase, significantDigit, minValue) {
  let bucketsIndex;
  const buckets = [];
  const aux = [];
  for (let i = 0; i < radixBase; i++) { // {5}
    buckets[i] = 0;
  }
  for (let i = 0; i < array.length; i++) { // {6}
    bucketsIndex = Math.floor(((array[i] - minValue) / significantDigit) %
radixBase); // {7}
    buckets[bucketsIndex]++; // {8}
  }
  for (let i = 1; i < radixBase; i++) { // {9}
    buckets[i] += buckets[i - 1];
  }
  for (let i = array.length - 1; i >= 0; i--) { // {10}
    bucketsIndex = Math.floor(((array[i] - minValue) / significantDigit) %
radixBase); // {11}
    aux[--buckets[bucketsIndex]] = array[i]; // {12}
  }
  for (let i = 0; i < array.length; i++) { // {13}
    array[i] = aux[i];
  }
  return array;
}
```

首先，我们基于基数初始化桶（行{5}）。由于我们排序的是十进制数，那么需要 10 个桶。然后，我们会基于数组中（行{6}）数的有效位（行{7}）进行计数排序（行{8}）。由于我们进行的是计数排序，我们还需要计算累积结果来得到正确的计数值（行{9}）。

在计数完成后，要开始将值移回原始数组中。我们会使用一个临时数组（aux）来帮助我们。对原始数组中的每个值（行{10}），我们会再次获取它的有效位（行{11}）并将它的值移动到 aux 数组中（从 buckets 数组中减去它的计数值——行{12}）。最后一步是可选的（行{13}），我们将 aux 数组中的每个值转移到原始数组中。除了返回 array 之外，我们还可以直接返回 aux 数组而不需要复制它的值。

我们来看看基数排序算法是如何工作的，如下图所示。

未排序数组			第一次排序			第二次排序			第三次排序		
4	5	6			1			1			1
7	8	9	3	2	1			4			4
1	2	3		3	2		1	0		1	0
		1		4	2	3	2	1		3	2
	3	2	1	2	3	1	2	3		4	2
		4	2	4	3		3	2		9	0
2	4	3			4		4	2	1	2	3
3	2	1	4	5	6	2	4	3	2	4	3
	4	2	7	8	9	4	5	6	3	2	1
	9	0	9	9	9	7	8	9	4	5	6
	1	0		9	0		9	0	7	8	9
9	9	9		1	0	9	9	9	9	9	9

已排序

13.2 搜索算法

现在，让我们来谈谈搜索算法。回顾一下之前章节所实现的算法，我们会发现 Binary-SearchTree 类的 search 方法（第 8 章）以及 LinkedList 类的 indexOf 方法（第 5 章）等，都是搜索算法。当然，它们每一个都是根据其各自的数据结构来实现的。所以，我们已经熟悉两个搜索算法了，只是还不知道它们"正式"的名称而已。

13.2.1 顺序搜索

顺序或线性搜索是最基本的搜索算法。它的机制是，将每一个数据结构中的元素和我们要找的元素做比较。顺序搜索是最低效的一种搜索算法。

以下是其实现。

```
const DOES_NOT_EXIST = -1;

function sequentialSearch(array, value, equalsFn = defaultEquals) {
  for (let i = 0; i < array.length; i++) { // {1}
    if (equalsFn(value, array[i])) { // {2}
      return i; // {3}
    }
  }
  return DOES_NOT_EXIST; // {4}
}
```

顺序搜索迭代整个数组（行{1}），并将每个数组元素和搜索项做比较（行{2}）。如果搜索到了，算法将用返回值来标示搜索成功。返回值可以是该搜索项本身，或是 true，又或是搜索项的索引（行{3}）。如果没有找到该项，则返回-1（行{4}），表示该索引不存在；也可以考虑返回 false 或者 null。

假定有数组[5, 4, 3, 2, 1]和待搜索值 3，下图展示了顺序搜索的示意图。

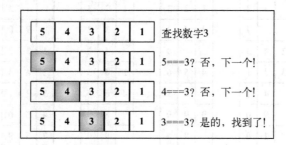

13.2.2 二分搜索

二分搜索算法的原理和猜数字游戏类似，就是那个有人说"我正想着一个 1 ~ 100 的数"的游戏。我们每回应一个数，那个人就会说这个数是高了、低了还是对了。

这个算法要求被搜索的数据结构已排序。以下是该算法遵循的步骤。

(1) 选择数组的中间值。
(2) 如果选中值是待搜索值，那么算法执行完毕（值找到了）。
(3) 如果待搜索值比选中值要小，则返回步骤 1 并在选中值左边的子数组中寻找（较小）。
(4) 如果待搜索值比选中值要大，则返回步骤 1 并在选种值右边的子数组中寻找（较大）。

以下是其实现。

```
function binarySearch(array, value, compareFn = defaultCompare) {
  const sortedArray = quickSort(array); // {1}
  let low = 0; // {2}
```

```
    let high = sortedArray.length - 1; // {3}
    while (lesserOrEquals(low, high, compareFn)) { // {4}
      const mid = Math.floor((low + high) / 2); // {5}
      const element = sortedArray[mid]; // {6}
      if (compareFn(element, value) === Compare.LESS_THAN) { // {7}
        low = mid + 1; // {8}
      } else if (compareFn(element, value) === Compare.BIGGER_THAN) { // {9}
        high = mid - 1; // {10}
      } else {
        return mid; // {11}
      }
    }
    return DOES_NOT_EXIST; // {12}
}
```

　　开始前需要先将数组排序，我们可以选择任何一个在 13.1 节中实现的排序算法。这里我们选择了快速排序。在数组排序之后，我们设置 low（行{2}）和 high（行{3}）指针（它们是边界）。

　　当 low 比 high 小时（行{4}），我们计算得到中间项索引并取得中间项的值，此处如果 low 比 high 大，则意味着该待搜索值不存在并返回-1（行{12}）。接着，我们比较选中项的值和搜索值（行{7}）。如果小了，则选择数组高半边并重新开始。如果选中项的值比搜索值大了，则选择数组低半边并重新开始。若两者都是不是，则意味着选中项的值和搜索值相等，因此直接返回该索引（行{11}）。

　　上面代码中用到的 lesserOrEquals 函数声明如下。

```
function lesserOrEquals(a, b, compareFn) {
  const comp = compareFn(a, b);
  return comp === Compare.LESS_THAN || comp === Compare.EQUALS;
}
```

　　给定下图所示数组，让我们试试搜索 2。这些是算法将会执行的步骤。

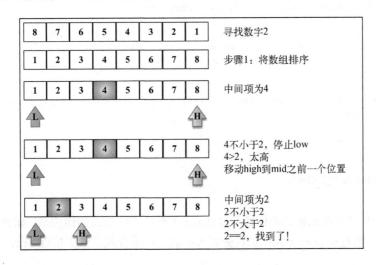

第 10 章中，我们实现的 BinarySearchTree 类有一个 search 方法，和这个二分搜索完全一样，只不过前者是针对树数据结构的。

13.2.3 内插搜索

内插搜索是改良版的二分搜索。二分搜索总是检查 mid 位置上的值，而内插搜索可能会根据要搜索的值检查数组中的不同地方。

这个算法要求被搜索的数据结构已排序。以下是该算法遵循的步骤：

(1) 使用 position 公式选中一个值；
(2) 如果这个值是待搜索值，那么算法执行完毕（值找到了）；
(3) 如果待搜索值比选中值要小，则返回步骤 1 并在选中值左边的子数组中寻找（较小）；
(4) 如果待搜索值比选中值要大，则返回步骤 1 并在选种值右边的子数组中寻找（较大）。

以下是其实现。

```
function interpolationSearch(array, value,
  compareFn = defaultCompare,
  equalsFn = defaultEquals,
  diffFn = defaultDiff
) {
  const { length } = array;
  let low = 0;
  let high = length - 1;
  let position = -1;
  let delta = -1;
  while (
    low <= high &&
    biggerOrEquals(value, array[low], compareFn) &&
    lesserOrEquals(value, array[high], compareFn)
  ) {
    delta = diffFn(value, array[low]) / diffFn(array[high], array[low]); // {1}
    position = low + Math.floor((high - low) * delta); // {2}
    if (equalsFn(array[position], value)) { // {3}
      return position;
    }
    if (compareFn(array[position], value) === Compare.LESS_THAN) { // {4}
      low = position + 1;
    } else {
      high = position - 1;
    }
  }
  return DOES_NOT_EXIST;
}
```

首先要做的是计算要比较值的位置 position（行{2}）。公式的做法是，如果查找的值更接近 array[high]则查找 position 位置旁更大的值，如果查找的值更接近 array[low]则查找

position 位置旁更小的值。这个算法在数组中的值都是均匀分布时性能最好（delta 会非常小）
（行{1}）。

如果待搜索值找到了，则返回它的索引值（行{3}）。如果待搜索值小于当前位置的值，我们使用左边或右边的子数组重复这段逻辑（行{4}）。

lesserOrEquals 和 biggerOrEquals 函数如下所示。

```
function lesserOrEquals(a, b, compareFn) {
    const comp = compareFn(a, b);
    return comp === Compare.LESS_THAN || comp === Compare.EQUALS;
}

function biggerOrEquals(a, b, compareFn) {
    const comp = compareFn(a, b);
    return comp === Compare.BIGGER_THAN || comp === Compare.EQUALS;
}
```

下图展示了算法的过程——数组是均匀分布的（数字差值之间的差别非常小）。

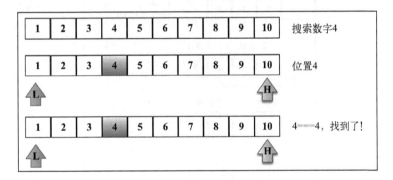

13.3　随机算法

本章，我们学习了如何将一个数组进行排序以及怎样在排序后的数组中搜索元素。不过还有一种场景是需要将一个数组中的值进行随机排列。现实中的一个常见场景是洗扑克牌。

在下一节，我们会学习随机数组的一种最有名的算法。

Fisher-Yates 随机

这个算法由 Fisher 和 Yates 创造，并由高德纳（Donald E. Knuth）在《计算机程序设计艺术》系列图书[1]中推广。

---

[1] 中英文版正在由人民邮电出版社陆续出版，图书主页为 ituring.cn/book/993、ituring.cn/book/987、ituring.cn/book/926、ituring.cn/book/925 等。

13

它的含义是迭代数组，从最后一位开始并将当前位置和一个随机位置进行交换。这个随机位置比当前位置小。这样，这个算法可以保证随机过的位置不会再被随机一次（洗扑克牌的次数越多，随机效果越差）。

下面的代码展示了 Fisher-Yates 随机算法。

```
function shuffle(array) {
  for (let i = array.length - 1; i > 0; i--) {
    const randomIndex = Math.floor(Math.random() * (i + 1));
    swap(array, i, randomIndex);
  }

  return array;
}
```

下图展现了该算法的操作。

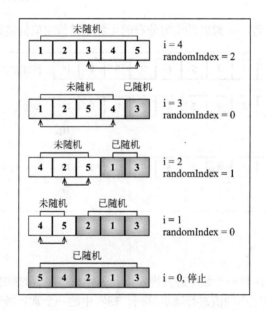

13.4   小结

本章介绍了排序、搜索和随机算法。

我们学习了冒泡、选择、插入、归并、快速、计数、桶以及基数排序算法，它们是用来排序数据结构的。我们还学到了顺序搜索、内插搜索和二分搜索（需要数据结构已排序）。我们还学习了怎样随机排列一个数组的值。

下一章，我们会学习一些高级的算法技巧。

第 14 章

算法设计与技巧

14

到现在为止，我们愉快地学习了各种数据结构的实现，其中包括常用的排序和搜索算法。在编程的世界中，算法很有意思。算法（以及编程逻辑）最美的地方在于有不同的方法可以解决问题。我们在前几章学习了，可以用迭代的方式解决问题，也可以使用递归使代码可读性更高。还有另外一些技巧可以用来借算法解决问题。本章，我们会学习不同的技巧，你会进一步了解这个世界，并且我们将探讨进一步深入其中的途径（如果你感兴趣的话）。

本章我们会学习：

☐ 分而治之算法
☐ 动态规划
☐ 贪心算法
☐ 回溯算法
☐ 著名算法问题

14.1 分而治之

在第 13 章，我们学习了归并和排序算法。两者的共同点在于它们都是分而治之算法。分而治之是算法设计中的一种方法。它将一个问题分成多个和原问题相似的小问题，递归解决小问题，再将解决方式合并以解决原来的问题。

分而治之算法可以分成三个部分。

(1) **分解**原问题为多个子问题（原问题的多个小实例）。
(2) **解决**子问题，用返回解决子问题的方式的递归算法。递归算法的基本情形可以用来解决子问题。
(3) **组合**这些子问题的解决方式，得到原问题的解。

我们在第 13 章已经学习了两种最著名的分而治之算法，接下来将要学习怎样将二分搜索用分而治之的方式实现。

14

二分搜索

在第 13 章中，我们学习了怎样用迭代的方式实现二分搜索。如果我们回头看看，同样可以用分而治之的方式实现这个算法，逻辑如下。

❏ **分解**：计算 mid 并搜索数组较小或较大的一半。
❏ **解决**：在较小或较大的一半中搜索值。
❏ **合并**：这步不需要，因为我们直接返回了索引值。

分而治之版本的二分搜索算法如下。

```
function binarySearchRecursive(
  array, value, low, high, compareFn = defaultCompare
) {
  if (low <= high) {
    const mid = Math.floor((low + high) / 2);
    const element = array[mid];

    if (compareFn(element, value) === Compare.LESS_THAN) { // {1}
      return binarySearchRecursive(array, value, mid + 1, high, compareFn);
    } else if (compareFn(element, value) === Compare.BIGGER_THAN) { // {2}
      return binarySearchRecursive(array, value, low, mid - 1, compareFn);
    } else {
      return mid; // {3}
    }
  }
  return DOES_NOT_EXIST; // {4}
}

export function binarySearch(array, value, compareFn = defaultCompare) {
  const sortedArray = quickSort(array);
  const low = 0;
  const high = sortedArray.length - 1;

  return binarySearchRecursive(array, value, low, high, compareFn);
}
```

在上面的算法中，我们有两个函数：binarySearch 和 binarySearchRecursive。binarySearch 函数用来暴露给开发者进行二分搜索。binarySearchRecursive 是分而治之算法。我们将 low 参数以 0 传递，将 high 参数以 sortedArray.length - 1 传递，来在已排序的数组中进行搜索。在计算 mid 元素的索引值后，我们确定待搜索的值比 mid 大还是小。如果大（行{1}）或小（行{2}），就再次调用 binarySearchRecursive 函数，但是这次，我们在子数组中进行搜索，改变 low 或 high 参数（不同于我们在第 13 章中那样移动指针）。如果不大也不小，表示我们找到了这个值（行{3}）并且这就是一种基本情形。还有一种情况是 low 比 high 要大，这表示算法没有找到这个值（行{4}）。

下图展示了算法的过程。

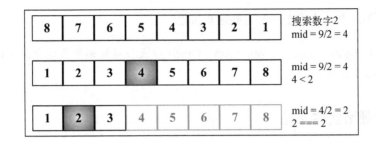

14.2　动态规划

动态规划（dynamic programming，DP）是一种将复杂问题分解成更小的子问题来解决的优化技术。

注意，动态规划和分而治之是不同的方法。分而治之方法是把问题分解成相互独立的子问题，然后组合它们的答案，而动态规划则是将问题分解成相互依赖的子问题。

动态规划的一个例子是第 9 章解决的斐波那契问题。我们将斐波那契问题分解成了一些小问题。

用动态规划解决问题时，要遵循三个重要步骤：

(1) 定义子问题；
(2) 实现要反复执行来解决子问题的部分（这一步要参考前一节讨论的递归的步骤）；
(3) 识别并求解出基线条件。

能用动态规划解决的一些著名问题如下。

❑ **背包问题**：给出一组项，各自有值和容量，目标是找出总值最大的项的集合。这个问题的限制是，总容量必须小于等于“背包”的容量。
❑ **最长公共子序列**：找出一组序列的最长公共子序列（可由另一序列删除元素但不改变余下元素的顺序而得到）。
❑ **矩阵链相乘**：给出一系列矩阵，目标是找到这些矩阵相乘的最高效办法（计算次数尽可能少）。相乘运算不会进行，解决方案是找到这些矩阵各自相乘的顺序。
❑ **硬币找零**：给出面额为 $d_1, \cdots, d_n$ 的一定数量的硬币和要找零的钱数，找出有多少种找零的方法。
❑ **图的全源最短路径**：对所有顶点对(u, v)，找出从顶点 u 到顶点 v 的最短路径。我们在第 9 章已经学习过这个问题的 Floyd-Warshall 算法。

14

在接下来的几节里，我们会一一讲解这些问题。

 在 Google、Amazon、Microsoft、Oracle 等大公司的编程面试中，这些问题及其解决方案非常常见。

14.2.1   最少硬币找零问题

最少硬币找零问题是**硬币找零问题**的一个变种。硬币找零问题是给出要找零的钱数，以及可用的硬币面额 $d_1, \cdots, d_n$ 及其数量，找出有多少种找零方法。最少硬币找零问题是给出要找零的钱数，以及可用的硬币面额 $d_1, \cdots, d_n$ 及其数量，找到所需的最少的硬币个数。

例如，美国有以下面额（硬币）：$d_1 = 1$，$d_2 = 5$，$d_3 = 10$，$d_4 = 25$。

如果要找 36 美分的零钱，我们可以用 1 个 25 美分、1 个 10 美分和 1 个便士（1 美分）。

如何将这个解答转化成算法？

最少硬币找零的解决方案是找到 n 所需的最小硬币数。但要做到这一点，首先得找到对每个 $x < n$ 的解。然后，我们可以基于更小的值的解来求解。

下面来看看算法。

```
function minCoinChange(coins, amount) {
  const cache = []; // {1}
  const makeChange = (value) => { // {2}
    if (!value) { // {3}
      return [];
    }
    if (cache[value]) { // {4}
      return cache[value];
    }
    let min = [];
    let newMin;
    let newAmount;
    for (let i = 0; i < coins.length; i++) { // {5}
      const coin = coins[i];
      newAmount = value - coin; // {6}
      if (newAmount >= 0) {
        newMin = makeChange(newAmount); // {7}
      }
      if (
        newAmount >= 0 && // {8}
        (newMin.length < min.length - 1 || !min.length) && // {9}
        (newMin.length || !newAmount) // {10}
      ) {
        min = [coin].concat(newMin); // {11}
        console.log('new Min ' + min + ' for ' + newAmount);
      }
```

```
    }
    return (cache[value] = min); // {12}
  };
  return makeChange(amount); // {13}
}
```

minCoinChange 参数接收 coins 参数（行{1}），该参数代表问题中的面额。对美国的硬币系统而言，它是[1, 5, 10, 25]。我们可以随心所欲地传递任何面额。此外，为了更加高效且不重复计算值，我们使用了 cache（行{1}——这个技巧称为**记忆化**）。

接下来是 minCoinChange 函数中的 makeChange 方法（行{2}），它也是一个递归函数，用来解决问题。makeChange 函数在行{13}被调用，amount 作为参数传入。由于 makeChange 是一个内部函数，它也能访问到 cache 变量。

现在我们来看算法的主要逻辑。首先，若 amount 不为正（< 0），就返回空数组（行{3}）；方法执行结束后，会返回一个数组，包含用来找零的各个面额的硬币数量（最少硬币数）。接着，检查 cache 缓存。若结果已缓存（行{4}），则直接返回结果；否则，执行算法。

为了进一步帮助我们，我们基于 coins 参数（面额）解决问题。因此，对每个面额（行{5}），我们都计算 newAmount（行{6}）的值，它的值会一直减小，直到能找零的最小钱数（别忘了本算法对所有的 x < amount 都会计算 makeChange 结果）。若 newAmount 是合理的值（正值），我们也会计算它的找零结果（行{7}）。

最后，我们判断 newAmount 是否有效，newMin（最少硬币数）是否是最优解，与此同时 newMin 和 newAmount 是否是合理的值（行{10}）。若以上判断都成立，意味着有一个比之前更优的答案（行{11}——以 5 美分为例，可以给 5 便士或者 1 个 5 美分镍币，1 个 5 美分镍币是最优解）。最后，返回最终结果（行{12}）。

测试一下这个算法。

```
console.log(minCoinChange([1, 5, 10, 25], 36));
```

要知道，如果我们检查 cache 变量，会发现它存储了从 1 到 36 美分的所有结果。以上代码的结果是[1, 10, 25]。

本书的源代码中会有几行多余的代码，输出算法的步骤。例如，使用面额[1, 3, 4]，并对钱数 6 执行算法，会产生以下输出：

```
new Min 1 for 1
new Min 1,1 for 2
new Min 1,1,1 for 3
new Min 3 for 3
new Min 1,3 for 4
new Min 4 for 4
new Min 1,4 for 5
```

```
new Min 1,1,4 for 6
new Min 3,3 for 6
[3, 3]
```

所以，找零钱数为 6 时，最佳答案是两枚价值为 3 的硬币。

14.2.2　背包问题

背包问题是一个组合优化问题。它可以描述如下：给定一个固定大小、能够携重量 W 的背包，以及一组有价值和重量的物品，找出一个最佳解决方案，使得装入背包的物品总重量不超过 W，且总价值最大。

下面是一个例子。

物　　品	重　　量	价　　值
1	2	3
2	3	4
3	4	5

考虑背包能够携带的重量只有 5。对于这个例子，我们可以说最佳解决方案是往背包里装入物品 1 和物品 2。这样，总重量为 5，总价值为 7。

 这个问题有两个版本。**0-1** 版本只能往背包里装完整的物品，而**分数背包问题**则允许装入分数物品。在这个例子里，我们将处理该问题的 0-1 版本。动态规划对分数版本无能为力，但本章稍后要学习的贪心算法可以解决它。

我们来看看下面这个背包算法。

```
function knapSack(capacity, weights, values, n) {
  const kS = [];
  for (let i = 0; i <= n; i++) { // {1}
    kS[i] = [];
  }

  for (let i = 0; i <= n; i++) {
    for (let w = 0; w <= capacity; w++) {
      if (i === 0 || w === 0) { // {2}
        kS[i][w] = 0;
      } else if (weights[i - 1] <= w) { // {3}
        const a = values[i - 1] + kS[i - 1][w - weights[i - 1]];
        const b = kS[i - 1][w];
        kS[i][w] = a > b ? a : b; // {4} max(a,b)
      } else {
        kS[i][w] = kS[i - 1][w]; // {5}
      }
    }
  }
```

```
  findValues(n, capacity, kS, weights, values); // {6} 增加的代码
  return kS[n][capacity]; // {7}
}
```

我们来看看这个算法是如何工作的。

首先，初始化将用于寻找解决方案的矩阵（行{1}）。矩阵为 ks[n+1][capacity+1]。然后，忽略矩阵的第一列和第一行，只处理索引不为 0 的列和行（行{2}）并且要迭代数组中每个可用的项。物品 i 的重量必须小于约束（capacity——行{3}）才有可能成为解决方案的一部分；否则，总重量就会超出背包能够携带的重量，这是不可能发生的。发生这种情况时，只要忽略它，用之前的值就可以了（行{5}）。当找到可以构成解决方案的物品时，选择价值最大的那个（行{4}）。最后，问题的解决方案就在这个二维表格右下角的最后一个格子里（行{7}）。

我们可以用开头的例子来测试这个算法。

```
const values = [3,4,5],
weights = [2,3,4],
capacity = 5,
n = values.length;
console.log(knapSack(capacity, weights, values, n)); // 输出 7
```

下图举例说明了例子中 kS 矩阵的构造。

1

i/w	0	1	2	3	4	5
0	0	0	0	0	0	0
1	0					
2	0					
3	0					

物品
1: (2,3)
2: (3,4)
3: (4,5)

2

i/w	0	1	2	3	4	5
0	0	0	0	0	0	0
1	0	0	3	3	3	3
2	0					
3	0					

物品
1: (2,3)
2: (3,4)
3: (4,5)

3

i/w	0	1	2	3	4	5
0	0	0	0	0	0	0
1	0	0	3	3	3	3
2	0	0	3	4	4	7
3	0					

物品
1: (2,3)
2: (3,4)
3: (4,5)

4

i/w	0	1	2	3	4	5
0	0	0	0	0	0	0
1	0	0	3	3	3	3
2	0	0	3	4	4	7
3	0	0	3	4	5	**7**

物品
1: (2,3)
2: (3,4)
3: (4,5)

请注意，这个算法只输出背包携带物品价值的最大值，而不列出实际的物品。我们可以增加下面的附加函数来找出构成解决方案的物品。

```
function findValues(n, capacity, kS, weights, values) {
  let i = n;
```

```
    let k = capacity;
    console.log('构成解的物品: ');
    while (i > 0 && k > 0) {
        if (kS[i][k] !== kS[i - 1][k]) {
            console.log(`物品 ${i} 可以是解的一部分 w,v: ${weights[i - 1]}, ${values[i - 1]}`);
            i--;
            k -= kS[i - 1][k];
        } else {
            i--;
        }
    }
}
```

我们可以在 knapSack 函数的行{7}之前调用这个函数（在行{6}声明）。执行完整的算法，会得到如下输出。

```
构成解的物品：
物品 2 可以是解的一部分 w,v: 3,4
物品 1 可以是解的一部分 w,v: 2,3
总价值：7
```

 背包问题也可以写成递归形式。你可以在本书的源代码包中找到它的递归版本。

14.2.3　最长公共子序列

另一个经常被当作编程挑战问题的动态规划问题是**最长公共子序列**（LCS）：找出两个字符串序列的最长子序列的长度。最长子序列是指，在两个字符串序列中以相同顺序出现，但不要求连续（非字符串子串）的字符串序列。

考虑如下例子。

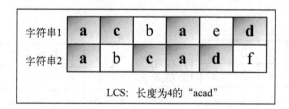

LCS：长度为4的"acad"

再看看下面这个算法。

```
function lcs(wordX, wordY) {
    const m = wordX.length;
    const n = wordY.length;
    const l = [];

    for (let i = 0; i <= m; i++) {
        l[i] = []; // {1}
```

```
    for (let j = 0; j <= n; j++) {
      l[i][j] = 0; // {2}
    }
  }

  for (let i = 0; i <= m; i++) {
    for (let j = 0; j <= n; j++) {
      if (i === 0 || j === 0) {
        l[i][j] = 0;
      } else if (wordX[i - 1] === wordY[j - 1]) {
        l[i][j] = l[i - 1][j - 1] + 1; // {3}
      } else {
        const a = l[i - 1][j];
        const b = l[i][j - 1];
        l[i][j] = a > b ? a : b; // {4} max(a,b)
      }
    }
  }
  return l[m][n]; // {5}
}
```

如果比较背包问题和 LCS 算法，我们会发现两者非常相似。这项从顶部开始构建解决方案的技术被称为记忆化，而解决方案就在表格或矩阵的右下角。

像背包问题算法一样，这种方法只输出 LCS 的长度，而不包含 LCS 的实际结果。要提取这个信息，需要对算法稍作修改，声明一个新的 solution 矩阵。注意，代码中有一些注释，我们需要用以下代码替换这些注释。

❑ 行{1}：solution[i] = [];
❑ 行{2}：solution[i][j] = '0';
❑ 行{3}：solution[i][j] = 'diagonal';
❑ 行{4}：solution[i][j]=(l[i][j] == l[i-1][j]) ? 'top' : 'left';
❑ 行{5}：printSolution(solution, wordX, m, n);

printSolution 函数如下所示。

```
function printSolution(solution, wordX, m, n) {
  let a = m;
  let b = n;
  let x = solution[a][b];
  let answer = '';
  while (x !== '0') {
    if (solution[a][b] === 'diagonal') {
      answer = wordX[a - 1] + answer;
      a--;
      b--;
    } else if (solution[a][b] === 'left') {
      b--;
    } else if (solution[a][b] === 'top') {
```

```
        a--;
    }
    x = solution[a][b];
    }
    console.log('lcs: ' + answer);
}
```

当解矩阵的方向为对角线时，我们可以将字符添加到答案中。

如果用'acbaed'和'abcadf'两个字符串执行上面的算法，我们将得到输出 4。用于构建结果的矩阵 1 看起来像下面这样。我们也可以用附加的算法来跟踪 LCS 的值（如下图高亮所示）。

		a	b	c	a	d	f
	0	0	0	0	0	0	0
a	0	**1**	**1**	1	1	1	1
c	0	1	1	**2**	2	2	2
b	0	1	2	**2**	2	2	2
a	0	1	2	2	**3**	3	3
e	0	1	2	2	**3**	3	3
d	0	1	2	2	3	**4**	**4**

通过上面的矩阵，我们知道 LCS 算法的结果是长度为 4 的 acad。

 LCS 问题也可以写成递归形式。你可以在本书的源代码包中找到它的递归版本。

14.2.4　矩阵链相乘

矩阵链相乘是另一个可以用动态规划解决的著名问题。这个问题是要找出一组矩阵相乘的最佳方式（顺序）。

让我们试着更好地理解这个问题。n 行 m 列的矩阵 A 和 m 行 p 列的矩阵 B 相乘，结果是 n 行 p 列的矩阵 C。

考虑我们想做 $A*B*C*D$ 的乘法。因为乘法满足结合律，所以我们可以让这些矩阵以任意顺序相乘。因此，考虑如下情况：

- A 是一个 10 行 100 列的矩阵；
- B 是一个 100 行 5 列的矩阵；
- C 是一个 5 行 50 列的矩阵；

❑ **D** 是一个 50 行 1 列的矩阵；

❑ **A*B*C*D** 的结果是一个 10 行 1 列的矩阵。

在这个例子里，相乘的方式有五种。

(1) (**A**(**B**(**CD**)))：乘法运算的次数是 1750 次。
(2) ((**AB**)(**CD**))：乘法运算的次数是 5300 次。
(3) (((**AB**)**C**)**D**)：乘法运算的次数是 8000 次。
(4) ((**A**(**BC**))**D**)：乘法运算的次数是 75 500 次。
(5) (**A**((**BC**)**D**))：乘法运算的次数是 31 000 次。

相乘的顺序不一样，要进行的乘法运算总数也有很大差异。那么，要如何构建一个算法，求出最少的乘法运算次数？矩阵链相乘的算法如下。

```
function matrixChainOrder(p) {
  const n = p.length;
  const m = [];
  const s = [];
  for (let i = 1; i <= n; i++) {
    m[i] = [];
    m[i][i] = 0;
  }

  for (let l = 2; l < n; l++) {
    for (let i = 1; i <= (n - l) + 1; i++) {
      const j = (i + l) - 1;
      m[i][j] = Number.MAX_SAFE_INTEGER;
      for (let k = i; k <= j - 1; k++) {
        const q = m[i][k] + m[k + 1][j] + ((p[i - 1] * p[k]) * p[j]); // {1}
        if (q < m[i][j]) {
          m[i][j] = q; // {2}
        }
      }
    }
  }
  return m[1][n - 1]; // {3}
}
```

整个算法中最重要的是行 {1}，神奇之处全都在这一行。它计算了给定括号顺序的乘法运算次数，并将值保存在辅助矩阵 m 中。

对开头的例子执行上面的算法，会得到结果 1750。正如我们前面提到的，这是最少的运算次数。看看下面的代码。

```
const p = [10, 100, 5, 50, 1];
console.log(matrixChainOrder(p));
```

然而，这个算法也不会给出最优解的括号顺序。为了得到这些信息，我们可以对代码做一些改动。

14

首先，需要通过以下代码声明并初始化一个辅助矩阵 s。

```
const s = [];
for (let i = 0; i <= n; i++){
  s[i] = [];
  for (let j=0; j <= n; j++){
    s[i][j] = 0;
  }
}
```

然后，在 matrixChainOrder 函数的行{2}添加下面的代码。

```
s[i][j] = k;
```

在行{3}，我们调用打印括号的函数，如下所示。

```
printOptimalParenthesis(s, 1, n-1);
```

最后，我们的 printOptimalParenthesis 函数如下。

```
function printOptimalParenthesis(s, i, j){
  if(i === j) {
    console.log("A[" + i + "]");
  } else {
    console.log("(");
    printOptimalParenthesis(s, i, s[i][j]);
    printOptimalParenthesis(s, s[i][j] + 1, j);
    console.log(")");
  }
}
```

执行修改后的算法，也能得到括号的最佳顺序(A[1](A[2](A[3]A[4]))),并可以转化为(A(B(CD)))。

14.3 贪心算法

贪心算法遵循一种近似解决问题的技术，期盼通过每个阶段的局部最优选择（当前最好的解），从而达到全局的最优（全局最优解）。它不像动态规划算法那样计算更大的格局。

我们来看看如何用贪心算法解决动态规划话题中最少硬币找零问题和背包问题。

 我们在第 12 章介绍了一些其他的贪心算法，比如 Dijkstra 算法、Prim 算法和 Kruskal 算法。

14.3.1 最少硬币找零问题

最少硬币找零问题也能用贪心算法解决。大部分情况下的结果是最优的，不过对有些面额而言，结果不会是最优的。

下面来看看算法。

```
function minCoinChange(coins, amount) {
  const change = [];
  let total = 0;
  for (let i = coins.length; i >= 0; i--) { // {1}
    const coin = coins[i];
    while (total + coin <= amount) { // {2}
      change.push(coin); // {3}
      total += coin; // {4}
    }
  }
  return change;
}
```

不得不说贪心版本的 `minCoinChange` 比动态规划版本简单多了。对每个面额（行{1}——从大到小），把它的值和 `total` 相加后，`total` 需要小于 `amount`（行{2}）。我们会将当前面额 `coin` 添加到结果中（行{3}），也会将它和 `total` 相加（行{4}）。

如你所见，这个贪心解法很简单。从最大面额的硬币开始，拿尽可能多的这种硬币找零。当无法再拿更多这种价值的硬币时，开始拿第二大价值的硬币，依次继续。

用和 DP 方法同样的测试代码测试。

```
console.log(minCoinChange([1, 5, 10, 25], 36));
```

结果依然是 `[25, 10, 1]`，和用 DP 得到的一样。下图阐释了算法的执行过程。

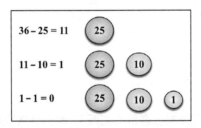

然而，如果用 `[1, 3, 4]` 面额执行贪心算法，会得到结果 `[4, 1, 1]`。如果用动态规划的解法，会得到最优的结果 `[3, 3]`。

比起动态规划算法而言，贪心算法更简单、更快。然而，如我们所见，它并不总是得到最优答案。但是综合来看，它相对执行时间来说，输出了一个可以接受的解。

14.3.2　分数背包问题

求解分数背包问题的算法与动态规划版本稍有不同。在 0-1 背包问题中，只能向背包里装入完整的物品，而在分数背包问题中，可以装入分数的物品。我们用前面用过的例子来比较两者的差异，如下所示。

物　品	重　量	价　值
1	2	3
2	3	4
3	4	5

在动态规划的例子里，我们考虑背包能够携带的重量只有 5。在这个例子里，我们可以说最佳解决方案是往背包里装入物品 1 和物品 2，总重量为 5，总价值为 7。

如果在分数背包问题中考虑相同的容量，得到的结果是一样的。因此，我们考虑容量为 6 的情况。

在这种情况下，解决方案是装入物品 1 和物品 2，还有 25% 的物品 3。这样，重量为 6 的物品总价值为 8.25。

我们来看看下面这个算法。

```
function knapSack(capacity, weights, values) {
  const n = values.length;
  let load = 0;
  let val = 0;
  for (let i = 0; i < n && load < capacity; i++) { // {1}
    if (weights[i] <= capacity - load) { // {2}
      val += values[i];
      load += weights[i];
    } else {
      const r = (capacity - load) / weights[i]; // {3}
      val += r * values[i];
      load += weights[i];
    }
  }
  return val;
}
```

总重量少于背包容量（不能带超过容量的东西），我们会迭代物品（行{1}）。如果物品可以完整地装入背包（行{2}——小于等于背包容量），就将其价值和重量分别计入背包已装入物品的总价值（val）和总重量（load）。如果物品不能完整地装入背包，计算能够装入部分的比例（r）（行{3}——我们可以带的分数）。

如果在 0-1 背包问题中考虑同样的容量 6，我们就会看到，物品 1 和物品 3 组成了解决方案。在这种情况下，对同一个问题应用不同的解决方法，会得到两种不同的结果。

14.4　回溯算法

回溯是一种渐进式寻找并构建问题解决方式的策略。我们从一个可能的动作开始并试着用这个动作解决问题。如果不能解决，就回溯并选择另一个动作直到将问题解决。根据这种行为，回溯算法会尝试所有可能的动作（如果更快找到了解决办法就尝试较少的次数）来解决问题。

有一些可用回溯解决的著名问题：

❏ 骑士巡逻问题
❏ N皇后问题
❏ 迷宫老鼠问题
❏ 数独解题器

 本书中，我们会学习迷宫老鼠和数独解题器问题，因为它们比较容易理解。但是，你也可以在本书源代码中找到其他回溯问题的源代码。

14.4.1 迷宫老鼠问题

假设我们有一个大小为 $N \times N$ 的矩阵，矩阵的每个位置是一个方块。每个位置（或块）可以是空闲的（值为1）或是被阻挡的（值为0），如下图所示，其中 S 是起点，D 是终点。

S			
			D

1	0	0	0
1	1	1	1
0	0	1	0
0	1	1	1

1	0	0	0
1	1	1	1
0	0	1	0
0	1	1	1

矩阵就是迷宫，"老鼠"的目标是从位置[0][0]开始并移动到[n-1][n-1]（终点）。老鼠可以在垂直或水平方向上任何未被阻挡的位置间移动。

我们来声明算法的基本结构。

```
export function ratInAMaze(maze) {
  const solution = [];
  for (let i = 0; i < maze.length; i++) { // {1}
    solution[i] = [];
    for (let j = 0; j < maze[i].length; j++) {
      solution[i][j] = 0;
    }
  }
  if (findPath(maze, 0, 0, solution) === true) { // {2}
    return solution;
  }
  return 'NO PATH FOUND'; // {3}
}
```

首先创建一个包含解的矩阵。将每个位置初始化为零（行{1}）。对于老鼠采取的每步行动，

14

我们将路径标记为 1。如果算法能够找到一个解（行{2}），就返回解决矩阵，否则返回一条错误信息（行{3}）。

然后，我们创建一个 findPath 方法，它会试着从位置 x 和 y 开始在给定的 maze 矩阵中找到一个解。和本章介绍的其他技巧一样，回溯技巧也使用了递归，这也是使这个算法有回溯能力的原因。

```
function findPath(maze, x, y, solution) {
  const n = maze.length;

  if (x === n - 1 && y === n - 1) { // {4}
    solution[x][y] = 1;
    return true;
  }

  if (isSafe(maze, x, y) === true) { // {5}
    solution[x][y] = 1; // {6}
    if (findPath(maze, x + 1, y, solution)) { // {7}
      return true;
    }

    if (findPath(maze, x, y + 1, solution)) { // {8}
      return true;
    }

    solution[x][y] = 0; // {9}
    return false;
  }
  return false; // {10}
}
```

算法的第一步是验证老鼠是否到达了终点（行{4}）。如果到了，就将最后一个位置标记为路径的一部分并返回 true，表示移动成功结束。如果不是最后一步，要验证老鼠能否安全移动至该位置（行{5}表示根据下面声明的 isSafe 方法判断出该位置空闲）。如果是安全的，我们将这步加入路径（行{6}）并试着在 maze 矩阵中水平移动（向右）到下一个位置（行{7}）。如果水平移动不可行，我们就试着垂直向下移动到下一个位置（行{8}）。如果水平和垂直都不能移动，那么将这步从路径中移除并回溯（行{9}），表示算法会尝试另一个可能的解。在算法尝试了所有可能的动作还是找不到解时，就返回 false（行{10}），表示这个问题无解。

```
function isSafe(maze, x, y) {
  const n = maze.length;
  if (x >= 0 && y >= 0 && x < n && y < n && maze[x][y] !== 0) {
    return true; // {11}
  }
  return false;
}
```

用下面的代码进行测试。

```
const maze = [
  [1, 0, 0, 0],
  [1, 1, 1, 1],
  [0, 0, 1, 0],
  [0, 1, 1, 1]
];
console.log(ratInAMaze(maze));
```

输出如下。

```
[[1, 0, 0, 0],
 [1, 1, 1, 0],
 [0, 0, 1, 0],
 [0, 0, 1, 1]]
```

14.4.2　数独解题器

数独是一个非常有趣的解谜游戏，也是史上最流行的游戏之一。目标是用数字 1~9 填满一个 9×9 的矩阵，要求每行和每列都由这九个数字构成。矩阵还包含了小方块（3×3矩阵），它们同样需要分别用这九个数字填满。谜题在开始给出一个已填了部分数字的矩阵，如下图所示。

5	3			7				
6			1	9	5			
	9	8					6	
8				6				3
4			8		3			1
7				2				6
	6					2	8	
			4	1	9			5
				8			7	9

数独解题器的回溯算法会尝试在每行每列中填入每个数字。和迷宫老鼠问题一样，我们从算法的主方法开始。

```
function sudokuSolver(matrix) {
  if (solveSudoku(matrix) === true) {
    return matrix;
  }
  return '问题无解! ';
}
```

算法在找到解后会返回填满了缺失数字的矩阵，否则返回错误信息。现在，我们来看算法的主要逻辑。

14

```
const UNASSIGNED = 0;

function solveSudoku(matrix) {
  let row = 0;
  let col = 0;
  let checkBlankSpaces = false;
  for (row = 0; row < matrix.length; row++) { // {1}
    for (col = 0; col < matrix[row].length; col++) {
      if (matrix[row][col] === UNASSIGNED) {
        checkBlankSpaces = true; // {2}
        break;
      }
    }
    if (checkBlankSpaces === true) { // {3}
      break;
    }
  }
  if (checkBlankSpaces === false) {
    return true; // {4}
  }
  for (let num = 1; num <= 9; num++) { // {5}
    if (isSafe(matrix, row, col, num)) { // {6}
      matrix[row][col] = num; // {7}
      if (solveSudoku(matrix)) { // {8}
        return true;
      }
      matrix[row][col] = UNASSIGNED; // {9}
    }
  }
  return false; // {10}
}
```

第一步是验证谜题是否已被解决（行{1}）。如果没有空白的位置（值为 0 的位置），表示谜题已被完成（行{4}）。如果有空白位置（行{2}），我们要从两个循环中跳出（行{3}）并且 row 和 col 变量会表示需要用 1~9 填写空白的位置。下面，算法会试着用 1~9 填写这个位置，一次填一个（行{5}）。我们会检查添加的数字是否符合规则（行{6}），也就是这个数字在这行、这列或在小矩阵（3×3 矩阵）中没有出现过。如果符合，我们就将这个数字填入（行{7}）并再次执行 solveSudoku 函数来尝试填写下一个位置（行{8}）。如果一个数字填在了不正确的位置，我们就再将这个位置标记为空（行{9}），并且算法会回溯（行{10}）再尝试一个其他数字。

isSafe 声明如下，它包含检查填入的数字是否符合规则。

```
function isSafe(matrix, row, col, num) {
  return (
    !usedInRow(matrix, row, num) &&
    !usedInCol(matrix, col, num) &&
    !usedInBox(matrix, row - (row % 3), col - (col % 3), num)
  );
}
```

具体的检查声明如下。

```
function usedInRow(matrix, row, num) {
  for (let col = 0; col < matrix.length; col++) { // {11}
    if (matrix[row][col] === num) {
      return true;
    }
  }
  return false;
}

function usedInCol(matrix, col, num) {
  for (let row = 0; row < matrix.length; row++) { // {12}
    if (matrix[row][col] === num) {
      return true;
    }
  }
  return false;
}

function usedInBox(matrix, boxStartRow, boxStartCol, num) {
  for (let row = 0; row < 3; row++) {
    for (let col = 0; col < 3; col++) {
      if (matrix[row + boxStartRow][col + boxStartCol] === num) { // {13}
        return true;
      }
    }
  }
  return false;
}
```

首先，通过迭代矩阵中给定行 row 中的每个位置检查数字是否在行 row 中存在（行{11}）。然后，迭代所有的列来验证数字是否在给定的列中存在（行{12}）。最后的检查是通过迭代 3×3 矩阵中的所有位置来检查数字是否在小矩阵中存在（行{13}）。

用下面的例子来测试算法。

```
const sudokuGrid = [
  [5, 3, 0, 0, 7, 0, 0, 0, 0],
  [6, 0, 0, 1, 9, 5, 0, 0, 0],
  [0, 9, 8, 0, 0, 0, 0, 6, 0],
  [8, 0, 0, 0, 6, 0, 0, 0, 3],
  [4, 0, 0, 8, 0, 3, 0, 0, 1],
  [7, 0, 0, 0, 2, 0, 0, 0, 6],
  [0, 6, 0, 0, 0, 0, 2, 8, 0],
  [0, 0, 0, 4, 1, 9, 0, 0, 5],
  [0, 0, 0, 0, 8, 0, 0, 7, 9]
];
console.log(sudokuSolver(sudokuGrid));
```

输出如下。

```
[[5, 3, 4, 6, 7, 8, 9, 1, 2],
 [6, 7, 2, 1, 9, 5, 3, 4, 8],
```

14

```
[1, 9, 8, 3, 4, 2, 5, 6, 7],
[8, 5, 9, 7, 6, 1, 4, 2, 3],
[4, 2, 6, 8, 5, 3, 7, 9, 1],
[7, 1, 3, 9, 2, 4, 8, 5, 6],
[9, 6, 1, 5, 3, 7, 2, 8, 4],
[2, 8, 7, 4, 1, 9, 6, 3, 5],
[3, 4, 5, 2, 8, 6, 1, 7, 9]]
```

14.5　函数式编程简介

到目前为止，我们在本书中所用的编程范式都是**命令式编程**。在命令式编程中，我们按部就班地编写程序代码，详细描述要完成的事情以及完成的顺序。

在本节中，我们会介绍一种新的范式，叫作**函数式编程**（FP）。我们在本书的一些算法中已经使用过一些 FP 代码片段。函数式编程是一种曾经主要用于学术领域的范式，多亏了 Python 和 Ruby 等现代语言，它才开始在行业开发者中流行起来。值得欣慰的是，借助 ES2015 的能力，JavaScript 也能够进行函数式编程。

14.5.1　函数式编程与命令式编程

以**函数式范式**进行开发并不简单，关键在于习惯这种范式的机制。我们编写一个例子来说明差异。

假设我们想打印一个数组中所有的元素。我们可以用命令式编程，声明的函数如下。

```
const printArray = function(array) {
  for (var i = 0; i < array.length; i++){
    console.log(array[i]);
  }
};
printArray([1, 2, 3, 4, 5]);
```

在上面的代码中，我们迭代数组，打印每一项。

现在，我们试着把这个例子转换成函数式编程。在函数式编程中，函数就是摇滚明星。我们关注的重点是需要描述什么，而不是如何描述。回到这一句："我们迭代数组，打印每一项。"那么，首先要关注的是迭代数据，然后进行操作，即打印数组项。下面的函数负责迭代数组。

```
const forEach = function(array, action){
  for (var i = 0; i < array.length; i++){
    action(array[i]);
  }
};
```

接下来，要创建另一个负责把数组元素打印到控制台的函数（考虑为**回调函数**），如下所示。

```
const logItem = function(item) {
  console.log(item);
};
```

最后，像下面这样使用声明的函数。

```
forEach([1, 2, 3, 4, 5], logItem);
```

只需要上面这一行代码，就能描述我们要把数组的每一项打印到控制台。这是我们的第一个函数式编程的例子！

有以下几点要注意。

- 函数式编程的主要目标是描述数据，以及要对数据应用的转换。
- 在函数式编程中，程序执行顺序的重要性很低；而在命令式编程中，步骤和顺序是非常重要的。
- 函数和数据集合是函数式编程的核心。
- 在函数式编程中，我们可以使用和滥用函数和递归；而在命令式编程中，则使用循环、赋值、条件和函数。
- 在函数式编程中，要避免副作用和可变数据，意味着我们不会修改传入函数的数据。如果需要基于输入返回一个解决方案，可以制作一个副本并返回数据修改后的副本。

14.5.2 ES2015+和函数式编程

有了ES2015+的新功能，用JavaScript进行函数式编程就变得更加容易了。我们来看一个例子。

考虑我们要找出数组中最小的值。要用命令式编程完成这个任务，只要迭代数组，检查当前的最小值是否大于数组元素；如果是，就更新最小值，代码如下。

```
var findMinArray = function(array){
  var minValue = array[0];
  for (var i=1; i<array.length; i++){
    if (minValue > array[i]){
      minValue = array[i];
    }
  }
  return minValue;
};
console.log(findMinArray([8,6,4,5,9])); // 输出 4
```

要用函数式编程完成相同的任务，可以使用 Math.min 函数，传入所有要比较的数组元素。我们可以像下面的例子里这样，使用 ES2015 的解构运算符（...），把数组转换成单个的元素。

```
const min_ = function(array){
  return Math.min(...array)
};
console.log(min_([8,6,4,5,9])); // 输出 4
```

14

使用 ES2015 的**箭头函数**，可以进一步简化上面的代码。

```
const min = arr => Math.min(...arr);
console.log(min([8, 6, 4, 5, 9]));
```

我们可以用 ES2015 语法重写第一个示例。

```
const forEach = (array, action) => array.forEach(item => action(item));
const logItem = (item) => console.log(item);
```

14.5.3　JavaScript 函数式工具箱——**map**、**filter** 和 **reduce**

map、filter 和 reduce 函数（第 3 章已经学习过）是 JavaScript 函数式编程的基础。

我们可以使用 map 函数，把一个数据集合转换或映射成另一个数据集合。先看一个命令式编程的例子。

```
const daysOfWeek = [
  {name: 'Monday', value: 1},
  {name: 'Tuesday', value: 2},
  {name: 'Wednesday', value: 7}
];

let daysOfWeekValues_ = [];
for (let i = 0; i < daysOfWeek.length; i++) {
  daysOfWeekValues_.push(daysOfWeek[i].value);
}
```

再以函数式编程并使用 ES2015+语法来考虑同样的例子，代码如下。

```
const daysOfWeekValues = daysOfWeek.map(day => day.value);
console.log(daysOfWeekValues);
```

我们可以使用 filter 函数过滤一个集合的值。下面来看一个例子。

```
const positiveNumbers_ = function(array){
  let positive = [];
  for (let i = 0; i < array.length; i++) {
    if (array[i] >= 0){
      positive.push(array[i]);
    }
  }
  return positive;
}
console.log(positiveNumbers_([-1,1,2,-2]));
```

我们可以把同样的代码写成函数式的，如下所示。

```
const positiveNumbers = (array) => array.filter(num => (num >= 0));
console.log(positiveNumbers([-1,1,2,-2]));
```

我们也可以使用 reduce 函数，把一个集合归约成一个特定的值。比如，对一个数组中的值求和。

```
const sumValues = function(array) {
  let total = array[0];
  for (let i = 1; i<array.length; i++) {
    total += array[i];
  }
  return total;
};
console.log(sumValues([1, 2, 3, 4, 5]));
```

上面的代码也可以写成这样。

```
const sum_ = function(array){
  return array.reduce(function(a, b){
      return a + b;
  })
};
console.log(sum_([1, 2, 3, 4, 5]));
```

我们还可以把这些函数与 ES2015 的功能结合起来，比如解构运算符和箭头函数，代码如下。

```
const sum = arr => arr.reduce((a, b) => a + b);
console.log(sum([1, 2, 3, 4, 5]));
```

我们再看另一个例子。考虑我们需要写一个函数，把几个数组连接起来。为此，可以创建另一个数组，用于存放其他数组的元素。可以执行以下命令式的代码。

```
const mergeArrays_ = function(arrays){
  const count = arrays.length;
  let newArray = [];
  let k = 0;
  for (let i = 0; i < count; i++){
    for (var j = 0; j < arrays[i].length; j++){
      newArray[k++] = arrays[i][j];
    }
  }
  return newArray;
};
console.log(mergeArrays_([[1, 2, 3], [4, 5], [6]]));
```

注意，在这个例子中，我们声明了变量，还使用了循环。现在，我们用 JavaScript 函数式编程把上面的代码重写如下。

```
const mergeArraysConcat = function(arrays){
  return arrays.reduce( function(p,n){
      return p.concat(n);
  });
};
console.log(mergeArraysConcat([[1, 2, 3], [4, 5], [6]]));
```

14

上面的代码完成了同样的任务，但它是面向函数的。我们也可以用 ES2015 使代码更加精简，如下所示。

```
const mergeArrays = (...arrays) => [].concat(...arrays);
console.log(mergeArrays([1, 2, 3], [4, 5], [6]));
```

从 11 行代码变成了只有一行（尽管可读性降低了）!

 如果你想更多地练习 JavaScript 函数式编程，可以试试这些习题，非常有意思：http://reactivex.io/learnrx/。

14.5.4　JavaScript 函数式类库和数据结构

有一些很棒的 JavaScript 类库借助工具函数和函数式数据结构，对函数式编程提供支持。通过下面的列表，你可以找到一些最有名的 JavaScript 函数式类库。

- Underscode.js：http://underscorejs.org/
- Bilby.js：http://bilby.brianmckenna.org/
- Lazy.js：http://danieltao.com/lazy.js/
- Bacon.js：https://baconjs.github.io/
- Fn.js：http://eliperelman.com/fn.js/
- Functional.js：http://functionaljs.com/
- Ramda.js：http://ramdajs.com/0.20.1/index.html
- Mori：http://swannodette.github.io/mori/

 如果你对学习 JavaScript 函数式编程感兴趣，可以看看 Packt 出版的另一本书：https://www.packtpub.com/web-development/functional-programming-javascript。

14.6　小结

在本章中，我们介绍了最著名的动态规划问题，如最少硬币找零问题、背包问题、最长公共子序列和矩阵链相乘。我们学习了分而治之算法以及它们和动态规划算法的区别。

我们学习了贪心算法，以及如何用贪心算法解决最少硬币找零问题和分数背包问题。我们还学习了回溯的概念以及一些著名的问题，如迷宫老鼠问题和数独解题器。

你还学习了函数式编程，并通过一些例子了解了如何以这种范式使用 JavaScript 的功能。

下一章，我们会介绍大 O 表示法，并讨论如何计算一个算法的复杂性。你还将学习存在于算法世界里的更多概念。

第 15 章　算法复杂度 *15*

本章，我们要学习著名的**大 O 表示法**和 **NP 完全**理论，还要看看如何用算法增添乐趣、巩固知识，提高我们编程和解决问题的能力。

15.1　大 O 表示法

第 13 章引入了大 O 表示法的概念。它的确切含义是什么？它用于描述算法的性能和复杂程度。大 O 表示法将算法按照消耗的时间进行分类，依据随输入增大所需要的空间/内存。

分析算法时，时常遇到以下几类函数。

符　　号	名　　称
$O(1)$	常数的
$O(\log(n))$	对数的
$O((\log(n))c)$	对数多项式的
$O(n)$	线性的
$O(n^2)$	二次的
$O(n^c)$	多项式的
$O(c^n)$	指数的

15.1.1　理解大 O 表示法

如何衡量算法的效率？通常是用资源，例如 CPU（时间）占用、内存占用、硬盘占用和网络占用。当讨论大 O 表示法时，一般考虑的是 CPU（时间）占用。

让我们试着用一些例子来理解大 O 表示法的规则。

1. $O(1)$

考虑以下函数。

```
function increment(num){
  return ++num;
}
```

假设运行 increment(1) 函数，执行时间等于 X。如果再用不同的参数（例如 2）运行一次 increment 函数，执行时间依然是 X。和参数无关，increment 函数的性能都一样。因此，我们说上述函数的复杂度是 $O(1)$（常数）。

2. $O(n)$

现在以第 13 章中实现的顺序搜索算法为例。

```
function sequentialSearch(array, value, equalsFn = defaultEquals) {
  for (let i = 0; i < array.length; i++) {
    if (equalsFn(value, array[i])) { // {1}
      return i;
    }
  }
  return -1;
}
```

如果将含 10 个元素的数组（[1, ..., 10]）传递给该函数，假如搜索 1 这个元素，那么，第一次判断时就能找到想要搜索的元素。在这里我们假设每执行一次行{1}，开销是 1。

现在，假如要搜索元素 11。行{1}会执行 10 次（迭代数组中所有的值，并且找不到要搜索的元素，因而结果返回 -1）。如果行{1}的开销是 1，那么它执行 10 次的开销就是 10，10 倍于第一种假设。

现在，假如该数组有 1000 个元素（[1, ..., 1000]）。搜索 1001 的结果是行{1}执行了 1000 次（然后返回 -1）。

注意，sequentialSearch 函数执行的总开销取决于数组元素的个数（数组大小），而且也和搜索的值有关。如果是查找数组中存在的值，行{1}会执行几次呢？如果查找的是数组中不存在的值，那么行{1}就会执行和数组大小一样多次，这就是通常所说的最坏情况。

最坏情况下，如果数组大小是 10，开销就是 10；如果数组大小是 1000，开销就是 1000。可以得出 sequentialSearch 函数的时间复杂度是 $O(n)$，n 是（输入）数组的大小。

回到之前的例子，修改一下算法的实现（最坏情况），使之计算开销。

```
function sequentialSearch(array, value, equalsFn = defaultEquals) {
  let cost = 0;
  for (let i = 0; i < array.length; i++) {
    cost++;
    if (equalsFn(value, array[i])) {
      return i;
    }
```

```
  }
  console.log(`cost for sequentialSearch with input size ${array.length} is ${cost}`);
  return -1;
}
```

用不同大小的输入数组执行以上算法，可以看到不同的输出。

3. $O(n^2)$

用**冒泡排序**做 $O(n^2)$ 的例子。

```
function bubbleSort(array, compareFn = defaultCompare) {
  const { length } = array;
  for (let i = 0; i < length; i++) { // {1}
    for (let j = 0; j < length - 1; j++) { // {2}
      if (compareFn(array[j], array[j + 1]) === Compare.BIGGER_THAN) {
        swap(array, j, j + 1);
      }
    }
  }
  return array;
}
```

假设行{1}和行{2}的开销分别是 1。修改算法的实现使之计算开销。

```
function bubbleSort(array, compareFn = defaultCompare) {
  const { length } = array;
  let cost = 0;
  for (let i = 0; i < length; i++) { // {1}
    cost++;
    for (let j = 0; j < length - 1; j++) { // {2}
      cost++;
      if (compareFn(array[j], array[j + 1]) === Compare.BIGGER_THAN) {
        swap(array, j, j + 1);
      }
    }
  }
  console.log(`cost for bubbleSort with input size ${length} is ${cost}`);
  return array;
}
```

如果用大小为 10 的数组执行 bubbleSort，开销是 100（10^2）。如果用大小为 100 的数组执行 bubbleSort，开销就是 10 000（100^2）。需要注意，我们每次增加输入的大小，执行都会越来越久。

时间复杂度 $O(n)$ 的代码只有一层循环，而 $O(n^2)$ 的代码有双层嵌套循环。如果算法有三层迭代数组的嵌套循环，它的时间复杂度很可能就是 $O(n^3)$。

15.1.2　时间复杂度比较

我们可以创建一个表格来表示不同的时间复杂度。

输入大小（n）	O(1)	O(log(n))	O(n)	O(nlog(n))	O(n²)	O(2ⁿ)
10	1	1	10	10	100	1024
20	1	1.30	20	26.02	400	1 048 576
50	1	1.69	50	84.94	2500	非常大
100	1	2	100	200	10 000	非常大
500	1	2.69	500	1349.48	250 000	非常大
1000	1	3	1000	3000	1 000 000	非常大
10 000	1	4	10 000	40 000	100 000 000	非常大

我们可以基于上表信息画一个图来表示不同的大 O 表示法的消耗。

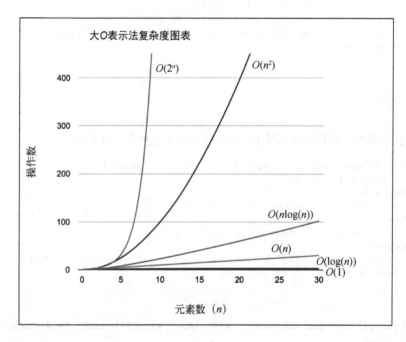

这个图表是用 JavaScript 绘制的哦！在本书示例代码中，你可以到 examples/chapter15 目录中找到绘制本图表的源代码。

在接下来的部分，你可以找到本书实现的所有算法的时间复杂度的速查表。

如果你需要一个打印版本的大 O 速查表，下面的链接包含了一个很漂亮的版本：http://www.bigocheatsheet.com。（请注意，对于某些数据结构例如栈和队列，本书实现了改进后的版本，因此大 O 复杂度会比链接中给出的小一些。）

1. 数据结构

下表是常用数据结构的时间复杂度。

数据结构	一般情况			最差情况		
	插入	删除	搜索	插入	删除	搜索
数组/栈/队列	$O(1)$	$O(1)$	$O(n)$	$O(1)$	$O(1)$	$O(n)$
链表	$O(1)$	$O(1)$	$O(n)$	$O(1)$	$O(1)$	$O(n)$
双向链表	$O(1)$	$O(1)$	$O(n)$	$O(1)$	$O(1)$	$O(n)$
散列表	$O(1)$	$O(1)$	$O(1)$	$O(n)$	$O(n)$	$O(n)$
二分搜索树	$O(\log(n))$	$O(\log(n))$	$O(\log(n))$	$O(n)$	$O(n)$	$O(n)$
AVL 树	$O(\log(n))$	$O(\log(n))$	$O(\log(n))$	$O(\log(n))$	$O(\log(n))$	$O(\log(n))$
红黑树	$O(\log(n))$	$O(\log(n))$	$O(\log(n))$	$O(\log(n))$	$O(\log(n))$	$O(\log(n))$
二叉堆	$O(\log(n))$	$O(\log(n))$	$O(1)$: 寻找最大值/最小值	$O(\log(n))$	$O(\log(n))$	$O(1)$

2. 图

下表是图的时间复杂度。

节点/边的管理方式	存储空间	增加顶点	增加边	删除顶点	删除边	轮　询
邻接表	$O(|V|+|E|)$	$O(1)$	$O(1)$	$O(|V|+|E|)$	$O(|E|)$	$O(|V|)$
邻接矩阵	$O(|V|^2)$	$O(|V|^2)$	$O(1)$	$O(|V|^2)$	$O(1)$	$O(1)$

3. 排序算法

下表是排序算法的时间复杂度。

算法（用于数组）	时间复杂度		
	最好情况	一般情况	最差情况
冒泡排序	$O(n)$	$O(n^2)$	$O(n^2)$
选择排序	$O(n^2)$	$O(n^2)$	$O(n^2)$
插入排序	$O(n)$	$O(n^2)$	$O(n^2)$
希尔排序	$O(n\log(n))$	$O(n\log^2(n))$	$O(n\log^2(n))$
归并排序	$O(n\log(n))$	$O(n\log(n))$	$O(n\log(n))$
快速排序	$O(n\log(n))$	$O(n\log(n))$	$O(n^2)$
堆排序	$O(n\log(n))$	$O(n\log(n))$	$O(n\log(n))$
计数排序	$O(n+k)$	$O(n+k)$	$O(n+k)$
桶排序	$O(n+k)$	$O(n+k)$	$O(n^2)$
基数排序	$O(nk)$	$O(nk)$	$O(nk)$

4. 搜索算法

下表是搜索算法的时间复杂度。

算　　法	数据结构	最差情况
顺序搜索	数组	$O(n)$
二分搜索	已排序的数组	$O(\log(n))$
内插搜索	已排序的数组	$O(n)$
深度优先搜索（DFS）	顶点数为 $|V|$，边数为 $|E|$ 的图	$O(|V| + |E|)$
广度优先搜索（BFS）	顶点数为 $|V|$，边数为 $|E|$ 的图	$O(|V| + |E|)$

15.1.3　NP 完全理论概述

一般来说，如果一个算法的复杂度为 $O(n^k)$，其中 k 是常数，我们就认为这个算法是高效的，这就是多项式算法。

对于给定的问题，如果存在多项式算法，则计为 P（polynomial，多项式）。

还有一类 NP（nondeterministic polynomial，**非确定性多项式**）算法。如果一个问题可以在多项式时间内验证解是否正确，则计为 NP。

如果一个问题存在多项式算法，自然可以在多项式时间内验证其解。因此，所有的 P 都是 NP。然而，$P = NP$ 是否成立，仍然不得而知。

NP 问题中最难的是 **NP 完全**问题。如果满足以下两个条件，则称决策问题 L 是 NP 完全的：

(1) L 是 NP 问题，也就是说，可以在多项式时间内验证解，但还没有找到多项式算法；
(2) 所有的 NP 问题都能在多项式时间内归约为 L。

为了理解问题的归约，考虑两个决策问题 L 和 M。假设算法 A 可以解决问题 L，算法 B 可以验证输入 y 是否为 M 的解。目标是找到一个把 L 转化为 M 的方法，使得算法 B 可以用于构造算法 A。

还有一类问题，只需满足 NP 完全问题的第二个条件，称为 **NP 困难**问题。因此，NP 完全问题也是 NP 困难问题的子集。

 $P = NP$ 是否成立，是计算机科学中最重要的难题之一。如果能找到答案，对密码学、算法研究、人工智能等诸多领域都会产生重大影响。

下面是满足 $P \!\!<\!\!> \!\!NP$ 时，**P**、**NP**、**NP 完全**和 **NP 困难**问题的欧拉图。

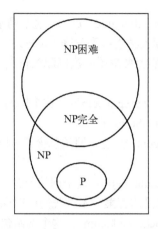

非 NP 完全的 NP 困难问题的例子有**停机问题**和**布尔可满足性问题**（SAT）。

NP 完全问题的例子有子集和问题、旅行商问题、顶点覆盖问题，等等。

　关于这些问题，详情请查阅 https://en.wikipedia.org/wiki/NP-completeness。

不可解问题与启发式算法

我们提到的有些问题是不可解的。然而，仍然有办法在符合要求的时间内找到一个近似解。启发式算法就是其中之一。启发式算法得到的未必是最优解，但足够解决问题了。

启发式算法的例子有局部搜索、遗传算法、启发式导航、机器学习等。详情请查阅 https://en.wikipedia.org/wiki/Heuristic_(computer_science)。

　启发式算法可以很巧妙地解决一些问题。你可以尝试把研究启发式算法作为学士或硕士学位的论文主题。

15.2　用算法娱乐身心

我们学习算法并不单单是因为它是大学必修课，也不单单是因为我们想成为开发者。通过用在本书中学到的算法来解决问题，我们可以提高解决问题的能力，进而成为更棒的专业人士。

增长（解题）知识的最好方式是练习，而练习不一定是枯燥的。本节将展示一些网站，你可以访问它们并尝试从算法中获到快乐（甚至小赚一笔）。

这里列出一些有用的网站（有些不支持用 JavaScript 提交解答，但是我们依然可以将从本书中所学到的逻辑应用到其他语言上）。

15

❏ UVa Online Judge（http://uva.onlinejudge.org/）：这个网站包含了世界各大赛事的题目，包括由 IBM 赞助的 ACM 国际大学生程序竞赛（ICPC。若你依然在校，应尽量参与这项赛事，如果团队获胜，则有可能免费享受一次国际旅行）。这个网站包括了成百上千的题目，可以应用本书所学的算法。

❏ Sphere Online Judge（http://www.spoj.com/）：这个网站和 UVa Online Judge 差不多，但支持用更多语言解题（包括 JavaScript）。

❏ Coderbyte（http://coderbyte.com/）：这个网站包含了可以用 JavaScript 解答的题目（简单、中等难度和非常困难）。

❏ Project Euler（https://projecteuler.net/）：这个网站包含了一系列数学/计算机的编程题目。你所要做的就是输入那些题目的答案，不过我们可以用算法来找到正确的解答。

❏ HackerRank（https://www.hackerrank.com）：这个网站包含 16 个类别的挑战（可以应用本书中的算法和更多其他算法）。它也支持 JavaScript 和其他语言。

❏ CodeChef（http://www.codechef.com/）：这个网站包含一些题目，并会举办在线比赛。

❏ Top Coder（http://www.topcoder.com/）：此网站会举办算法联赛，这些联赛通常由 NASA、Google、Yahoo!、Amazon 和 Facebook 这样的公司赞助。参加其中一些赛事，你可以获得到赞助公司工作的机会，而参与另一些赛事会赢得奖金。这个网站也提供很棒的解题和算法教程。

以上网站的另一个好处是，它们通常给出的是真实世界中的问题，而我们需要鉴别用哪一个算法解决它。通过这样的方式也能让我们明白本书中的算法并非局限于学术，而是能应用到现实问题上。

如果你想从事技术工作，强烈推荐你创建一个免费的 GitHub 账号，你可以将上述网站的解答代码提交上去。如果你没有任何专业经验，GitHub 可以帮助你建立一个作品集，还会对你找到第一份工作有所帮助！

15.3　小结

本章介绍了大 O 表示法，以及如何运用它计算算法的复杂度。还介绍了 NP 完全理论；如果你想进一步了解如何面对无解难题，以及如何用启发式算法得到一个近似满足的方案，这是你可以深入探索的一个领域。

我们还列出了一些网站，你可以免费注册，并应用从本书中学到的知识，甚至可能得到第一份 IT 行业的工作！

编程快乐！